满城皆绿好景致

——国家森林城市建设纪实

RECORDS ON THE CONSTRUCTION OF

NATIONAL

FOREST CITIES

金　旻　主编

中国林业出版社

图书在版编目（CIP）数据

满城皆绿好景致：国家森林城市建设纪实 / 金旻主编. -- 北京：中国林业出版社, 2015.10
ISBN 978-7-5038-8205-0

Ⅰ. ①满… Ⅱ. ①金… Ⅲ. ①城市－森林生态系统－建设－中国 Ⅳ. ①S732②S718.55

中国版本图书馆CIP数据核字(2015)第244949号

策　　划：刘东黎
责任编辑：张衍辉　何　蕊　易婷婷　许　凯
绘　　图：杨　姗

出　版：中国林业出版社（100009 北京市西城区德内大街刘海胡同7号）
网　址：http://lycb.forestry.gov.cn
E-mail：cfybook@163.com　　　电　话：010-83143583
发　行：中国林业出版社
印　刷：三河市祥达印刷包装有限公司
版　次：2015年10月第1版
印　次：2015年10月第1次
开　本：787mm×1092mm 1/16
印　张：22.25
字　数：387千字
定　价：68.00元

Perface
序

森林是人类生命和文明的摇篮，人类来自森林、依赖森林，先人树叶蔽身、摘果为食、钻木取火、构木为巢，将生命和文明延续至今。我们进入到现代社会，在享受城市带来的便利和机遇的同时，也面临着城市建设带来的环境污染、资源匮乏等负面影响。回归自然，对绿色家园的渴望，使“让森林走进城市，让城市拥抱森林”成为现代人的美丽愿望和追求，这正是国家森林城市建设的宗旨。

2004年，全国绿化委员会、国家林业局授予贵阳市首个“国家森林城市”称号，至今全国已有75个城市获得了“国家森林城市”的殊荣，一百多个城市当前正在开展国家森林城市创建工作。创建国家森林城市是全面推进中国城市走生产发展、生活富裕、生态良好发展道路的重要途径，是创造良好人居环境、提升城市品位、构建和谐城市的重要载体，也是提升城市形象和竞争力、推动区域经济持续健康发展的重要机制。国家森林城市建设不仅是生态工程，更是民生工程，是全面建成小康社会的重要组成部分。我们编辑出版《满城皆绿好景致——国家森林城市建设纪实》，是为了展现已获得“国家森林城市”称号城市的风采，介绍她们的成功经验和建设成果，以期让广大读者了解和关注国家森林城市建设，也为绿色城市和智慧城市、海绵城市建设提供启示，在新的更高的起点上，使绿色城市、智慧城市、森林城市以及海绵城市建设相辅相成。这对于生态文明建设如火如荼的今天来说意义重大。

当前，党中央、国务院高度重视生态文明建设，先后出台了一系列重大决策部署。习近平总书记十八大以来对生态文明建设做出了近百次重要指示批示，深刻阐述了“生态兴则文明兴，生态衰则文明衰”的观点。最近发布的《中共中央、国务院关于加快推进生态文明建设的意见》和《生态文明体制改革总体方案》进一步强调：生态文明建设是中国特色社会主义事业的重要内容，关系人民福祉，关乎民族未来，事关“两个一百年”奋斗目标和中华民族伟大复兴中国梦的实现。要求全党、全社会积极行动，加快形成人与自然和谐发展的现代化建设新格局，开创社会主义生态文明新时代。

“十三五”时期必将是我国生态文明建设大发展大繁荣的高潮。先贤孔子“乐山乐水”、老子、庄子“道法自然”的自然观都充满了崇敬自然、顺应自然、保护自然的智慧之思。“无山不绿、有水皆清、四时花香、万壑鸟鸣，替河山妆成锦绣，把国土绘成丹青，新中国的林人，同时也是新中国的艺人。”新中国第一任林业部长梁希先生的佳句一直激励着全国务林人为建设天蓝地绿水清的美丽中国不懈奋斗，砥砺前行，我们深信国家森林城市建设在“十三五”和未来一定会发出更加绚丽夺目的光彩，在我国生态文明发展史上占据重要地位，为中华民族的伟大复兴做出特殊贡献。

2015年10月18日

Contents

目录

创建国家森林城市 共建生态美丽张垣*

张家口新闻网　王晓东　侯　亮

2013年4月12日

又值一年春风起，正是植绿泼翠时。在这充满生机、播撒希望的美好时节，我们迎来了全国第35个植树节。

植树造林，是保护和改善生态环境的重要措施，是每个公民的共同职责和应尽义务，也是张家口市的优良传统。近年来，市委、市政府把加快生态建设作为保障发展的生命线，大力实施“生态兴市”战略，在张垣大地上掀起了一场波澜壮阔的“绿色革命”，先后有1351万人次以不同形式义务植树5395万株，全市森林覆盖率达到33.5%，全市生态环境明显改观，可持续发展能力显著增强，广大干部群众为改善生态、美化家园付出了巨大努力，做出了突出贡献。

党的十八大提出建设“美丽中国”的宏伟目标，吹响了生态文明建设的时代号角。植树造林、绿化家园，是落实十八大精神的重要举措，是全市人民过上幸福美好生活的共同期盼，对于改善生态环境、增创发展优势、提升综合竞争力具有重要意义。市委、市政府号召全市上下积极响应全民义务植树的号召，抓住有利时机，立即行动起来，共同打造处处满目葱茏、时时碧水蓝天、城乡干净整洁的绿色生态家园。

明确责任，狠抓落实，形成创建森林城市、建设美丽张垣的强劲态势。

---

* 张家口市是河北省下辖地级市，又称“张垣”“武城”。

今年是张垣市创建国家森林城市的第四年，也是非常关键的一年。各级党委、政府要把创建国家森林城市作为一项义不容辞的责任，对照创建目标，进一步细化分解创建任务，大力实施城市绿化、村庄绿化、道路绿化、河道绿化、庭院绿化和生态文化建设等工程，全面推进“创森”各项工作。各级领导干部要率先垂范，带头参加义务植树活动，带头推进国家森林城市创建工作。市林业、园林、建设、规划、交通、水务等部门要充分发挥职能作用，严格执行“创森”每项任务、每个环节的质量标准和规定，加强组织协调和技术指导，全面提升造林绿化的质量和水平，以创建国家森林城市工作的全面突破实现生态美丽张垣建设的巨大进步。

广泛动员、全民参与，营造创建森林城市、建设美丽张垣的浓厚氛围。各级各部门要深入开展造林绿化宣传教育活动，大力宣传植树造林的重大意义、政策举措和先进典型，形成全社会关心绿化、支持绿化、参与绿化的浓厚氛围。要精心组织好“植树月”活动，引导和鼓励机关、企事业单位、社会团体、家庭、个人主动参与义务植树，确保每个适龄公民完成3棵至5棵树的基本要求，为建设美丽张垣承担一份责任、贡献一份力量。要把组织群众参加义务植树与倡导文明新风、增强生态意识结合起来，根据实际需要建立义务植树基地，采取认建认养、栽植“纪念树”“纪念林”等形式，不断丰富义务植树的内涵，提高义务植树的尽责率。

创新举措、健全机制，构筑创建森林城市、建设美丽张垣的坚强保障。各级各部门要把造林绿化作为民心工程来抓，将造林绿化工作纳入目标绩效管理考核体系，将城乡绿化用地纳入土地利用总体规划和城乡建设总体规划，加大重点生态工程和基础设施建设投入力度，高标准推进造林绿化工作。要全面推进林权制度改革，加快建立林权抵押贷款管理制度，完善林木良种、造林、森林抚育等补贴政策，健全生态产业贷款财政贴息、保险保费财政补贴、税收优惠和减免等政策。同时，要严格执行国家和省市林业法律、法规、制度，坚持依法治林，打击违法毁林，确保森林资源安全。

沐浴着盛世兴林的和煦春风，伴随着生态文明的铿锵脚步，让我们携起手来，以饱满的热情投身到植树造林的热潮中，用汗水浇灌新枝绿叶，用爱心呵护蓝天碧水，让我们的家园处处绿树成荫，让我们的城市满眼春意盎然，把张家口打造成为人人向往的生态城市、美丽张垣。

绿色，
转型长治的第一名片

——山西省长治市创建国家森林城市综述

《中国绿色时报》　雷晓虹

2013 年 8 月 1 日

“国家森林城市”主要考评一个城市以森林植被为主体，市域范围内形成的城乡一体、稳定健康的城市森林生态系统，是国家授予城市生态文明建设水平一流城市的荣誉称号，也是目前我国对城市生态建设成就的最高评价和全新理念与发展模式。2004年在贵州省贵阳市举办的第一届中国城市森林论坛，拉开我国创建国家森林城市的序幕，至今连续举办9届，共有41个城市荣获“国家森林城市”称号。目前，山西省还没有一个城市获此殊荣。

盛夏的上党，虽骄阳似火，却天气清爽，水碧山青入画屏——林木葱翠浓绿万枝，蜿蜒山川；农田林网交织阡陌，经纬纵横；园林景点娇色怒放，花团锦簇：一派生机盎然！

“林满太行、生态上党、美丽长治”的大自然画卷，在蓝天白云、青山碧水的映衬下，令人震撼，令人神往。

山西省长治市自2010年4月正式申报创建国家森林城市以来，坚持把创建国家森林城市作为全面提升长治生态品牌形象的重要途径、深入推进城乡生态化战略的重要举措、转型跨越可持续发展的重要内容，不断创新工作机制，大力度、快速度、高强度推进林业生态建设，创建国家森林城市取得巨大成果。

目前，全市森林覆盖率达30.97%，城区绿化覆盖率达48%、绿地率达44.6%，城区人均公园绿地面积达14.89平方米，基本形成了城郊森林化、道路林荫化、农田林网化、庭院花园化、城乡绿化一体化的现代林业生态建设格局。

绿色，是长治市鲜明的符号；绿色，已成为长治市扩大开放、招商引资、实现转型跨越发展的新优势。

山西省委书记袁纯清在长治市调研时曾高度肯定："人说山西好风光，长治是一篇代表作。"

不懈努力，六十余载的坚守——人要文化　山要绿化

"建设生态文明，关系人民福祉，关乎长治未来。要把生态文明建设融入到经济社会发展的各方面和全过程。"今年年初，长治市委、市政府主要领导就把生态文明建设摆在重要位置，表示要牢固树立尊重自然、顺应自然、保护自然的生态文明理念，着力构筑绿色增长模式，加快城乡生态化进程，走出高碳经济低碳发展新路，打响"冬有三亚、夏有上党，清凉之都、避暑胜地"品牌，建设宜居、宜业、宜游、宜商、宜学"五宜"长治，向世界递出一张飘溢上党韵味的魅力名片。

曾经，长治市的绿色家底很薄。

位于太行山中段的长治市，地势高险，与天同党，故有"上党"之称，是一个以煤炭资源开发利用为支柱产业的地区。解放初期，全市森林覆盖率只有5.5%，水土流失严重，自然灾害频繁。

新中国成立后，特别是进入21世纪以来，历届长治市委、市政府十分重视植树造林和绿化工作，带领全市人民发扬太行精神，咬定荒山不放松，坚持不懈搞绿化，在石头缝里种出了大树，在干石山上建起了林海，在煤矸石中播出了新绿，全市林业生态建设进入了一个突飞猛进的全新发展阶段，走在了全省乃至全国的前列。

但是，长治市并未停下植绿播绿的脚步。

"人要文化、山要绿化。人有了文化就能快发展大发展，山上种满了树就等于建起了绿色银行，既美了家园，又富了生活。"80多岁的老劳模、一

至十二届全国人大代表申纪兰朴素的话语一语中的。从年轻的时候起，她就带领长治市平顺县西沟村群众在寸草不生的石头山上种树，在鸟都不愿待的石缝里点树籽，日复一日，年复一年，硬是把昔日“十年九旱，环境恶劣”的穷西沟，变成了今日“山上松柏核桃沟，河沟两岸种杨柳，梯田发展苹果树，全面发展农牧林”的社会主义新农村。

也正是基于这一朴素的信念，在大面积荒山绿化、沟坡绿化基本完成之后，长治要实现造林绿化更高水准大提升，彻底改变缺林少绿状况！在煤炭资源持续开发的同时，长治要持续改善生态环境和人居环境，守护赖以生存的家园！

坚定不移治荒山，持之以恒搞绿化，年年植绿不断线。

2006年，面对国家建设生态文明的新形势、新要求和长治市转型跨越发展的新实际，长治市委、市政府做出《实施“六大”造林绿化工程，建设全省一流林业生态大市的决定》，立足生态兴市、绿色转型、跨越发展，围绕“山上建体系、丘陵建基地、平原建网络、乡村建园林、林下搞开发”的太行山区现代林业建设模式，着手创建国家森林城市。

从山上治本到身边增绿，从精细施工到整体推进，从提档扩绿到添景增效，年年有新思路，年年有新主题，年年有新工程，长治市林业生态建设路线图循序渐进、目标清晰。

“生态产业化，产业生态化”“扬长补短，连城带乡”“林业增效，农民增收”“绿色转型，跨越发展”，在经过绿化荒山、改善环境的最初历程后，长治市林业生态建设取得了突破性的进展和质的飞跃，正向着生态立市、干果富民，全省乃至全国生态经济型现代林业示范市迈进。

2008年、2009年，全省、全国造林绿化现场会相继在长治市召开；2010年，长治市荣获“全国绿化模范城市”称号；2012年，被表彰为全国国土绿化突出贡献单位。2009年11月，国务院对长治市造林绿化工作进行专题调研，充分肯定长治市造林绿化的经验做法和建设成效。2008年以来，先后有18个省（区、市）300多个县（市）和香港特别行政区近8000人到长治市观摩学习。

2010年4月，长治市正式申报创建国家森林城市并获批准。随之，长治市委、市政府成立创建国家森林城市领导组，召开创建国家森林城市推进大会，编纂国家森林城市建设总体规划，对创建工作进行全面安排部署，并付诸实施。

几年来，长治市各级、各部门高度重视，高擎绿色接力棒，宗旨不改，蓝图不换，全社会广泛参与，大手笔、大投入、大力度，掀起了一轮又一轮造林绿化和生态文明建设的新高潮，城市森林网络建设、城市森林健康建设、城市林业经济建设、城市生态文化建设、城市森林管理取得巨大成果，换来了铺天盖地、满山遍野的绿色——天蓝水碧，青山滴翠，绿树成荫，芳草如茵，鲜花绽放，景色秀美……

一行行树，一片片林，像一幅幅美丽的画卷；一座座山，一道道坡，像一个个美丽的雕件……

天蓝、地绿、空气好，每一位到过长治的人都这样啧啧称赞。

山河重整，震撼人心，每一位看过长治市造林绿化工程的人都发出这样的慨叹。

大地增绿、林业增效、环境增色、农民增收。创建国家森林城市把长治市林业生态建设推向了一个更高的层面。

让森林走进城市，让城市拥抱森林——山上治本　身边增绿

“让森林走进城市，让城市拥抱森林”是我国城市森林论坛的宗旨，也是我们保护城市生态环境、提升城市形象和竞争力、推动区域经济持续健康发展的新理念。

当年，潞宝集团董事长韩长安拿着卖煤焦赚下的钱买来树苗种在厂子里的时候，人们满脸疑问：“企业靠种树能种出钱来吗？”韩长安义无反顾地选择了种树：“植树绿化是长治企业摆脱黑、大、粗形象的主要途径之一。我要把‘企业建在森林里’，让人们在‘森林里面找企业’。”

韩长安笑着给记者讲起前年在全国人大会上向时任国务院总理温家宝汇报工作时的情形。当温家宝听到韩长安把企业建在了森林里时，马上严肃地说“你这个年轻人砍了多少树建的企业呀”，韩长安赶忙解释“总理，我不是砍树，我是种树。我在企业里外所有能种树的地方都种了树，就像是在森林里建起了企业一样”。温家宝哈哈大笑，“年轻人干得不错，有思想、有志气”。

每年，韩长安都要拿出企业利润的20%搞环境治理和生态建设。如今，潞宝扩张为潞宝生态工业园区，企业绿化面积超过2万亩，种植各类树木千万余株。园区内绿树成荫，道路平坦整洁，林立的厂房点缀在茫茫森林里，显得愈加生机勃勃。

城市森林建设的经验可以借鉴，但城市森林建设的模式无法复制。“特色是城市的名片，是城市的灵魂，有特色才能有魅力。在森林城市建设过程中，长治因地制宜，以人为本，坚持从全市的经济社会发展水平、气候地理特点和文化历史传承的实际出发，走本地化、特色化的建设之路。”长治市创建国家森林城市领导组副组长、分管副市长马四清说。

潞宝是缩影，是示范。

以实施“六大”造林绿化工程为新的起始标志，长治市把森林城市建设纳入全市经济社会可持续发展总体规划，确立了“突出长治城市特色、培育绿色文化景观、统筹城乡一体绿化、建设生态宜居名城”的森林城市发展定位和“山上治本、身边增绿、产业发展、生态文明”的森林城市建设思路，凸显“山美”和“水秀”两大主题，按照以“两山两河”（太行山、太岳山，浊漳河、沁河）绿化为主线，坚持“三园”（森林公园、经济林园、绿地游园）共建，“三网”（道路林网、水系林网、农田林网）合一，“三环”（环城、环村、环企）围绕，用绿提升“美”，用绿装扮“秀”。

几年来，全市13个县（市、区）都建设了以“山”为主题的森林公园和以“水”为主题的水上公园，充分彰显了林山相依、林水相连、以林美山、以林涵水的长治特色。

长治市境内山高坡陡、沟壑纵横，山区、丘陵区面积占到总面积的80%。绿化太行山，建设以防风固沙、涵养水源为主要功能的生态屏障，既是改善长治地区生态环境的迫切需要，更是保障海河流域及京津唐地区生态安全的重要举措。

大力实施“山上治本”工程，山上治本气势宏大，生态屏障更加厚实。

通过因地制宜，长治市以建设石质山区水源涵养林、土石山区水土保持林、丘陵山区生态经济林为重点，从1994年太行山绿化工程全面启动到2004

1亩≈0.067公顷

年全国太行山绿化现场会在长治市召开，完成太行山绿化工程200多万亩，被誉为“人工造林的奇迹，工程管理的典范”。

2006年以来，长治市把国家工程与地方工程紧密结合起来，以太行山绿化工程、天然林保护工程、退耕还林工程、交通沿线荒山工程、环城荒山工程为重点，由近及远、逐步推进，科学规划、精心实施，高标准完成造林300多万亩，年均造林40多万亩，基本建成了比较完备的生态防护林体系。据测算，这些森林年可吸收二氧化碳200多万吨。

大力实施“身边增绿”工程，身边增绿依次推进，人居环境不断改善。

2006年以来，长治市先后启动实施了以城镇绿化为中心，以水网、路网、田网绿化为骨架，以环城、环村、环企绿化为节点，以公园、游园、庭院绿化为亮点的上党城镇群城乡绿化一体化工程。7年间，全市共完成通道绿化9830.63公里、环城绿化280公里、水系绿化532.5公里、农田林网控制面积200万亩、厂矿企业绿化350个，新增城镇景点绿化315个，新建完善城郊森林公园37个、村庄绿化3450个、通村道路绿化4677公里，在农村基本实现了绿化全覆盖目标，并对重点区域的119个采石边坡实施了植被恢复综合治理。

山水田路综合治理、城乡村企有机衔接、山川平原整体推进、点线网面同步发展，7年来，长治市以前所未有的力度、前所未有的投入，城乡一体，远近呼应，优良的人居环境体系逐渐形成，“生态上党、美丽长治”初见雏形。

全市85%以上的行政村成为生态村、园林村、花果村，沁源、平顺获“全国绿化模范县”，沁县获“全国绿色名县”，壶关、潞城、武乡、襄垣、平顺、屯留获“国家园林县城”，潞宝集团获“全国绿化模范单位”，黎城、长子、沁源获“山西省园林县城”，壶关、沁源、平顺获“山西省生态县”，在全省形成了最大规模的绿化县城群。

让百姓生活在天然氧吧，充分享受“绿色”实惠——产业富民文化兴林

市区或县区每250米有一处街头绿地，每2000米有一个县（区）级公园，每3000米有一个市级公园，广大市民出门见绿树、开窗闻花香听鸟鸣；

全市13个县（市、区）均建设了以“山”为主题的森林公园和以“水”为主题的水上公园，人们休闲娱乐有了更多可选择的地方。

广泛开展园林式单位、庭院（小区）、道路、游园等达标评比活动，大力实施农村绿化全覆盖工程，规划建绿、复垦建绿、拆墙透绿、见缝插绿、拆违见绿、治污造绿，群众爱绿、植绿、护绿的意识不断增强。

对集体林权进行改革，做到“山有其主、主有其权、权有其责、责有其利”，调动全市人民群众造林绿化、兴林致富的积极性。

引导扶持农户在林间种植低秆经济作物，发展林下家禽饲养，发展集观光、采摘、休闲为一体的森林生态旅游，实现不离乡可就业、不出山能致富。

绿化步伐的加快，森林资源的增长，长治市生态环境和人居环境大大改善，广大人民群众真真切切享受到了造林绿化的成果。

如果说山上治本、身边增绿是长治创建国家森林城市量的增长，那么凸显富民产业与生态文化建设的经济和社会效益，则是长治创建国家森林城市质的提升。

长治市坚持把生态建设与产业发展相结合，依托特有的历史人文资源、红色革命资源、绿色森林资源、太行山地势资源，形成了以太行山大峡谷、沁源灵空山、武乡八路军纪念馆、黎城黄崖洞、平顺桃花节、沁县龙舟赛、潞城水乡漂流、森林公园农家乐等为主的集观光、采摘、休闲为一体的森林生态旅游，成为全市社会经济发展的朝阳产业。

大力发展以核桃、花椒为主的干果经济林，全市经济林面积达到100多万亩，核桃、花椒已成为山区农民脱贫致富的主导产业。

把通道绿化与发展林木种苗花卉产业相结合，新建林苗一体化育苗基地1.6万亩、花圃2000亩，为增加农民收入开辟了一条新途径。

在通道、环城、河岸库边等立地条件较好的地方发展速生丰产林，推行林草、林药、林菌等林下经济开发模式，走出了一条生态经济型林业的新模式。

长治市大力实施产业富民工程，兴林富民成效明显。2009～2012年，全市干果年产量连年超过5000万公斤，收入5亿元，占到产区农民纯收入的25%以上；丰产林年产值达到4.2亿元；林木种苗花卉业年产值达到2.5亿元，年均生态旅游总收入60多亿元，实现了生态效益和经济效益的双赢。

每当春季来临，万物复苏之时，上党大地蔚为壮观的场景就是全民参与的义务植树、绿化美化大行动。

在河畔、在山区、在平川、在路旁、在厂矿、在学校、在村庄、在城市，到处都活跃着义务植树的队伍。

不论是机关干部还是市民群众，不论是老板老总还是企业员工，不论是部队官兵还是在校学生，不论是耄耋老人还是稚幼孩童，在同一个季节，在不同的地方，年复一年，坚持不懈，种下一棵棵树，播下一片片绿。

长治市坚持把生态文化建设与太行精神、红色文化、上党文化、民俗风情融为一体，大力实施“森林文化”工程，营造浓厚的绿色文明氛围，打造先进的绿色文化体系，建设“生态环境良好、生态经济发达、生态文化繁荣、生态观念浓厚、市民和谐幸福”的全国一流生态大市。

实施了上党盆地、长治湿地“两地”保护工程，开展了建设生态家园文明实践活动，培育了百草堂神农始祖馆、西沟林业劳模事迹展览馆、长治国家城市湿地公园等一批集科普教育、生态旅游、生态保护、生态恢复示范多种功能为一体的林业生态文化载体。

在《长治日报》、长治广播电视台、政府信息网等媒体固定开辟专栏专刊，在公交车、出租车、公共场所LED显示屏、城市村庄出入口定期张贴发布标语，不定期举办创建国家森林城市万人签名、森林旅游节、生态摄影比赛、生态画册宣传等活动，广泛宣传森林科普知识，增强市民生态文明意识，市民知晓率达98%以上。

举全民之力，人人动手，众志成城，成就了长治市林业生态建设今天令人瞩目的业绩，营造了上党人民今天人居和谐、山川秀美的绿色家园。

栽树就是栽历史，就是栽政绩——创新机制巩固成果

“前人栽树，后人乘凉”，植树造林是一件功在当代、造福千秋的大事。

的确，长治荣获中国十大魅力城市、国家卫生城市、全国文明城市、全国绿化模范城市、中国优秀旅游城市、全国造林绿化先进单位、国土绿化突出贡献单位等10多个国家级称号；全市年降水量较过去提高50毫米；水土流失面积治理率达80%以上，采矿塌陷区生态治理修复率达85%以上；主城区二级以上天数达357天继续在全省保持领先地位——造林绿化功不可没。

“栽树就是栽历史，就是栽政绩。”这在长治市从上至下形成高度共识。

写下历史，留下政绩。我们不仅要植绿、播绿，更要爱绿护绿。创新机制、科学种植、造管并重，让绿延伸，让绿永驻。

在规划设计上精益求精，在资金使用上精打细算，在树种选择上精挑细选，在栽植管护上精雕细琢……机制创新如一把标尺，刻写和丈量着长治市大力推进造林绿化、建设生态文明的精度和高度。

——**创新组织指挥机制**。实行市、县两级造林绿化指挥部统一协调指挥工作方式，党政主要领导担任总指挥，建立了“一级抓一级，层层抓落实”的工作机制，通过领导抓重点、搞示范、出精品，带动全市林业生态建设整体提档升级，带动全社会参与创建。几年来，全市共建有领导示范点236个，实现了造林绿化和创建国家森林城市重点工程领导示范全覆盖。

——**创新资金投入机制**。采取财政投入、煤炭中提出、社会各界筹集、义务植树补添四种方式，有效解决了造林绿化资金问题。自2006年以来，市、县两级财政累计投入造林绿化资金达46.5亿元，其中市级财政每年投入都在1.5亿元以上；全市煤炭企业从吨煤10元的矿山环境恢复治理保证金中拿出30%用于造林绿化，“一企一矿绿化一山一沟”，绿化荒山15万亩，建立碳汇林基地8个；通过企业出资、自愿捐资、冠名赞助、股份造林等，吸纳社会造林绿化资金7.8亿元；广泛开展多种形式的义务植树活动，全市共建义务植树基地180个，年义务植树600万株以上，尽责率达93.4%以上。

——**创新科技支撑机制**。探索出了“政府出苗、专业种植、树随地走、谁种谁有”造林模式，出台长治市造林绿化工程建设标准，在荒山造林中创造了阳坡育苗阳坡栽、阴坡育苗阴坡栽、就地育苗就地栽经验，推广了径流整地、容器育苗、混交造林、石片覆盖等抗旱造林技术；在平原绿化上推广了大坑、大苗、大水种植技术；在干果经济林基地发展上，实施了一县一个示范园、一县一个联姻体、一乡一支服务队、一村一个合作社、一户一个明白人“五个一”工程；在实用技术应用上，实施了百千万乡土技术人才培训工程，培训工程技术人员1万余名，推广先进抗旱造林技术20余项。栽一棵、活一棵、成一棵。目前，长治市造林平均成活率达95%以上，造林保存率达90%以上。

——**创新林木管护机制**。先后制定了《长治市造林绿化苗木管护办法》

《长治市封山禁牧办法》《长治市森林防火奖惩办法》等管护措施，对新造林地实行拉网管护，对林地、绿地采取专人专管与家庭托管、门前三包、认养认领相结合的办法，确保树木花草栽得下、管得好、存得住。同时加强古树名木的分级命名和挂牌保护，强化护林防火、林业有害生物防治、野生动物保护等工作，有效保护和巩固了国家森林城市创建成果。

——**创新督察考核机制**。实行进度月报制、绩效考核制、责任追究制等，每年对各县（市、区）林业生态建设工程进行严格督察考核，有力地促进了创建工作健康推进。

在不是黄土就是干石的太行山上，在不是煤灰就是煤焦铁的中部欠发达地区——长治，这颗“绿色明珠”冉冉升起，正向着全省乃至全国一流的绿色之都、生态大市迈进！

绿染晋城，太行山上崛起宜居之城

——山西省晋城市创建国家森林城市纪实

《中国绿色时报》　李培红　张锦龙　刘云雷

2013 年 8 月 2 日

冲刺，山西省晋城市正向着国家森林城市冲刺。

为了这一刻，这个全国典型的煤电化资源型城市和太行山半干旱石质山区的城市，努力了3年之久。

2010年，晋城市委、市政府加快城市转型步伐，以可持续发展为核心，树立尊重自然、顺应自然、保护自然的生态文明理念，提出了“创森”奋斗目标。由此，晋城投入了前所未有的力度，加快推进城乡增绿、山川治本、产业富民、林业增效建设步伐，开创了山上与山下统筹发展、城市与农村协调并进的林业建设新格局。

如今，晋城市累计造林68.4万亩、绿化村庄812个、发展干果经济林28.2万亩；建成2个全国绿化模范县，2个国家级自然保护区。基本实现了城市森林化、乡村林果化、道路林荫化、农田林网化、水系林带化，走出了一条具有晋城特色的创建之路。

宜居之城——科学规划谋划未来

一个好的规划能充分展示出一个城市的特色、提高城市整体品位。晋城市在完成《晋城市城市总体规划》《晋城市城市绿地系统规划》《晋城市林业生态建设规划》的基础上，以“太行明珠宜居晋城”为创建主题的《晋城市国家森林城市建设总体规划》编制出台。

经巧妙构思，《规划》确立了“一心四翼、五区共荣，五环四轴、绿带绕城，两河三山、廊道连片，十园千村、组团发展”的森林城市布局。即以市区为中心，以高平、阳城、陵川、沁水为四翼；构建五个环城绿色屏障；重点绿化沁河、丹河与太行山、中条山和太岳山；建设10个森林公园，1000个生态园林村。力求通过“创森”将晋城打造成为多色调、结构优、景观美、功能强的城市森林景观。

围绕总体规划，晋城分年度制订了《晋城市创建国家森林城市工程建设规划》，分类编制了城市绿化、村庄绿化、通道绿化、厂矿区绿化、干果经济林、苗木花卉等十多项规划。在创建过程中，严格按规划设计、按设计施工、按施工验收、按验收建档，确保《规划》落到实处、蓝图变为现实。

据了解，如果按规划全面推进，到2015年年底，晋城将完成新造林75万亩，森林覆盖率在45%以上，全市有望实现资源增长、生态优良、产业发达、文化繁荣、林农增收、山清水秀的发展目标。那时，晋城市这颗绿色明珠定将更加璀璨。

四轮驱动——城乡绿化加速前进

“创森”之初，晋城市就将森林城市建设与工业新型化、市域城镇化、农业现代化有机结合起来，通过大力实施“两山”“两网”“两区”和乡村绿化四大重点工程，在山川建体系、通道建屏障、城市建森林、村镇建园林，初步建成原生态、近自然、城乡一体、林水相依、人文和谐的城市森林生态网络。

“两山”绿化持续推进。将太行山和城市周围可视荒山作为“创森”绿化的主阵地，依托退耕还林、天然林保护等国、省重点工程，再造太行秀美山川。把干旱阳坡、尾矿区等重点山头和重点地段作为生态环境治理、植被恢复的突破口，因地制宜，适地适树，科学种植，确保质量；坚持实施林业精品工程战略，连片规划，综合整治，推动重点工程“上规模、上质量、上科技、上效益”，做到精品不断线、处处皆精品。在开展精品工程竞赛活动中，全市上下形成了相互观摩、比学赶超的创建氛围。如今，棋子山、七佛山等一大批荒山绿化工程呈现出“十里山、十里路、十里花、十里树”的美丽景色，全市森林覆盖率年均增长1个百分点。

“两网”绿化快速推进。在路网绿化上，采取市抓国道、县抓省道、乡抓县道、村抓乡道的办法，全面实施“有路必有树、两侧树成荫、视线无荒山”的通道绿化工程。据统计，路网绿化累计投资5亿多元，完成公路绿化5352.7公里；在水网绿化上，围绕沁河、丹河两大水系及支流河道，营造水源涵养林、水土保持林，建成了丹河湿地公园、沁河经济腹带、蟒河百里画廊等防护林体系450公里、32万亩，对贯穿市区、县城的几条河流，治污、硬化、绿化、亮化、美化同步推进，沿河布绿、围桥造景、设景建园，全市治理河道160余公里，增加水面2000余亩，绿地300多万平方米。如今，一条条绿色通道、绿色水网已经成为晋城市对外开放的一道道亮丽的风景线。

“两区”绿化强力推进。为改善生产生活环境，提高城乡居民幸福指数，晋城强力推进城市绿化和厂矿区绿化。城市绿化以60公里环城林带、60平方公里白马寺山城市绿心、80平方公里城市面积、80万城市人口规模的“6688”现代宜居城市为框架，精心构筑“一心、一环、两带、两廊、多斑块”的生态绿地发展空间。全市新种植各类乔木360万株、花灌木220万株，新建城市公园13个、生态游园26个，街道绿化率达98%，园林式单位140个。开展的三项城市绿化工程荣获“中国人居环境范例奖”，白马寺山森林公园荣获第十六届国际花园城市总决赛自然类单项金奖。如今，市民可推窗赏景、开门见绿、出门入园。厂矿区绿化则坚持企业经济发展与生态环境保护同步规划、同步实施，先后关停和取缔了一批企业。对关停企业采取拆违还绿、以绿治污，对运营企业实行拆墙透绿、规模建绿。目前，通过开展“绿色矿山”“绿色企业”创建活动，全市达标厂矿企业367家，90%实现了高标准绿化，凤凰山矿、寺河煤矿、皇城相府集团还被授予全国绿化模范单位称号。

村庄绿化整体推进。晋城村庄绿化起步较早，曾是山西省建设小康村的绿化样板。近年来，结合“创森”，以建设美丽乡村为目标，坚持山上山下综合治理、村里村外一体绿化，制定实施了“五环、五片、二十条线、七十个乡镇所在地”的村庄绿化规划。将探索总结的生态绿化型、生态园林型、园林游憩型三种模式，每年集中推进300个村，市政府每年拿出1000万元，对建设村进行补助，对达标村进行奖励，充分让农村群众共建共享“创森”成果。目前，全市有987个村达到了生态园林化建设标准，一大批生态园林村呈现出山顶松柏戴帽、山坡果树缠腰、山下杨柳护田、村庄园林一片的田园景色。乡村绿化成为晋城新农村建设的一大亮点，也促使“创森”工作走进了乡村、赢得了民心。

国家森林城市：看呼和浩特是如何“创”出来的

《内蒙古日报》　沧　海

2011 年 5 月 31 日

去年4月27日，从武汉市召开的第七届中国城市森林论坛上传来好消息，呼和浩特等8座城市被全国绿委、国家林业局正式授予“国家森林城市”称号。呼和浩特市是全国27个省会城市中第8个获得此称号的城市，也是西北省会城市中第一个、西部省会城市中第二个获此荣誉的城市。呼和浩特的各个必备指标如城市森林覆盖率、绿地率、人均公共绿地面积等都达到标准。

获得荣誉1年来，呼和浩特市在营造绿色首府的大路上没有一丝停顿。

不容易，不简单，不寻常

去年4月17日下午，在进行了为期两天的实地考察后，呼市创建森林城市交换意见会举行。国家创森考察组专家一致认为，呼和浩特市作为干旱半干旱的塞北城市，森林城市创建中取得的成绩不容易，不简单，不寻常，让人震撼，特别是创建森林城市中的一些做法不仅在局部、在全国也具有典型示范作用。

机场高速道路绿化、高压走廊生态公园、南湖湿地公园、新城区干旱阳坡塔沟项目区、劈柴沟天然林保护工程项目区、奎素退耕还林项目区、森林防火指挥中心等，考察组所到之处，到处是生机盎然的绿色，出人意料的绿色。要知道，呼和浩特是全年降水量不足400毫米的干旱半干旱塞北城市。

荣誉来之不易！

这与呼和浩特市市委、市政府领导的高度重视、舍得投入以及全市干部群众的共同参与分不开。专家们在发言中指出，呼市在创建森林城市工作中坚持规划先行、科学造林的举措，有力地促进了各项创森指标的顺利完成。特别是因地制宜采取改善土壤活力、节水抗旱造林等做法，所形成的城市、森林、园林三者融合，城区、近郊、远郊三位一体，水网、路网、林网三网合一，乔木、灌木、地被植物三头并进，生态林、产业林和城市景观林三林共建的基本经验具有典型示范作用，值得推广借鉴。

从2000年开始，呼和浩特市委、市政府积极响应自治区党委、政府的号召，在全区率先提出了建设生态市的目标，并着手实施了天然林保护等六项重点工程。随着经济社会的快速发展和全市城乡整体生态环境的逐步改善，2006年，市委、市政府做出了打造北方一流生态环境、创建国家森林城市的决定，并于同年10月正式启动森林城市建设，按照“生态保护、青山绿水、绿色家园”的创森行动计划，确定了“五区、三环、两带”的总体建设布局，加大了生态改造建设的力度。

从2001年开始，在大青山前坡进行了大规模的植树造林，实施了大青山干旱阳坡造林科技示范工程等8大生态建设精品展示工程和绕城高速公路绿化隔离带建设等10大创森重点工程；在市区周边，建设了4个万亩以上生态园；在核心区内，建设了4个千亩以上的大型公园和数十个大中小相结合的绿地广场，重点实施了“全民动员、全城绿化”、新建高压走廊带状公园等一系列工程，给市民打造出了一个个绿色空间。特别是2009年以来启动了环城水系生态工程，加大河道治理力度，加强河道两岸环境等整体治理，逐步形成了森林城市的生态防护体系。去年，全市栽植了包括针叶树、阔叶树、花灌木等250万棵。

同时，建管并举，创新管理模式，实施科技兴林战略，强化法制保障，把林木成活率提高到95%以上。呼和浩特市先后制定出台了《呼和浩特市城市绿化条例》《呼市公园绿地分级养护管理试行办法》《呼市道路绿地分级养护管理试行办法》等一批政策法规，对征占用林地、绿地和砍伐林木实行严格的审批制度、监督举报制度、依法查处各类违法破坏森林资源和绿地的行为，有效地保护了生态建设成果，提高了森林城市建设的管理水平。

1999年到2009年，全市森林面积由451.35万亩增加到771.8万亩；森林覆盖率由17.48%提高到29.89%；建成区绿地覆盖率由28.42%提高到35.14%；人均公共绿地面积由6.19平方米增加到16.08平方米。市区空气质量优良天数由2001年的196天增加到2009年的346天，首府城市的宜居水平得到进一步提高，人居环境明显改善。

突出生态规划，将其纳入城市建设总体规划

其实，确定生态保护的规划在呼和浩特长期发展战略中一直占有重要的位置。去年，已经将专家评审通过的《呼和浩特市国家森林城市建设总体规划》（2010～2020）正式纳入城市建设总体规划，并从当年起启动实施。

在呼和浩特的生态规划中，对北部风蚀沙化治理区、大青山生态综合治理区、土默川平原绿化区、城市园林绿化区、南部低山丘陵水土保持治理区5个不同类型区域进行规划治理。建立草场沙化控制区、黄河沿岸水土保持区、自然生态建设保育区、湿地生态环境保护区、山地森林自然保护区5个生态管制区，以“一河、两山、四带、七区”为重点进行建设（一河：建设黄河东岸在全市境内106.84公里长500～1000米宽的防护林，控制泥沙对黄河的输入量。两山：对呼市境内的大青山、蛮罕山内的荒山、荒坡采取人工造林，对现有的林地和灌木林地采取围栏封育和人工促进更新的方式进行全面保护和治理，森林覆盖率达到60%以上。四带：分别是北部风蚀沙化治理带、大青山前冲积扇区经济林带、大小黑河及东西两河园林景观带、高速公路绿化带。七区：分别是土默川立体造林样板区、和林县园区绿化和丘陵地改善样板区、清水河小流域改造治理示范区、托县平原绿化示范样板区、新城区首府后花园示范样板区、乌素图生态娱乐度假造林示范样板区、市四区生态公园示范样板区）。加强水资源保护，控制开采深层承压水，合理利用黄河水，加大对中水的回用和设施建设；调整产业结构，通过采取综合节水技术、工程措施、节水管理等手段，进一步加强水资源管理力度。加大再生水资源和城市雨水资源的利用力度，合理配置水资源，实施分质供水措施，

科学利用水资源，保障呼和浩特市经济社会的可持续发展。

由此可见，生态建设是首府经济社会发展过程中浓墨重彩的一章。

在营造绿色首府的路上再接再厉

今年，呼和浩特市按照“打造一流首府城市、建设一流首府经济”的要求，认真贯彻自治区党委、政府对首府城市建设的重要安排部署，努力将首府建设成为功能完善、环境优美、特色鲜明、文明有序、和谐宜居的现代化都市。在连续两年大规模绿化工作的基础上，今年继续以城市园林绿化为切入点，再掀大规模植绿、大范围造林的绿化热潮。将对全市24条主次干道，22个公、游园，14处广场绿地，138条小街巷，90个庭院，51个小区和23处节点绿地进行绿化建设，力争实现公园绿地17.84平方米/人，绿地率达到35.05%，建成区绿化覆盖率达到36.8%。目前，园林绿化建设各项工作都取得了显著成效。

截止到5月中下旬，全市已栽植各类树木581.64万株（丛），草坪10.7万平方米。其中：针叶树栽植71.4万株，阔叶树94.83万株，花灌木388.85万株（丛），地被11.11万株，绿篱15.45万株。

主干道绿化：已对新华大街、呼伦路、昭乌达路、锡林路、二环路、乌兰察布东街、兴安路等24条主干道进行了树木栽植、补植工作，共栽植各类树木76.49万株（丛），草坪7.4万平方米。

公、游园基础设施改造及绿化景观改造：已对青城公园、满都海公园、动物园、湿地公园、阿尔泰游尔园、成吉思汗公园、高压走廊带状公园等15个公园和4个游园、6处广场绿地进行了绿化景观改造，共栽植各类树木162.88万株（丛），草坪、草花3.3万平方米。

园林绿化：锡林公园（一期）工程已完成土方工程2.7万立方米，平整、夯实场地2.3万平方米，共新植各类树木20.6万株，其中栽植针叶树0.5万株，阔叶树0.55万株，灌木19.56万株；敕勒川公园（一期38.6公顷）前期已投资350万元，拆迁工作进入尾声，前期建设项目全面展开，已完成公园原始地形测量、园路放线、原有树木病虫害确定、装载机平整施工通道和公园东侧搭建围栏等工作，人工湖基槽已经开挖。

环城水系绿化：按照环城景观水系河道绿地宽度为50～100米，最低不少于50米的规划，2011年以来，已栽植各类树木、灌木63.12万株（丛）。

重要节点景观绿化：2011年，要重点对北出城口起，途经成吉思汗大街、呼伦路、乌兰察布路、新华大街、东南二环、至南出城口的沿线景观路线、节点进行绿化改造，目前部分景观节点正在进行拆迁，部分景观节点已经开始绿化改造工作。其中：新华大街与乌兰恰特交叉路口东北角处节点景观工程已完成土方3000余立方米，游园假山及路面硬化已经完成，给排水、电路等工作正进行，移植树木1000余株，栽植乔木25棵，预计6月28日基本结束；乌兰恰特西侧节点绿地完成栽植草坪800平方米，栽植针叶树4116株，阔叶树5.87万株，花灌木5.2万株（丛）；滨河北路节点景观改造完成栽植针叶树7393株，阔叶树625株，花灌木3.52万株（丛）；北出城口节点景观完成栽植针叶树1051株，阔叶树186株，花灌木1万丛。重点公路两侧绿化：机场高速路绿化完成翻地23.57万平方米，整地28.09万平方米，清理枯死树木4.15万株（丛）；新植各类树木7.06万株（丛），移植各种树木5.91万株（丛）。火车东站广场前立交桥周围绿化带内移栽树木1576株，绿篱155平方米。

金盛路是连接金桥开发区与盛乐经济园区的城市快速通道，将建设成一条绿色长廊，设计绿化总长度23公里，道路每侧绿化带宽50米，绿化总面积250公顷（含中央隔离带、节点景观建设），采取乔灌结合、针阔搭配方式，选用高规格优质大苗进行绿化。绿化工作从2010年11月启动以来，共栽植各类苗木20.12万株（丛），地被195平方米，完成工程总量的84%。

武川县哈乐镇——上秃亥乡中部农田防护林带，位于武四（武川县可镇—四子王旗）、武达（武川县可镇—达茂旗希拉穆仁）公路一侧100米范围内，建设长度50公里，面积7162亩，总投资约8488万元。目前，新栽植阔叶乔木5.46万株，云杉1.73万株，花灌木4.15万株，果树2200株。市四区绿化：新城区已完成123个庭院、42条小街道和9处街心绿地的绿化建设改造任务，累计栽植各类树木69.9万株（丛）。

回民区已对57条街道、105个小区、4处街头游园绿地进行了栽植、补植工作，共完成栽植各类树木9.46万株（丛）。玉泉区已对31条小街巷、28处庭院、6处游园及广场绿地进行了绿化补植工作，共栽植各类树木40.44万株

（丛）。赛罕区已对包括10条景观街在内的主次干道、12处绿地、82处庭院进行栽植、补植工作，共栽植各类苗木140万株（丛）。

为切实推进城区园林绿化工作，呼和浩特市主要采取了以下几点主要措施：

领导重视、组织到位。成立了以市委书记挂帅的市绿化工作领导小组，各地区、各部门分工负责，确保城市园林绿化建设圆满完成。为加快建设，市委、市政府主要领导多次召开专题会、现场会，及时解决建设中出现的问题。

高起点规划、高质量建设。在2011年城市园林绿化建设中，呼和浩特市结合绿地现状，组织专业技术人员实地查看，因地制宜，按照不同区域位置、特点重新规划，集中体现低碳园林、精品园林和节约园林等一些创新理念和原则。

严把苗木质量关。积极组织技术力量深入苗源地，从选苗、起苗、吊运等各个环节进行严格把关，同时做好外购苗木的检疫工作，保证苗木质量。

加大督查力度。针对现阶段绿化进展情况，及时安排部署后期养护工作，并派技术人员对绿化建设路段进行跟踪检查，进一步加大督查力度，及时发现并纠正在施工及养管过程中存在的问题。

强化精细化管理理念。在栽植过程中严格按照技术规范操作，栽植完成后根据我市气候特点确定养管方案，达到精细化管理。如为防止在春季多风情况下新植树木水分过分蒸发，适时采用喷淋喷雾增湿车，对新植树木进行清洁保湿工作。

加强园林绿化监察执法工作。在后期养护管理工作中，按照日常巡查、重点监察的原则，加大园林绿化监察的监管力度。同时，进一步加强社会舆论作用，在正面宣传的同时，也对私自开口、占绿、毁绿、破坏等现象进行适度曝光，加大对破坏行为的打击力度。

包头：一个国家级森林城市的“生态”变奏曲

中国新闻网　李爱平

2013年11月7日

“让包头拥抱森林。”6年前内蒙古包头市人民政府题写在一本画册上的这句广告语，今天看来正在变成现实。

“这个城市的四周几乎被茂密的树木所围拢，无论春秋所有从外地步入这个城市的客人，都会被这样的景色所吸引。”坐在记者面前的包头市林业局副局长李茂森自豪地说。

李茂森笑言，自己的名字不仅与林业有关，而他更是这个城市急速发展绿化建设的见证者。

新一轮绿化

7日，立冬，天气已略显寒意，但当地官方与民众仍在为生态绿化进行着不懈努力，这个城市依然绿意浓浓。

连日，记者在包头市采访发现，该市境内京藏高速公路、110国道、210国道沿路周边机器隆隆，施工人员挥汗如雨在挖着一个又一个树坑，栽下一棵又一棵树苗。

内蒙古包头市林业局造林科科长赵承宪驱车带记者参观这一景象时说，现在还看不出来太多的绿色，但等到明年的6月份左右，这三条公路沿线定会焕发出不一样的壮观。

“京藏高速公路两侧各100米建绿化带；110国道城区段两侧各30米，城市外围段两侧各50米建绿化带；210国道包兰（包头—兰州）铁路以北段两侧各30米，包兰铁路以南段的西侧100米、东侧50米，南绕城以南两侧各50米。”赵承宪详细介绍了这三条公路的绿化范围称，这是包头市今夏以来的新一轮绿化工程。

赵承宪对记者介绍称，上述三条道路周边过往中存在脏乱差，与中国西部地区首个森林城市的形象不符，包头市委、政府下决心改造这三条道路进行绿化。

改造这三条公路沿线的决定始于一个月前。决定甫一落地，当地政府、林业部门及社会民间力量即开始了紧锣密鼓的“动工”，这个城市的新一轮绿化由此正式开锣。

对于改造上述公路沿线生态环境的综合治理，包头市林业局副局长李茂森介绍说，该市这样做是决定举全力打造高标准、园林式绿化，推动沿线生态环境明显改善，实现多重效益，努力构建人与自然和谐、独具包头特色的绿色走廊和生态文明建设示范区的考量。

昨日的绿色辉煌

包头市如此大规模的进行生态绿化，并非始于今日。

1996年5月3日，包头哈业胡同发生6.4级地震。此次地震是新中国成立以来内蒙古自治区发生的最大的一次地震灾害，也是1976年唐山地震后，6级以上地震首次在百万人口的城市造成灾害，经济损失严重。

按照李茂森的叙述，1996年包头发生地震后不久，嗣后当该市进行震后重建时，这个城市便于绿色以及日后的国家森林城市结下了“缘分”。

而在此之前的景象则与绿色无关。李茂森说，1996年前他对这个城市的印象，是土大、风沙大，整个城市很脏。

包头市林业局计财科科长刘茂盛对包头市当年的印象则是另外一副模样：“由于整个城市无遮无挡，所以每到冬天迎面刮来的风，像刀子刻在脸上一样生疼。”

“对于这个城市1996年是个分水岭。”李茂森介绍说，从1996年到2000年这个城市有了较为明显的变化，而真正有大的变化则是在2000年以后。

据包头市林业局提供的资料显示，2000年以来，该市大力开展城区、近郊和远郊三大森林生态圈和绿色通道建设，并按照中央政策相继实施了退耕还林、天然林保护、京津风沙源治理和“三北”防护林等国家林业重点工程建设，城市周边生态面貌为之焕然一新。

2005年对于这个城市则是“脱胎换骨”的一年。包头市政府提供的资料显示，由于该市在绿化等方面大有作为，该市率先进入中国中西部唯一入选的首批全国文明城市。

更令当地百姓兴奋不已的是，截至2006年年底，该市森林面积已达到400.8万亩，森林覆盖率达到26.1%（不包含草原牧区），人均公共绿地面积达到10.7平方米，形成了“半城楼房半城村，林中有城，城中有林，绿染包头”的独特森林景观。

彼时中国林科院首席科学家、中国城市森林论坛科学顾问彭镇华对这个城市题写了“荒漠草原一明珠，包头城郊万木春”的墨迹，认可于该市的生态绿化。

记者在采访中了解到，正是因为当地政府数十年如一日对生态绿化的不懈打造，2007年5月该市最终被中国绿化委员会、国家林业局授予国家森林城市荣誉称号，并先后获得联合国人居奖、国家园林城市等荣誉。

荣誉面前，这个城市对生态绿化的持续追求成为内蒙古地区一张能拿得出手的“靓丽名片”，而其维护北疆生态安全屏障的作用亦日渐显现。

中国北疆生态安全屏障“设想”

包头，作为中国边疆少数民族地区最早开展大规模工业建设的重点城市，是内蒙古自治区最大的工业城市，由于其钢铁、稀土优势先后被外界誉为“草原钢城、稀土之乡”。

7日，记者从包头市林业局获知，有着如上赞誉的这座城市在生态建设上，按照党的十八大关于生态文明建设的战略部署，决定在该市深入实施“青山、湿地、大草原”计划，致力打造中国北疆生态安全屏障。

对于“青山”计划，李茂森介绍称，包头市建设大青山（历史上称之为阴山）南坡绿化工程，能充分发挥森林“包头之肺”的生态功能，打造中国北部绿色生态屏障。他认为大青山是内蒙古高原和黄土高原的分水岭，是阻隔风沙和蒙古干燥气流进入华北平原的天然绿色屏障。历史上大青山生态植被较好，其南坡的山前平原曾出现过“天苍苍、野茫茫、风吹草低见牛羊”的景象，但由于人为破坏等原因大青山植被逐年衰退，从2007年至今，该市启动大青山南坡绿化工程，在“十二五”期间规划投资8.8亿元，完成5万亩建设任务。

建设黄河国家湿地公园，充分发挥黄河湿地作为“包头之肾”的生态功能。这是包头市生态领域中的“湿地”计划。

资料显示，黄河流经包头段全长220公里，现有河堤170公里，黄河滩涂湿地2.9万公顷，占全市湿地面积的82.3%，同时也是黄河流经最高纬度的湿地。为此包头市政府专门成立了包头市生态湿地保护管理中心，先后编制了《包头市黄河湿地概念性规划》等，并于2011年申报建设黄河国家湿地公园，当年12月12日国家林业局发文批准包头黄河湿地公园列入国家湿地公园试点。

对于“大草原”计划，包头市林业局提供的资料显示，包头市处于草原和荒漠草原的过渡带，气候属于四部干旱半干旱地区，全市草原共有5大类总面积2447万亩，2008年以前由于受干旱、过度放牧、垦荒等影响，山北地区（指大青山以北）草原退化、沙化现象逐年加剧。

为扭转草原生态恶化趋势，记者7日获悉，包头市委、市政府为此已启动了“大草原”计划出台禁牧政策，全市农区全面实施围封禁牧，牲畜全部舍饲圈养等措施，力图全面恢复草原生态环境。

这里的生态正在变奏

从1996年前的风大、土大、脏乱差，到2007年的全国森林城市称号，包头市的绿色变奏用了11年。

从2008年至今，该市在生态绿化上再接再厉，不仅使得这座城市景观可圈可点，还在今冬开展了新一轮绿化“运动”，当地加快绿化节奏的梦想已很明晰。

记者在包头旗、县、区采访发现，生态、绿化在这座城市不再陌生，而其成绩已被外界普遍认可。

在包头市达茂旗巴音敖包苏木的京津风沙源封山育林项目上，记者了解到当地北部牧区种植的藏锦鸡儿、白茨等树种，通过围封禁牧，目前已显现出防风固沙的坚强作用。

在包头市固阳县，记者发现2000年以来，该县被列入国家退耕还林（草）试点示范县后，该县累计完成各类退耕还林工程62.164万亩，亦因此当地多年不见的狐狸、黄鼠狼、老鹰、猫头鹰、山鸡等飞禽重新出现，生物多样性大大增加。

在包头土右旗采访期间，记者了解到，从2000年至今，该旗开始实施天然林资源保护工程，禁止天然林采伐，实施围封禁牧，关停矿山企业，确保了现有资源的安全，目前已圆满完成87万亩工程建设任务，先后获得了“全国三北防护林工程建设突出贡献单位”等殊荣。

在包头市青山区三北防护林工程项目上，记者目之所及的则是一片片与城区几乎相连的樟子松、云杉、油松、侧柏等树木的蔚为大观。而该项目实施中国西北地区最先进的滴灌节水方式对苗木灌溉，已被作为先进经验在业内被广为学习。

内蒙古包头市林业局副局长李茂森面对如是生态局面感慨说，作为国家森林城市，包头市已经实现了由一座钢铁城、工业城迈入文明城、森林城的历史性跨越。

北国的包头，虽已入冬，但在这里仍能感受到夏秋景致，一簇簇绿意似乎在告诉公众，这个城市的生态正在变奏，而李茂森的自信让这个城市变得更为宜居与美丽。

“两大沙地”中崛起的森林城市

——内蒙古自治区赤峰市创建国家森林城市系列报道之一

《中国绿色时报》　吴兆喆　梅　青

2012 年 7 月 3 日

“树多了，生态好了，我们的幸福指数提高了。”

“待到秋天，满山的红彤彤的苹果、紫艳艳的葡萄、黄灿灿的安国梨……吸引我们走向郊外，绿色不仅陶冶了我们的情操，还改变了我们的心情。”

……

走在赤峰街头，一些人表达着自己对国家森林城市的见解，或宏观，或微观，描述着自己对美好生活的向往。

然而，又有多少人知道，赤峰在创建国家森林城市、改变区域生态面貌的这一进程中，付出了多少艰辛和努力。

高位推动，为森林赤峰奠基

每一个“创森”的城市，都经历了高位推动、全民参与等过程，如同完成一幅水墨画所必需的画笔，但每一笔所表达的意境却各不相同。

赤峰与其他“创森”兄弟城市相比，有什么重要差别呢？赤峰地处科尔沁沙地和浑善达克沙地之中，沙化土地占全市总土地面积的23.3%，年蒸发量是降水量的6～8倍，严重的干旱使横亘在境内的两大沙地，如同癌细胞般裂变、扩散。如果不能很好地整合行政、财政、住建、林业、交通、水利、人力等资源，森林赤峰在这里便永远只能是一个梦想。

正因为如此，2009年5月5日，赤峰市委、市政府下发《关于创建“国家森林城市”的决定》后，一场更大力度、更高投入、更紧密协调配合、更广泛参与的绿色战役在这里打响了。市里随即成立了市长挂帅、各相关部门负责人为成员的“创森”指挥部。

进入2010年，创建工作全面提速。从1月26日到3月1日，短短36天，赤峰市委、市政府连续印发了《赤峰市森林城市建设总体规划》，召开了全市“创森”动员大会；市委办公厅和市政府办公厅联合印发《关于创建国家森林城市的实施意见》……

“从2010年起，用3年时间把赤峰创建成为国家森林城市，这是赤峰城市建设的新目标、生态建设的新要求、人民群众的新期盼。”2010年3月1日，时任赤峰市市长王中和铿锵有力的声音传遍了农区、牧区和沙区。

为了强化这一宏伟目标，赤峰市委、市政府分别向涉及“创森”的旗区政府和部门下发了3年建设目标责任书，明确了党委和政府是“创森”的责任主体和建设主体，建起了“政府主导、群众参与、部门配合、上下联动、整体推进”的创建机制。

11亿多元投资、近1000个日夜，赤峰市从干部到群众，从童龀到耄耋，460多万干部群众齐心协力，掀起了一场轰轰烈烈的绿色革命，为建设城区园林化、城郊森林化、道路林荫化、水系林带化的国家森林城市拼搏着、努力着。

科学规划，呈现森林赤峰新蓝图

进入21世纪，经济发展对生态的需求越来越强烈，尽管赤峰始终高速推进生态建设，但由于欠账较多，导致生态承载力对城市科学发展仍是重要的制约因素。

“要走出一条经济、社会与生态环境相协调，人与自然和谐发展的科学发展之路，赤峰生态建设不仅需要超常规的跨越和扩张，更需要科学的规划和准确的定位。”赤峰市副市长吴力吉说。

2010年年初，赤峰市仅城市建成区绿地率和绿化率距离国家森林城市的标准就分别相差10个百分点以上，这对赤峰是严峻的挑战。

2010年1月26日，《赤峰市森林城市建设总体规划》经市政府第一次常务会议通过后，这个“因河而行、因商而起”的城市，找到了农业、矿产等资源以外，提升城市综合竞争力的新着力点。

“这一规划，足以使这片古老的土地，绽放生态文明魅力、实现林业产业升级、加速经济社会发展。”吴力吉把“创森”规划比作赤峰发展的灵魂。

3年后，内蒙古东部偌大的版图上将崛起一个怎样的城市？

按照规划，森林赤峰的建设将着眼区域经济社会可持续发展，以城市居民的健康为核心，传承历史文化、强化生态网络、发展特色产业，在加快自身生态、经济、社会发展的基础上，担当起辽、冀、蒙3省区接壤地带的生态安全保障功能，实现区域发展与美丽共赢。

由城市到近郊区，赤峰建设森林城市的总体布局分别为“一城二区三网多点”和“一环一带三极三楔多园”。

“一城”指赤峰市中心城市，“二区”指西部山地丘陵区和东部河谷平原区，“三网”指水系林网、道路林网和农田林网，“多点”指规划区内重要乡镇和众多农村居民点；“一环”指森林景观生态防护林，“一带”指河岸景观林带，“三极”指中心城区以外的城市森林建设，“三楔”指城市森林公园与风景区，“多园”指片状绿地。

“基于此，赤峰将着力建设人居林、生态景观林、休闲绿地、绿色廊道、林业产业化基地、森林文化等10项重点工程，真正把赤峰打造为‘绿色赤峰、人文赤峰、宜居赤峰’。”市“创森”办主任王国江说，赤峰被誉为龙的故乡，在森林城市建设中，要充分利用赤峰独有的历史文化资源和自然环境，构建“林在城中建、城在山水间”的生态城市格局，融居住、交通、文化等综合要素为一体，实现“人—城市—自然”的和谐共生。

银锄挥舞、比肩接踵，经过3年多波澜壮阔的建设，赤峰呈现出一片绿意蓬勃的景象。截至目前，赤峰市“创森”规划区内城市建成区绿化覆盖率达36.3%，人均公共绿地面积达9.6平方米，重点水系两岸绿化率和三级以上公路和铁路绿化率超过80%。

绿色增长，实现人与自然和谐共处

“截至目前，全市森林覆盖率提高到34.1%，森林总面积达4333万亩，3年‘创森’完成森林建设总面积47.8万亩，工程达标率超过90%……”赤峰市“创森”办副主任乌志颜感慨万千。作为林业科技专家，他深知，在十年九旱多风沙的自然条件下实施大规模森林建设，历经了怎样的挑战。

那么，对于赤峰市民来说，他们的感受又是怎样的呢？

6月7日下午，正在红山区清河路带状游园乘凉的退休干部陈伦对记者说：“前些年，到街上散步几乎听不到鸟的鸣叫声；而近3年来，城市绿地面积增大了，公园的花草树木种类更多了，每天早上起来，都会听到欢快的鸟鸣声。”如今，树多了，晴天多了，空气也好了，老陈每天下午都会带着3岁的孙子在这里玩耍，享受森林带来的惬意。

赤峰生态环境的改善让许多市民“看得见，听得着”。红山区林业局局长孙国忠告诉记者，2012年红山区通过“拆墙透绿”“见缝插绿”和“垂直增绿”等方式，完成北馨花园、钢铁西街、物流园区、昭乌达社区、红山广场等城区绿化面积1587亩。

随着绿色增长的，还有市民的生态意识。家住元宝山区平庄镇的赵燕女士以前是开车上班，现在她已改乘公交了。她说：“‘创森’只是手段，目的不只是让我们植树造林、保护生态环境，更重要的是培养低碳生活的意识。”

为了提高全社会的生态意识和“创森”热情，“3年来，元宝山区在主要路段、重点工程区均做了公益广告，发放宣传单、宣传手册3万余份，并组织开展了‘创森’摄影、书画比赛。通过宣传，‘创森’知晓率达到95%，引起了社会各界的共鸣。”元宝山区林业局局长王爱新说。

从城区到郊区，从工矿到企业，从学校到家庭，今天的赤峰，每一处都涌动着“创森”的激情，传播着低碳的理念，散发着宜居的魅力，洋溢着富足的喜悦。

诚如赤峰市市长包满达所说，只有切实提高人民群众的支持率、知晓率、参与率，形成“创森为人人，人人抓创森”的浓厚氛围，才能早日把赤峰建成祖国北疆生态宜居的森林城市。

如果说，3年是一次跨越，赤峰生态建设已经跃上了新的台阶；如果说，3年是一个节点，赤峰正在努力描绘人与自然和谐共处的完美图画。

赤峰已经今非昔比。通过“创森”，她实现了打造城市品牌、塑造城市形象、提高城市吸引力的目标，开启了推进经济社会可持续发展、提升人民群众幸福指数的战略新时期。

呼伦贝尔，更是一个森林城市

《呼伦贝尔日报》

2012年6月20日

闻名世界的呼伦贝尔草原，很容易让人联想，呼伦贝尔是一个草原城市。其实，呼伦贝尔更是一个森林城市。

且看这一组有关呼伦贝尔的“绿色”数据：全市拥有天然草场1.26亿亩，天然林地2.03亿亩，森林覆盖率51%……草原和森林，构成了呼伦贝尔的底色，呼伦贝尔是绿的，“北国碧玉”“绿色净土”，这些美称，呼伦贝尔当之无愧。

但呼伦贝尔，还要更绿。

沙化的草原，我们在治理；城乡的空间，我们要绿化，而“国家森林城市”创建活动，无疑为呼伦贝尔的“绿色革命”，又助了一臂之力。

这些年，呼伦贝尔向绿色进军的步履，从来就不曾变缓。特别是2009年以来，市委、市政府把完善森林生态功能作为森林城市的首要任务，城乡互动，城郊结合，分区实策，全市上下层层互动，人人参与绿化建设，全力推进森林城市建设，已基本形成了城外绿色净土、城区绿美相融、城郊森林环绕，植物多样、景观优美的城市森林体系。

理念决定思路。由于牢固树立了“美丽与发展双赢”的理念，牢固树立抓“创森”就是抓发展的理念，抓“创森”就是抓民生的理念，抓“创森”就是抓特色的理念，呼伦贝尔的城市建设才得以大踏步地改善。

我们看到，今天，越来越多的城市建设规划，正把生态元素的构建视为“指挥棒”，生态已经由抽象上升到具体，在人们眼中“活”了起来。而置身城中也能“看到绿色、闻到花香、听到鸟鸣”的城市人，也越来越多地自愿加入到绿化大军中，建设着园林式单位、园林式小区、园林式道路、园林式游园。

一个座座透绿的城市，本身就是一张张具有说服力和吸引力的名片，对招商引资、引进人才、留住人才等城市发展的现实需求，往往有着立竿见影的效果。但森林城市不仅仅是器具之用，为森林而森林。自然环境的良好状态可以转化为一种治理理念、一种城市文化、一种城市发展的崭新模式。从根本上说，城市是为了人，为了让人的生活更美好，为了人的视觉、生活和心灵的多重宜居。

投身森林城市创建，关系到每一位市民更加美好的明天。因之，在今天的呼伦贝尔，绿色的呼唤已经让全体市民行动起来，用自己的辛勤劳动，为美丽的家乡再添锦绣之笔。

绿染沈阳

——写在沈阳创建森林城市之时

《人民日报海外版》　郑欣文
2002年12月17日

今年冬寒来得早，沈阳今冬格外绿。

如今放眼沈阳，大路通衢，满目绿色，在碧蓝的天空和灿烂阳光的映照下，这古老的城市充满勃勃生机。

绿地系统是城市建设中唯一有生命的基础设施，在改善城市生态环境质量，提高人民生活质量方面有着不可替代的功效。沈阳作为老工业基地，是一座严重缺水少绿的城市。为此，沈阳提出要建森林城市的目标，这是城市建设一次脱胎换骨的革命，是城市建设一个质的飞跃。今春沈阳开展了城建史上最大规模的“绿色活动”，新栽树木230万株，铺展绿色17平方公里。相当于沈阳建城以来绿化面积的1/3。今天的沈阳，城内“绿岛”景点郁郁葱葱，随处可见；城边百里松林环抱古城；城外森林野秀风光无限。沈阳人被满眼的绿色陶醉了，老百姓高兴了。绿化牵动了久拖不决的棚户区改造，原来密密匝匝包围公路、铁路的低矮平房不见了，人迁新居，“绿”返旧地；今日的沈阳城，街街路路新鲜树，庭庭院院芳草地。绿化改善了周边环境，使得商品房房价攀升，住房销售连创新高。

沈阳环境变好了、变美了，投资环境改善了，外来投资者高兴了，国内外客商纷至沓来。今年沈阳实际调入外资可望达到15亿美元，再创历史最高水平。据沈阳市长陈政高介绍，沈阳不仅要补上沉淀多年的绿化欠账，还有更大更远的持续发展目标——到2005年，要由“绿色城市”向“森林城市”跨越，把周围山区的森林植被与城区连起来。

城市绿化年——大手笔

今年初，沈阳市委、市政府提出了打造中国北方最佳投资环境，实现沈阳经济大发展、快发展的战略目标。市政府经过充分论证，确定今年城建投资总规模为59亿元，并加大土地储备和土地公开出让力度，争取完成房地产投资百亿元以上。沈阳市把实施城市绿化、道桥建设和环境整治作为重点，加大对重点工程的组织实施力度，使各项重点工程突飞猛进，城市面貌日新月异。按照创建森林城市和国家园林城市的目标，市委、市政府确定2002年为城市绿化年，并根据北方的城市特点，确定城市绿化“绿色以植树为主，植树以乔木为主，乔木以常青树为主，常青树以成树为主”的原则。同时要求各区大型绿地建设尽可能向中心区集中，向1000平方米以上规模集中，向市民最需要的地方集中，并要以永久性绿地为主，以园林为主，以春季绿化为主。根据这一总体思路，他们通过拆违建绿，拆墙透绿，拆占还绿，巧栽绿色入城来。在铁路沿线和公路两侧构建绿色长廊，围绕居民小区和住宅组团建设大型公共绿地，构造“城市绿肺”。如今，占地120公顷的大型滨河公园、五里河公园，占地24公顷的全开放式公园——科普公园已如期竣工，10个占地1万平方米的大型公共绿地也在抓紧建设中。

“三个之最”——大气魄

城市形象是一个城市的无形资产，也是城市化和工业化的具体体现。2002年，沈阳市委、市政府从应对加入世贸组织的挑战、创建北方最佳投资环境、构造现代化大都市格局的战略出发，以前所未有的气魄，投入巨资在全市开展了一场规模空前的道路改造大会战，创造了3个“历史之最”：改造道路213条，条数最多；改造道路265公里，里程最长；改造总面积751万平方米，占全市道路总面积的三分之一，面积最大。这次改造，正如人们预期的那样，标准化街路一步达到国内一流水平，全市道路完好率由70%提高到90%以上。主要道路机动车时速由每小时25.6公里上升到每小时35公里，提高了36.7%，基本构造完成了沈阳"一横两纵，三环十四射"的路网骨架，城市的整体功能更加完善。特别是市府大路、崇山路、南京街、十三纬路等10条标准化街路和一环路，绝大部分拓宽到8～10车道，并按照国际通行标准设计和建设；地下管网设施一次投资改造到位，确保3年内大部分可以做到10年内不再破路挖掘；机动车与非机动车严格分离，满足机动车长距离快速通行；按国际惯例，设置了公交车专用通道；残疾人通行全程无障碍并设置盲人步道；采用高边石立式收水，提高了路面排水能力；路灯、交通护栏、地名牌、候车廊、电话亭、邮箱、果皮箱等"城市家具"一应俱全；路灯和景观灯按专家和市民的意愿进行了更新，不但提高了照明能力，也展现了大都市气派。此外，今年还改造了40条主次干道以及163条支路。城区内发达的道路网络通过29.5公里的一环、50公里的大二环、82公里的绕城高速公路，与沈大、沈抚、沈丹、沈长、京沈等高速公路紧密相连，形成了发达的快速交通网络，进一步缩短了沈阳同中部城市群之间的距离。

市场化筹资——大胆略

当前城市之间的竞争主要是城市环境的竞争，而搞城市建设的核心是筹措资金问题。在当前市场经济条件下，负债搞城市建设的路子已经走不通了，必须走市场化经营城市的道路。市委、市政府大胆地走市场化筹资的路子搞城市建设，表明了沈阳市委、市政府和720万人民的气魄和胆识。

不给财政添负担，不给下任留包袱，这是新一届政府搞城市建设的基本原则和指导思想。由于他们积极探索，勇于创新，初步走出一条市场化融资搞城市建设的新路子。2001年，市委、市政府把城市公用设施全部推向市场，面向社会开放，包括供水、供暖、供气及城市公共交通。由于实行了市场化经营，在财政没有投入一分钱的情况下，沈阳今年新增公交车500台，城市客运能力明显增加，大大方便了老百姓的出行。在供水市场开放中，吸引社会资本组建了水务集团，盘活供水国有资产20多亿元。对在建的垃圾处理厂和污水处理厂鼓励各类所有制企业积极投资和经营，实现投资主体多元化、运营主体企业化、运行管理市场化。

沈阳还是个典型的煤烟污染城市，为了减少大气污染，大力推行集中供热，今年沈阳拆除了1000多根烟囱和400多个锅炉房，使生态环境质量明显改善。

浑河是沈阳市的母亲河。可是长期以来，严重污染、散发恶臭。今年经过加大整治，如今河水变清，碧波荡漾，水草丛生，鱼类再现，已经成为沈阳人临河垂钓，水上泛舟的好去处。“一条大河波浪宽……我家就在岸上住……”如今，能居住在浑河两岸已成为沈阳人身份的象征，沈阳人多年企盼的将浑河变成城市内河的梦想正在实现。

在城建工作中，沈阳市新一届领导班子注重把悠久的历史渊源与现代化城市建设结合起来，加大了保护性建筑周边环境的整治力度，并将其作为城市建设的一项重要内容。今年相继启动原中共满洲省委旧址、故宫、昭陵、福陵、张氏帅府、小南教堂、太清宫、般若寺、慈恩寺、大佛寺、实胜寺、北塔法轮寺、锡伯族家庙等保护性建筑周边环境进行建设。使这些曾一度被民宅湮没的“宝贝”冲出重围，彰显出这座古老城市的厚重历史和文化底蕴。

春潮涌动——大招商

沈阳的城市建设不仅是基础设施和城市环境的改善，其更大意义是构筑起人们对这座城市美的认知，凝聚了民心，提升了人气，增强了城市吸引力，促进这块投资热土持续升温。

一批批有识之士带着资金、项目、技术来这里投资兴业，德国“宝马”来了，韩国SR来了，台湾金娜来了，香港华润来了……

首届中国国际装备制造业博览会更是沈阳今年打出的一张最亮丽的“名片”，参展企业众多，签约成果显著。境内外参展企业总计713家，设展位1638个，其中有18家世界500强企业。这次展会利用外资签约126项，投资总额达27.44亿美元，其中外资额24.78亿美元。

沈阳市委、市政府抓住我国加入WTO的重大机遇，积极承接国际产业转移，加大对国有大中型企业整合步伐。成功地完成了沈阳电池厂与日本松下电池等6个企业的合资，沈阳鼓风机厂与美国CE等一批重大项目谈判也取得了较大进展。沈阳市利用外资的各项指标全面增长，今年1～11月份新批外商投资企业490家，实际利用外资12.36亿美元，同比增长45.8%。外贸出口保持增长，外派劳务大幅增长，外商投资信心增强。

沈阳今年的城市建设步伐取得突破进展之大，令人赞叹，令人震撼，用沈阳人自己的话说，沈阳的变化得益于城市绿化建设，是绿化给古城注入了新的生命。谈及明年的城市建设，辽宁省副省长、沈阳市市长陈政高说，我们计划在目前城市绿化取得突破性进展的基础上，一鼓作气，再上一个新台阶，明年一举实现创建国家园林城市的目标，并向森林城市目标挺进。为此，我们决定明年继续开展绿化年活动，建城区新增绿地17平方公里，二、三环之间增加经济林40平方公里。

绿色是生命的象征，绿色是希望所在。沈阳实现“森林城市”目标之日，正是沈阳再铸新辉煌之时。

森林城市
凸显海滨大连新活力

——大连创建国家森林城市系列报道之四

《中国绿色时报》　焦玉海　王海涛

2010 年 11 月 9 日

今年71岁的李登顺家住大连市三元街道，每天早上6点钟他都会准时爬上劳动公园的制高点，一边看着日新月异的城市变化，一边在清新的空气中踢踢腿、伸伸腰，舒活舒活筋骨。

“栽树是天大的好事，创建国家森林城市，建设森林大连是我们大连人一直以来的梦想。我今年71岁了，也要积极为创森作贡献。”李登顺说，退休在家，他每天最重要的一件事情，就是逢人便宣传大连的森林城市创建工作。

创森3年来，大连市的树木在一棵棵增加，绿色在一点点累积，大连人对森林城市的认识也在不断加深。森林城市创建正在改变着大连的城市面貌，也改变着大连人民的生活环境。

从空中俯瞰大连的星海广场，葱茏的树木、鲜艳的花朵、整齐的草坪，还有不时翩翩起舞的喷泉，与远处的大海、近处的高楼大厦构成一幅完美的画卷。而在几年前这里还是一个垃圾填埋场，随着国家森林城市的创建，大连人在这里平整了土地，栽植了树木，一个大型的现代化广场展现在世人面前。如今，星海广场不仅成为到大连旅游人们的一个重要目的地，也成为大连市周边房价最高的地区。

绿色增多了，大连人的心情也越来越舒畅，幸福感和自豪感与日俱增。

“以前，大连给人的印象是一个旅游目的地，但是这几年通过不断的造林绿化，改善人居环境，大连也成为理想的居住地，很多人到大连买房居住，大连人的幸福指数也越来越高。”家住甘井子区第五郡小区的纪先生说，他之所以选择第五郡小区，最重要的一个原因就是看中了小区的高水平绿化。

“现在，大连人都有这样的意识，要开发建设一个项目，必须要绿化先行。只有将一个地方的绿化做好了，才能聚敛人气，吸引眼球。”大连市林业局办公室主任兼创建国家森林城市办公室主任曲元波说。

我国第五大岛长兴岛多年来一直是一个冷冷清清的小岛，远远跟不上大连整体的发展步伐。近年来，随着国家森林城市创建，长兴岛掀起了大规模造林绿化高潮，生态环境明显改善，吸引了众多世界500强公司入驻，去年长兴岛开发区实现财税收入10个亿，成为大连经济高速发展的又一个增长极。今年4月，长兴岛临港工业区被升级为国家级经济技术开发区。

受益良好生态的长兴岛在创建国家森林城市过程中也异常主动。“所有入驻公司每年必须承担造林挖树坑的任务，比如去年入驻的世界第三大造船企业韩国STS船厂每年要担负挖10万个树坑的任务，企业按照标准挖好了树坑，我们请造林专业队造林。”长兴岛临港工业区管委会主任徐长元说。

通过创森，大连人的植绿爱绿意识也明显增强，许多人自觉成为一名“造林人”“护林员”。“我们办公室的电话每天都响个不停，都是市民们咨询参加植树的，有耄耋之年的老人，也有小学生。”曲元波说，目前，大连市已建立“结婚纪念林”“小树与我共成长林”“志愿者林”“外商企业林”等各种形式的绿化基地64处，但是与市民们踊跃的植树热情比起来，这些基地还远远不能满足人们的需求。

创建国家森林城市，在海滨大连刮起了一场绿色旋风，让置身于这场旋风中的每一个人都切身感受到了森林为这座城市带来的不同。大连市委、市政府看在眼里，不断为这项民生工程增加筹码。2009年，大连投入造林绿化资金14个亿，2010年翻倍达到30个亿，而根据安排，明年大连市造林绿化的资金投入将达到创纪录的100个亿。

“树木是有生命的基础设施，我们一年可以拿出上百亿元、上千亿元的资金来进行固定资产投资、基础设施建设，怎么就不能拿100亿来做有生命的基础设施建设，并且这个基础设施产生的社会效益、生态效益很难用资金来衡量。我觉得投入再多都不算多。”辽宁省委常委、大连市委书记夏德仁说。在夏德仁看来，创建国家森林城市是一项可持续发展的生态工程，只有起点，没有终点；没有最好只有更好。

特色森林城市建设

——千山脚下森林城　万水河畔新鞍山

《鞍山日报》　徐天宇　张国巍

2012年3月6日

鞍山是我国环渤海经济圈的中心城市之一，城市综合实力稳居全国城市30强，拥有世界第一玉佛、亚洲著名温泉、国家名胜千山、中华宝玉之都、五大旅游资源和品牌，矿产资源和旅游资源丰富，菱镁等多种矿产资源含量位居世界或国内首位。是荣获中国优秀旅游城市、全国双拥模范城市、国家卫生城市、全国平原绿化先进城市等荣誉称号。

3年多以来，鞍山市举全市之力创建国家森林城市，各项指标已达到国家森林城市标准，于2011年10月向国家林业局递交验收申请，鞍山正在向国家森林城市冲刺。

建设理念：林水城一体化　人与自然的和谐发展

鞍山市创森工作按照“千山脚下森林城，万水河畔新鞍山”的森林城市建设理念，根据本地的条件和特点，全面整合林地、林网、散生木等多种绿化类型，有效增加城市和郊区林木数量；恢复扩大城市水体，改善水质，使森林与江河、湖泊等湿地连为一体；建立以核心林地为森林生态基地，以贯通性主干森林廊道为生态连接，以各种林带、林网为生态脉络，实现远郊森林、近郊森林、市区森林三位一体，建构在整体上改善城市地区生态环境的林、水、城一体化自然生态系统，促进人与自然的和谐发展。

创建历程：鞍山特色的森林城市建设之路

20世纪中叶，鞍山是一座被树荫遮蔽的城市，群山起伏，山清水秀。随着城市扩容改造和矿山开发，不可避免地砍伐了一些行道树，一些山体裸露开发。创建国家森林城市，重塑“蓝天、碧水、青山”的良好生态环境，是鞍山市委、市政府深入贯彻落实科学发展观的必然选择。

为明确目标，自我加压，2009年4月20日，以“让森林拥抱城市，让人们亲近自然，建设低碳鞍山”为理念，鞍山市人民政府向国家林业局提出创建森林城市的申请，获得同意和正式批复。

在创森过程中，为了充分营造全体市民支持创森、参与创森的浓厚氛围，鞍山市成立了“创森”工作领导小组，召开市政府常务会议和大规模的“创森”动员大会，将主要任务分解落实到各有关部门。形成了政府主导、部门联动、全民参与、社会共建的运行机制。在创森工作中，鞍山市打破传统绿化工作城乡分割的管理模式，实行城乡一体，协调推进，全面绿化方针。坚持一手抓城市、一手抓农村，实现了“城里城外一起绿、国路乡路一起绿、大街小巷一起绿、工厂矿山一起绿、小区村镇一起绿”，全方位，全覆盖的绿化格局，走出了一条具鞍山特色的森林城市建设之路。

创森得到市民的踊跃参与和大力支持，鞍山人积极行动，集全民之智，倾全市之力，在鞍山森林城市建设中写下最浓重的一笔。鞍山人一直将能参加义务植树当作自己的光荣使命，“植绿、爱绿、护绿、兴绿”已蔚然成风。每年有200多万适龄市民参加义务植树，义务植树达1000多万株，义务植树尽责率达到90%以上。在创建国家森林城市的日子里，为鞍山增绿的队伍日益壮大，涌现了青年林、巾帼林、中日友好林等特色纪念林。全市组建起植树造林青年突击队400余支、青年志愿者植绿护绿小分队1300余支，近5万人次团员青年参与了保护母亲河行动。

建设成果：十大工程齐头进　祖国钢都变绿城

生态建设工程

2010年，鞍山市制订了《三年大规模造林绿化工程建设规划》，确立了3年造林7.62万公顷。到2012年全市森林覆盖率提高到50%以上的目标任务，规划了河滩地绿化工程、台安沙地生态经济林工程、三类沙化残次蚕场退蚕还林工程、山区造林绿化工程等八大生态工程。

目前，对岫岩县、海城市东部山区沙化严重的蚕场进行退蚕还林，营造以日本落叶松、红松为主的速生丰产林25万亩，补植改造残次蚕场28万亩，有效扼制了土壤沙化、水土流失情况；台安西北部果树治沙工程栽植寒富苹果经济林7万亩，取得生态治理与农民致富的双重效益；在台安开展辽河万亩生态恢复带建设工程，一期工程完成造林6000亩……生态建设工程2009～2010年总计投入造林绿化资金40亿元，植树造林4.7万公顷。

休闲绿地建设工程

随着城市建设步伐的加快，城市居民小区绿化建设已成为广大市民直接受益的惠民工程和我市森林城市建设的重点，使居民在房前屋后就能够在欣赏园林美景中愉悦身心，为广大市民提供优美舒适的休闲空间。全市共投入1.6亿元，新建、改造街心游园32处，总面积近4万平方米，建设有绿化配套的健身广场136座。

公园绿化工程

鞍山城中多山，每一座山都建成一个公园，每一个公园都被郁郁葱葱的植被覆盖，山影倒映在波光粼粼的湖水中，湖光山色，成为市民休闲的好去处。二一九公园、烈士山公园、孟泰公园、永乐公园、人民公园、双潭公园、湖南公园、劳动公园、矿工路公园、营城子公园是城市的十大公园。通过拆墙透绿，新建扩建，维修改造，将公园的美景融入到街景之中，不但使周边居民能够方便地出入，而且能观赏到湖光山色的美景，使公园的概念在市民心中得到了新的诠释。同时，在园内铺设了大面积的健身广场，为周边居民提供了惬意的休闲场所，城市公园如同一颗颗晶莹剔透的绿宝石镶嵌钢城之中。

目前，全市还有森林公园7个（其中国家级1个，省级5个），公园总面积12534公顷；自然保护区8处（其中国家级1处，省级1处，县级6处），自然保护区总面积57895公顷。

绿色通道工程

路是一个城市发展的象征，而路的绿化美化则是一个城市文明的展现。近年来，鞍山市政府投资173亿元，重新对城乡公路进行了规划，形成“十横八纵、五环十射”的道路交通网络，并开展了大规模城乡道路绿化。从高速公路到居民小区、乡村小路，掀起了城乡全民义务植树热潮，处处绿波涌动，形成了覆盖城乡、四通八达、纵横交错的绿色走廊。沈大高速、京沈高速、鞍羊路、海城外环路几十米宽的林带宛如绿色长龙，涌动在鞍山大地。

在千山西路、二一九路、园林路、鞍辽路、鞍海路等主干道，全部实施高标准组团式景观绿化，将大自然的景观微缩在道路两侧，使人赏心悦目。

水系绿化工程

遵循绿化水系并重，打造和谐宜居森林城市的理念，市政府在城市建设和改造中，重点实施了“万水千山百湖城”生态工程。（万水：建设和改造万水河；千山：保护开发利用千山的生态文化资源）。百湖：以展示世界名湖精华为主题、以市内三条河流为枢纽、以城市主要道路为依托，将祖国各地及世界各国的名湖汇于城市之中，市区突出亲水和文化，郊区突出自然和生态。在市区624平方公里的范围内规划湖面115个（包括原有湖面25个）。湖面采用微缩景观形式，并结合当地的地域文化特色开发沿湖地块，使每个地块周边都体现水清、岸绿、景美、游畅的亲水环境，进而突出“万水千山百湖城”的都市家园新主题。遵循绿化水系并重，打造和谐宜居森林城市的理念，在市区800平方公里的范围内规划建设湖面115个。使每个地块周边都体现水清、岸绿、景美、游畅的亲水环境。

村屯绿化工程

2007年，鞍山市委、市政府提出实施“千村绿化”工程，对全市884个行政村全部实施绿化，作为为民办的实事之一，每年投入1000万元，连续投入5年，总投入达5000万元，彻底改善全市农村的人居环境和生态状况。“千村绿化”工程的开展，给广袤乡村带来了生态文明的气息，一批建设规范、环境优美、富裕文明的绿色村屯，如雨后春笋，纷纷崛起，向世人展示了富裕起来的广大农民对新生活的向往和追求，成为鞍山社会主义新农村建设新的亮点。

通过“千村绿化”的开展，使鞍山农村人居环境、生活方式、思想意识和观念、生态环境都发生了喜人的变化。许多农民在自家院内开起了“农家乐”特色旅游，采摘、垂钓、树荫下吃农家饭，吸引了许多城里人到此休闲度假。仅去年“十一”黄金周，全市城乡农家乐旅游、餐饮、观光、采摘的游客就达40万人次。

一条条农田林网、路网、水网，纵横交错，一座座村屯绿荫环抱，如今是树多了，山绿了，水清了，风小了，粮丰了，农民乐了。

林业产业工程

鞍山市林地面积占全市国土总面积的50.6%，林业用地面积大，林业产业资源丰富，自然条件优越、气候适宜，发展林业产业有得天独厚的自然优势。2004年中央下发《关于加快林业发展的决定》以后，鞍山市林业产业以组建鞍山市林业局为契机，取得了突破性的发展，以2006年6月市政府下发了《关于加快林业产业发展的意见》为标志，林业产业开始驶入快车道。干果经济林、种苗花卉、林下中药材、森林食品采集培育、野生动物驯养、林产品加工、森林旅游等产业发展势头强劲。基本实现了“九五”起步、“十五”发展、“十一五”加速的目标。开发林地经济面积累计达到151万亩，发展林业专业合作社累计达到141个，林业总产值达到94亿元，农民人均林业收入达到3357元。

鞍钢厂区绿化工程

鞍山钢铁集团公司是一个有着80多年历史的大型钢铁联合企业，“九五”以来，鞍钢认真贯彻党中央国务院“三改一加强”的指示精神，正在努力打造国际化的，产品技术领先的世界一流的钢铁企业。随着鞍钢的飞速发展，对厂区环境绿化也提出了更高的要求，创建生态优美，环境友好型厂区是鞍钢绿化总体目标。2000年至2010年十年间进行了大规模的环境整治，实施规划建绿，拆房建绿，拆铁路、围栏、围墙建绿等措施，以厂区主干道为轴，点、线、片相连，形成乔灌藤、花草、多层次、高密度的绿化格局。截至目前全公司共栽种乔422万株，灌木1189万株，藤本植物233万株，草坪320万平方米，投入资金累计达2亿元。鞍钢先后荣获“全国绿化模范单位”“辽宁省绿化模范单位”“花园式工厂”等荣誉称号。

矿山恢复工程

鞍山曾经有着祖国钢都的美誉，矿产资源大市，林立的高炉、火红的铁水、沸腾的矿山，鞍山为新中国建设立下了不可磨灭的功勋，但也为鞍山的生态环境留下太多的遗憾。鞍山市委、市政府对恢复矿山生态环境，认识早，行动快，从20世纪90年代中期便给予高度重视，在全国率先开始了矿山环境保护和治理工作，于1998年年初拉开了还矿山青山绿水的世纪性战役的序幕。目前全市矿山植被恢复面积已达20平方公里，种植果树、乔、灌木1000多万株，占全市同期可恢复面积85%以上，仅2008年鞍山市政府就投入3045万元专项资金，实施7项矿山环境治理项目，恢复治理面积156公顷。齐大山、眼前山、大孤山、东鞍山、西鞍山五大矿区大部分被破坏的山体植被已经基本上得到恢复，昔日的乱石坡、尾矿滩已经树木成林，芳草吐绿，鲜花怒放，果实累累，成为鞍山周边一道靓丽的风景。

河流绿化工程

鞍山市在森林城的建设过程中，注重“水”与“绿”的完美结合，围绕城市中的万水河、杨柳河、运粮河三条内河水系进行重点整治和建设，进一步提高了城市档次和品位。2007年，鞍山市政府决定斥资8亿元，进行南沙河工程改造。改造后的南沙河取名万水河，两岸进行美化、绿化、亮化，打造面积超过10万平方米的绿化景观带。2011年，基本完成万水河景观带绿化工程，草坪、树木、甬道、休闲广场等设施一应俱全，万水河成为鞍山市内唯一一处集休闲、娱乐、观赏为一体的城市综合性水景主题公园。

近三年来鞍山市还实施了“辽浑太河滩地绿化工程”和“辽河生态恢复带工程”，辽河、浑河、太子河、大洋河、哨子河五大河流，犹如五条飘落在鞍山大地的绿色丝带，筑起一道道绿色屏障。

展望未来：森林覆盖率50%以上独具魅力生态宜居城

目前，鞍山市森林覆盖率已达46.4%，城区绿化覆盖率达38.94%，城市绿地率达37.90%，人均公共绿地面积达10.38平方米，城市中心区人均公园绿地达到5平方米以上，全年城市空气质量二级以上标准天数达到324天。已全面达到国家森林城市的指标。

到2015年，鞍山将基本建成城乡统筹发展、城市组团布局、快速通道相连、绿化空间间隔、万水百湖辉映、独具文化魅力的全国最佳生态宜居城市，全市森林覆盖率继续维持在50%以上，建成区人均公共绿地面积13.2平方米，矿山植被恢复土地复垦率为38%，人民群众的幸福感和舒适感将不断提升。

辽宁抚顺市
创建国家森林城市
开启城市宜居之梦

抚顺新闻网　王海涛　刘丽艳

2012 年 6 月 7 日

在大生产、大开发的繁荣时期，没有意识搞绿化；在资源枯竭、经济萧条、工人被迫下岗的困难时期，没有条件搞绿化。这是东北老工业城市普遍存在的问题。

没有好的生态环境，宜居从何谈起？

老工业城市抚顺的城市绿化欠账较多，虽然拥有丰富的森林资源，但主要集中在郊区，整个城市环境离宜居尚有一段差距。

“抚顺‘创森’将市区列为生态建设的核心区，两年来，投入资金25.9亿元，加大城市绿化力度，栽植各种树木350万株，重点打造了‘五点一线’景观带，建成了一批以广场、公园为主的绿化精品工程，加大了沈抚新城绿化、美化工作，并将绿色延伸至街道、社区、校园和单位各个角落，全方位地提升了城市绿化品位，为抚顺市民休闲、娱乐、健身提供了更多的好去处。”抚顺市林业局副局长吴振宇一席话道出了抚顺“创森”打造宜居城市的着力点。

打造更多娱乐、健身的场所

不管是清晨还是傍晚，在抚顺的公园和广场中，跳舞、唱歌、慢跑、散步的市民络绎不绝，显得尤为热闹。

从2010年开始，抚顺围绕着穿城而过的浑河风景带进行重点绿化，打造了浑河南岸景观带、浑河北岸十里滨水公园、人民广场、月牙岛生态公园为主的城市休闲景观区，成为抚顺“创森”的一大亮点。

春暖花开的4月，浑河两岸杏花、桃花、梨花竞相开放。2011年，抚顺在浑河北岸依河而建了一座长达13.8公里的带状公园——十里滨水公园。由5000多株乔木和近40万株灌木组合而成的公园景观，错落有致，独具特色。一条10里长的健康步道穿于公园之中，把观景和健身巧妙的结合，成为十里滨水公园的一大特色，大受市民好评。

与十里滨水公园融为一体的人民广场，原本是市政府大楼前的一块商业用地，2010年，市长王桂芬十分有魄力地将这块黄金地段改建成了人民广场，为抚顺打造了一个集游览、娱乐、健身、观鸟、集会等功能于一体的新场所。

在人民广场的两侧，各种彩色植物组成了大型的横纹花带及游园绿地，一双头发花白的大爷大妈吹着河风、赏着景、听着收音机在广场散着步。80岁的大妈张宗达一脸幸福地说：“前几年刚搬来的时候，这还是块大荒地，什么都没有，现在的环境多好，有树、有花、有景，走累了还有地方可以休息。”聊起广场，大妈有说不完的高兴话，当聊到自己住的房子升值时，大妈更加笑开了花：“公园广场建好后，房价噌噌往上涨，涨多高我也不卖，留着自己住，天天和老伴来遛弯，多好啊！”

得知记者不是本地人，大妈热情地推荐了另一个值得去逛的公园——月牙岛生态公园。

月牙岛生态公园是抚顺在浑河中打造的一个生态小岛，是抚顺至今为止最大的生态滨水公园建设项目。

2011年，抚顺用了6个月的时间，将荒草丛生的河滩变身成一个美丽的生态公园。这块占地189公顷、绿化面积96公顷的公园，以月亮文化为主题，建设了3个广场、11座景观桥和多个人工湖泊。当市民们走进生态公园，无不被公园中的小桥流水、绿树成林和广场上的音乐喷泉所吸引。

“抚顺‘创森’新建和修复了不少公园和广场，不但提升了城市品位，还有效地改善了生活环境，几年前，白天大爷大妈们想找个有树荫的地方唠个嗑、下个棋都难，傍晚去老劳动广场散步也是人挤人、脚踩脚，如今，市民休闲、运动、观景大有去处，老百姓的幸福指数明显升高，‘创森’备受市民支持。”抚顺市“创森”办负责人、造林营林处处长马平尤为感慨。

给新城贴上“绿色”标签

沿着浑河水岸风光带向西，一座公园式的现代新城渐入眼帘。

这是抚顺为加快沈阳、抚顺城市一体化进程，在两座城市的交界处打造的一个经济开发区——沈抚新城。

按照辽宁省政府规划，沈抚新城建设的重要特点之一就是以生态文明建设为主题打造新的经济增长模式。

虽然沈抚新城建设之初，绿化工作一直被列为重要日程，但是大面积、见成效的新城绿化主要还是从“创森”开始。

沈抚新城最引人注目的是3.5公里长的金凤湾带状公园，公园中造型各异的景观、珍稀罕见的大型乔木随着迎水坡广场、休闲亭、游园等景点，一直延伸到沈阳境内，拉近了两个城市之间的距离。

2011年6月，浑河水被引入金凤湾公园（北湖）公共风景区中的人工湖。湖色风光加上160米高的地标建筑“生命之环”，再配上四周乔、灌、花、草组合成园林景观，一幅美不胜收景象展现在沈抚新城。很难想象，3年前这里只是一片大荒地。

马平介绍，沈抚新城绿化项目也是抚顺“创森”的重点工程，像金凤湾公园这样高水平的景观建设，大大小小加起来达到58处。

地理区位优势，加上优美的生态环境，沈抚新城吸引了一大批房地产商和企业落户。无疑，“创森”为沈抚新城注入了新的活力，有效地推动了抚顺经济发展。

不久，市政府也将迁至新城，学校、医院、商场也将纷纷入驻。未来的沈抚新城，将会快速发展成为一座宜居、宜商、宜业的生态新城。

从创森办了解到，抚顺打造的另一座石化新城也将在今年开展大规模的绿化工程。经过几年的建设，沈抚新城和石化新城都将成为提高抚顺城市竞争力的重要角色。

让能绿的地方都绿起来

生活在辽宁石油化工大学的校园里是件幸福的事。

学生们可以在300棵金桃花盛开的时候的漫步于花下，可以和同学相约在有草、有花、有树的园林小品中温习，还可以在护校河林带看松鼠、找刺猬……

如此优美的校园环境，源于校领导对校园绿化的重视。据校办主任介绍，整个校园的绿化面积已达64.6公顷，校园绿化率占可绿化面积的93%，绿化率之高在全国都是少见的。全校共有60多个品种的树木，基本形成了四季常绿、三季有花的优美生态环境。学校还将规划出一块空地，用于学生种植毕业林和校友林，在校区北边的护城河一带还将建一片湿地，吸引更多的野生动物，把学校打造成生态校园。

抚顺“创森”两年来，像辽宁石油化工大学这样的绿色校园越来越多。不仅是校园，社区、街道、单位都在变绿、变美。按照市委、市政府的统一部署，抚顺采取拆违建绿、造绿、添绿、透绿等手段，让能绿的地方都绿起来，把抚顺建设成为一个点上成景、线上成林、面是上成荫、环上成带的绿色生态之城。

2011年，抚顺市区100多条街道、近50个居民小区被绿色装饰一新。抚顺第二医院、雷锋小学等单位都形成了内外绿化、立体绿化格局。今年，抚顺还将加大力度，对道路、节点绿化进行维修改造，扩大绿地面积，增设观赏性强的花盆、树盆，对节点进行花卉、立体花柱、五色草花坛等立体景观装饰。

目前，抚顺城区栽植乔木大苗70余万株，全市已完成街道绿化200多条，小区绿化100多个。基本上形成了林水相依、林路相依、林居相依的格局，有效地提高了城市宜居品质。

“创森”给抚顺城市带来了翻天覆地的变化。“创森”领导小组组长、市长王桂芬十分欣喜地说，“造林绿化是最简单、最快捷、效果最好、成本最低的城市“装修”工程，通过‘创森’，抚顺白天绿了、晚上亮了，已和想象中的老工业基地城市大不一样了，经过不懈努力，抚顺会越来越美丽，越来越宜居，成为辽宁最美、最幸福的城市。”

本溪：从重污染城市到枫叶之都

《华商晨报》　程喜刚

2011 年 9 月 25 日

“中国药都”“国家森林城市”“中国枫叶之都”……一个个响亮的荣誉如今都加在了本溪这座城市的头顶。

谁还会记得，这座城市曾因污染被称作“卫星上唯一看不到的地球城市”；谁还会记得，这曾经是一座以钢铁深加工为主导产业的老工业城市。

这座城市更漂亮、更洁净了，这座城市离沈阳也越来越近了，一座崭新的沈溪新城将沈阳与本溪紧密相连，沈本产业大道、沈丹客运专线的陆续开工建设，将两座城市的“时距”拉近到半小时以内。

新城：沈溪新城拔地而起 连接沈阳本溪

30岁的王先生，大学毕业后回到家乡本溪，和相恋多年的女友结婚生子，但是他的心中一直有所不甘，作为一个医学专业毕业的大学生，他为了成家放弃了在大连的高薪工作，“毕竟能找到一个专业对口的工作不容易。”

就在今年年初，王先生找到了一份更称心的工作，他成功应聘成为一家德国大型医药器具公司的企划部部长，“不仅是这家企业令我满意，更重要的是离家很近，两全其美。”

王先生供职的公司坐落于本溪经济技术开发区，这里因为另一个名称——“中国药都”而被更多人知晓，越来越多的国内外医药企业被这里良好的投资环境所吸引，纷纷来此投资建厂，这也为越来越多的“王先生”提供了就业机会。

要知道，两年前，这个位于沈阳和本溪之间的开发区还是一片荒芜。

现状：

来自本溪市政府的资料显示，截至去年年底，共有165个生产类和研发企业入驻本溪药都。中国医科大学、沈阳药科大学、辽宁中医药大学、辽宁科技学院四所高等院校的落户，也让这座崭新的国家生物医药产业基地，更具备了可持续发展的动力。

本溪市政府相关人员告诉记者，为全面发展中国药都，本溪市高中分校、实验中学分校、师范附小分校等重点学校相继进驻，药都医院也正在建设中，20万平方米的商住区陆续建成，众多商家纷纷进驻。中国药都森林城市公园、中央商务区水系、绿化景观工程的基础设施建设，也将陆续开工。在药都205平方公里的版图上，一座连接沈阳与本溪的沈溪新城拔地而起。

目前，“中国药都”已粗具规模。

据不完全统计，药都集聚生产和科研类项目165个，总投资200亿元，积蓄产能600多亿元，“中国药都”正逐步成为本溪产业和城市升级和转型的核心引擎，制药行业也将成为本溪经济发展的另一个支柱产业。

交通：多种交通模式让本溪融入“一小时经济圈”

赵先生也是本溪人，其工作单位在沈阳设立了办事处，他目前在沈阳工作，已经成家的他常常要一周两三次往返于沈阳、本溪，“坐火车吧，虽然说一个小时多一点，但如果晚下班半个小时，就赶不上车了，客车终点站又离家比较远。”经常跑通勤，让赵先生很疲惫。

现在，赵先生所面临的一切难题都有望得到解决。

现状：

采访中，沈本一体化办公室副处长王辉告诉记者，在原有沈丹高速、沈丹铁路和304国道的基础上，相关部门正在积极推进沈本区域间的重大交通项目的规划和建设，在沈阳和本溪之间形成更加高速便捷的交通走廊。

正在建设中的沈本产业大道，建成后将成为连接沈本之间重要的交通干道，使沈阳到本溪的行车时间缩短到半小时以内。目前，本溪境内歪头山至主城区路段已全线竣工通车，2011年沈阳境内路段竣工后，沈本产业大道（沈阳至本溪主城区段）将全线贯通，并逐步实现公交化运营。

与此同时，投资126亿元的沈丹客运专线，目前已开工建设，预计2013年年底建成。

沈本城际轨道建成后，将成为连接沈阳和本溪的重要交通干道，也将是沈阳和本溪实现一体化乃至同城化的要素之一。

环境：从污染严重的老工业基地到国家森林城市

本溪在发展经济的同时，没有忘记对环境的保护。

2010年4月27日，第七届中国城市森林论坛在武汉开幕。会上，全国绿化委员会、国家林业局授予本溪等8个城市为“国家森林城市”称号。本溪市成为继沈阳市之后，东北三省第二个获此殊荣的城市。

成为一座森林城市，对于本溪这样一个污染严重的老工业基地来说，曾经是遥不可及的目标。

10多年前，很多外地人提起本溪，第一反应就是“地球上卫星看不到的城市”。

现状：

据了解，本溪实施“国家森林城市”创建工程4年多来，累计投入资金20多亿元，着力建设了森林城区、生态景区等9项生态工程，新建了9个城市森林广场和23处城市森林公园，不仅全市的466个城市社区和83所城市校园，甚至1000多个自然屯都实施了森林绿化。

本溪市林业局负责人告诉记者，本溪市的森林覆盖率已达74.5%，城区绿化覆盖率达55.5%，也就是说，城区的一半以上为绿色森林，工业企业已有95%实施升级改造。

本溪市委副书记、市长王世伟曾经在接受本报记者采访时自豪地说：“以前的本溪是一座卫星上看不到的城市，因为污染；现在的本溪，是卫星上看不清的城市，因为本溪市的市区都已被森林覆盖了。”

珲春：让您
放心深呼吸的生态家园

《中国经济导报》　黄汝州
2015年10月9日

在花丛中飘动，在绿色中荡漾。享有国家森林城市美誉的珲春满眼绿树红花，尽是碧水蓝天。这座充满活力和朝气的城市浸染在一片“绿色海洋”里，是一个可以让您深呼吸的地方。

大手笔投入增绿扮靓

今年以来，珲春市委、市政府以进入全国中小城市试点行列为契机，坚持把创建国家园林城市作为统筹推进新型城镇化、改善城市环境、构建和谐社会的有效载体，持续开展城市园林绿化工作，不断加大绿化基础设施投入，加快推进基础设施建设，城市生态环境和功能持续改善。

珲春大手笔投入城建，“山清水秀的生态宜居城市”建设脉络越来越清晰。以珲春河为轴，南北一体，一轴六区，珲春逐步形成了城景相融、山水相依、国际现代化的新型城市格局。全市绿化覆盖率达41%，绿地率达37%，人均公园绿地面积达12平方米，珲春成为名副其实的生态之城，连续摘取了国家卫生城市、国家森林城市、中国宜居宜业典范市三顶桂冠。

“珲春市按照‘提升老城区，配套新城区’的思路，坚持老城区道路绿化改造和新建道路绿化建设齐头并进。”珲春市住建局主管绿化工程的负责人介绍说，为提升城市功能，珲春市加快推进基础设施建设，把老城区改造作为园林城市建设的突破口，通过政府投入、向上争取和吸纳社会投资，不断加大城市基础设施建设力度。加快完成了市区主、次干道改造，积极推进珲春河综合治理、龙源公园等难点工程，相继实施了站前大街、口岸大路、北山公园和集中供热等重点工程，城市面貌焕然一新。

据悉，今年上半年，全市完成绿化投资8362.55万元，新增绿地28.1公顷，栽植乔木1.8万株，灌木58.75万棵，完成绿化节点5处，鲜花上路10条，道路绿化开工5条，养护小区、道路、公园、广场绿地30处，申报园林式街路、单位、居住区9处。大力推广乡土植物，注重桥灌草（地被）的合理配置，实施“林荫道路”“林荫公园”“林荫停车场”“公园小区”和“立体绿化”五大林荫工程。加强查漏补缺、见缝插绿、街头增绿、鲜花上路等措施，积极开展特色树绿化、道路绿化、节点绿化、居民小区绿化。珲春今年还投资10357万元，实施了车大沟河两岸、龙源公园、北山公园、森林山大桥及世纪广场的量化工程。

投资38亿元的珲春河改造工程，将原来并行的两个河道合二为一，构建了一条贯穿市区的一条生态景观带，整理出千余公顷河滩地。生态效益和经济效益双丰收，可谓一举多得的大手笔。

在绿化、亮化城区的同时，珲春还通过特色乡镇创建和“美丽乡村”建设活动，加大农村环境综合整治工作。目前，珲春已建成州级生态村50个，占珲春市行政村总数的41.32%。敬信镇、防川村被命名为省级生态乡镇和省级生态村，英安镇、春化镇先后获得“国家级生态乡镇”称号。

夏秋之交，行走于珲春，处处是景，满眼皆绿，时刻都能感受到“城在林中建，人在绿中行”的美好意境。

节能减排保护青山绿水

珲春地处长白山东麓、日本海西岸，森林覆盖率高达85%以上，拥有防川国家级风景名胜区和东北虎国家级自然保护区，是名副其实的“虎豹之乡”和“候鸟天堂”，每年春季都有几十万只候鸟在这里栖息。这里气候温润、冬暖夏凉，空气质量在中国居于前列，拥有百岁老人51位，这里是避暑度假胜地和长寿养生之乡。

面对得天独厚的生态资源，珲春人没有养尊处优，而是在保护生态实现绿色发展上一路高歌。

“决不能走先破坏再修复的老路！坚决摒弃高耗能、高污染，牺牲环境、破坏生态的项目！全力引进低耗能、低污染、高技术含量、高附加值的绿色环保项目。”珲春市环保部门负责人介绍说，珲春对现有高耗能、高污染企业不遗余力进行改造，不断加大科技投入，鼓励企业科技创新，努力探索走出改善生态、转型升级、可持续发展的新路。

良好的生态环境是国家园林城市创建的重要内容。今年，珲春市持续加强生态环境整治。强力推进大气污染防治工作，加强储油库、加油站和油罐车油气污染治理工作，督促相关企业配套建设油气污染治理设施，控制油气污染。狠抓重点企业工程减排，大唐珲春发电厂3、4号机组脱硝设施和电除尘改造项目建设完工，并通过省市相关验收，3、4号机组外排烟气氮氧化物浓度和烟尘浓度达到相关要求，减排除尘效果明显。加强农业源减排，确定珲春市伯特利养殖场等4家规模化养殖场为2015年省级畜禽养殖污染治理减排项目，项目企业将推行干清粪收集方法，建设完善雨污分离污水收集系统和废弃物贮存设施。加强水环境治理和监管。开展集中式饮用水水源地环境保护检查，增加水环境检测设备——原子吸收光谱仪，加强水质中重金属监测工作。严格监督采矿点、冶金等排污部门，对污水处理厂实行“驻厂式”监督，对曙光金铜矿进行时时监控，切实维护水环境安全。

自2009年起，珲春市启动了“暖房子”工程，截至目前，总投资7.2亿元，为897栋楼房穿上了“保暖外衣”，更换了新型门窗，外墙保暖改造面积达427万平方米。此项工程不仅是一项惠民工程，也是一项节能减排工程。冬季采暖期内，47万户居民楼的室温提高了3～5℃，供热单位的节能系数达到了50%。

作为国家级可再生能源项目的试点市，珲春积极在学校、医院、宾馆、商场和住宅推广实施地下水热量交换工程，目前已完成38个试点共86万平方米的供热和制冷方式的改造，每年可节约燃煤4.2万吨。

在老城区主干道路面翻新改造中，珲春市采用热再生技术，将破损的沥青路面加热、起刨、加入化学制剂及少量沥青搅拌后再铺设、碾压，既节约了大量建材，又不产新的建筑垃圾。目前完成路面翻新50平方米，预计今年可完成80平方米路面的翻新任务。

近年来，珲春市在开展全国卫生城创建的过程中，相继开展了“数工程字城管”“智慧城管”和精细化、网格化的城市综合管理工作，建立了城管、环卫、公安、交通、街道市区多部门联动的大城管格局，实行责任清单、层层包保、考评监督的网格化管理，垃圾清运、街道清扫、工程渣土运输、摆摊设点、占道经营等事事有人管，时时有人管，不仅做到了垃圾的日产日清，而且冬季降雪基本做到了即下即清。

在高起点规划、大手笔投入、大力度建设和整治下，绿色已成为珲春城市发展的主色调。如今，一个“城在林中，路在景中，人在画中”的城市格局正在形成，一座生态宜居、和谐幸福的国家园林城市正在图们江畔崛起。

一眼望三国的区位优势，山清水秀的生态环境、清新亮丽的城市风貌和独具特色的民族风情，吸引了大量的国内外游客纷至沓来，旅游产业呈现出蓬勃发展之势。2014年，珲春全市全口径接待人数151.7万人次，同比增长20.8%，出入境53.5万人次、同比增长6.3%，国内旅游人数98.2万人次，同比增长30.4%，旅游收入19.3亿元，同比增长24.5%。今年上半年，全市共接待国内外游客52.8万人次，同比增长4.4%，实现旅游收入7.8亿元。

南京：长江之滨 崛起最美森林城市

《中国绿色时报》 陆信娟 陈永中

2013年1月4日

在美丽的秦淮大地，在黄河文明与长江文明的交汇处，有一座郁郁葱葱、生机盎然的城市。这里的山，层峦碧绿、林涛飒飒；这里的水，波光潋滟、清澈潺潺；这里的景，姹紫嫣红、秀美宜人……这里，就是绿色宜居城市南京。

漫步在南京大街小巷，一阵阵绿的气息扑面而来。这是南京市创建国家森林城市带来的新变化。目前，森林已成为南京最重要的资源，生态已成为南京最大的优势。全市拥有森林面积268万亩，森林覆盖率达35.02%，位居江苏省前列。

秦淮河是南京的母亲河，紫金山是南京的绿色名片，“让森林走进城市，让城市拥抱森林”一直是南京人的不懈追求。

早在2002年9月，在时任南京市委书记李源潮的倡导下，南京市委、市政府审时度势，高瞻远瞩，站在时代发展的巅峰，做出了建设“绿色南京”的战略决策，努力构建“山水城林一体、生态经济共赢、人文景观和谐、城市乡村统筹”的现代城市森林体系。

“绿色南京”战略决策提出后，立即得到了全市各级、各部门和全社会的积极响应。随即，南京广袤的大地上便开始了声势浩大、波澜壮阔的美化山河、绿播南京的绿色行动。

2009年12月，南京提请江苏省政府向国家林业局申报创建“国家森林城市”，并提出了2013年建成国家森林城市的奋斗目标，正式启动国家森林城市创建工作，吹响了向国家森林城市进军的集结号。

为确保奋斗目标的实现，南京市委、市政府高度重视国家森林城市创建工作，专门成立了“创森”工作领导小组，把创建国家森林城市作为南京建设“绿色都市”“绿色青奥”和美丽乡村的一项重要任务，并在市第十三次党代会上，将创建国家森林城市作为工作目标，写入了党代会报告。

在连续两年召开的全市创建国家森林城市工作动员大会上，南京市主要领导对创建国家森林城市工作进行了积极动员和周密部署，市政府下发了《南京市创建国家森林城市实施意见》《关于加快“三城”同创，进一步深化生态建设工作的决定》和《南京市绿化建设行动计划》等文件，确定了“创森”十大重点工程；市政府与各区县、部门签订了创建国家森林城市工作责任状，将“创森”任务和责任逐级分解，纳入到市政府年度工作任务中进行考核；同时，在推进“创森”十大工程建设中，及时召开现场办公会、观摩推进会，协调解决建设中存在的矛盾和问题，使全市形成了“主要领导总体抓、分管领导亲自抓、部门单位合力抓”的工作机制。

绿色规划　编织森林城市生态网络

近年来，南京市委、市政府坚持高起点规划、高标准打造、高速度推进森林城市建设，牢牢把握森林城市建设方向，科学编制了《南京森林城市建设总体规划》。

在森林城市建设中，南京市将城市建设总体规划和城乡统筹发展规划有机衔接，实现“建筑线”与“绿化线”双线同划、推进同步，加强城乡绿化建设，优化城乡绿化布局，推进城乡绿化统筹发展，编织出了一条圈层式、放射状，以主城区绿化为心，以绕越高速绿化带、绕城公路绿化带、明城墙绿化带3个环城森林圈为环，以农田林网和江、河、湖、路防护林为网，以郊县连片规模造林为片，以森林镇村和郊野公园为点的“心、环、网、片、点”相交融、山水城林于一体的城市森林生态网络。

在点上，南京市坚持适地适树原则，提倡多种树、少种草，注重乔木种植的比例和景观效果，通过破墙透绿、拆违建绿、见缝插绿、垂直挂绿等形式，建设和完善城区公园广场绿化、社区绿化、露天停车场绿化、校园绿化、屋顶绿化、企事业单位绿化及新建道路绿化等，不断增加城区绿化面积和绿化空间，丰富城区森林生态景观，提升了城区绿化品质和档次，营造了“市民接触到绿、享受到荫、观赏到景”的生态宜居环境。

在线上，南京加强了长江、秦淮河、滁河、石臼湖等河流、湖泊，以及水库等水体沿岸生态保护和近自然水岸绿化，突出滨江、滨河风光带建设。在长江、秦淮河等江河湖水库岸线营造了1200多公里长、30～200米宽，共计17万亩的沿水防护林带，形成特有的水源涵养保护林网和森林生态走廊。目前，全市所有可绿化的江湖河道实现全绿化，水岸林木绿化率达91.9%以上。

在面上，南京加强道路林网构建，按照绿色通道建设与道路建设“同步实施、同步建成”的原则，以高速、干线公路绿色通道等贯通性森林廊道建设为重点，加快出城干道绿廊、入城绿楔建设，构筑多功能、多层次、全贯通的森林生态廊道，对进出城1400多公里的14条高速公路和21条国道省道等两侧栽种了30～100米宽，共计12.9万亩的道路防护林林带，使道路林木绿化率达到94.8%，并建成了沪宁高速绿色通道、沪宁高铁绿色通道等几十条生态景观路和特色景观路，成为三季有花、四季有景、相对闭合的绿色通道。

在点、线、面的建设中，南京着重加强了森林资源的管理和保护，为森林城市的建成奠定了坚实基础。

近年来，南京制定颁发了《南京市森林消防条例》《南京市林地管理条例》《南京市城市绿化管理条例》《南京市生态公益林管理办法》《南京市生态绿地保护管理规定》等规章制度，建立严格的生态绿地保护制度和重大工程“绿评”制度，实行生态绿地发展和保护目标考核责任制；建成了市级森林防火指挥中心和林业有害生物监测预报中心，成立了森林防火和有害生物防治专业队，新建生物防火阻隔带420公里、林区防火通道1000多公里，全面贯通了重点林区防火林网；建设了三维森林防火地理信息系统等，初步实现了森林防火和林业有害生物监控的数字化、网络化管理；建立了市级公益林生态效益补偿基金，完成了市级生态公益林30多万亩的区划界定和效益补偿工作，对81万多亩市级以上生态公益林进行抚育和提档升级；同时还加强了森林湿地资源、野生动植物和古树名木保护力度，开展森林资源保护“亮剑行动”，严厉查处乱砍滥伐林木、乱捕滥猎野生动物、乱采滥挖野生植物、乱占滥用林地湿地等违法行为，有力保护了森林南京建设成果。

绿色魅力 探寻森林城市腹地奇观

在南京，特别值得提及的是“明外郭—秦淮新河百里风光带”和高淳桠溪镇。这二者的知名度早已享誉国内外。

明外郭是600年以前明代外郭城门。“明外郭—秦淮新河百里风光带”全长60公里，总规划面积15平方公里，总投入307亿元，建成后，将集生态、人文、旅游、景观等功能于一体。

这条风光带主要通过绿化和历史文化挖掘，将散落在沿线的人文历史遗迹、生态湿地、绿地广场、亲水公园等串联整合起来，在西起秦淮新河的长江入江口、东至燕子矶观音门之间建设一条环绕主城的“绿色项链”，形成一个整体连贯而又自然开敞的绿地系统。

在沿线建设1万余亩生态绿化景观带外，还要打造观音门、沧波门、麒麟门等18个古城门以及麒麟关公园、生态艺术长廊、创意集市等20个节点公园，为市民和游客提供文化场所和配套服务设施。

高淳桠溪镇是我国首个“国际慢城”。2010年11月27日，在苏格兰国际慢城会议上“桠溪生态之旅”被世界慢城组织授予“国际慢城”称号，成为中国首个“国际慢城”。

在高淳，有着数千年历史的村落深藏大山之中。过去，因位置偏远，交通不便，一直鲜为人知。如今，投入8亿多元、打造的一条江苏省内最长的48公里“桠溪生态之旅”绿化景观带，盘旋于高淳县桠溪镇6个行政村之间，区域面积50平方公里，惠及民众两万多人。这条景观带堪称集生态观光、农事体验、高效农业、休闲度假为一体的林业综合旅游观光带。

生态路让昔日的荒山变成了宝库，也向人们展现出一条多彩的致富之路。而今，乡村美了，农民富了，可以透过一个个场景、一幅幅画面，去体验旅游给乡村、给农民带来的变化，去感受一条生态路带给人们生活方式的变革。

据了解，绿色生态网的编织，绿色魅力的探寻，不仅让城市展现出了动人的容颜，更让农村呈现出别样的风姿。

近5年来，南京不断加大村庄绿化和森林镇街建设力度，充分利用现有自然条件，突出自然、经济、乡土、多样的特点，大力推进村旁、宅旁、水旁、路旁、田旁以及村口、庭院、公共活动空间等绿化美化建设，大力推进森林景观、森林休闲广场、森林小游园等建设，形成了“镇在园中，村在林中、房在树中、人在景中”的生态宜居环境，累计建成森林镇25个，完成绿化新村3300多个，其中省级绿化示范村687个。

绿色行动　绘出森林城市迷人画卷

纵观南京“创森”实践可知，南京的优势不仅在于区位，更在于品位。

在提升绿化品质的基础上，南京成功举办了中国第一届绿化博览会，建成了中国绿化博览园。全市江南八区建成区范围内建有多处且分布相对均匀、面积在5000平方米以上的各类公园绿地318处，郊区建有森林公园、湿地公园和其他面积在20公顷以上的郊野公园共52处，实现了市民开门见绿、推窗赏绿、步行500米有休闲绿地的目标，基本满足了市民日常游憩的需求。

尤其是近几年，南京投入10多亿元对玄武湖进行改造升级，改造完成后，免费向公众开放，方便老百姓休闲游憩；加强对老山景区山林绿地资源的保护，将老山生态保护面积从原来的60平方公里扩大到100平方公里。

“现在的南京越来越美了。”在南京生活了几十年的刘先生，每次到玄武湖公园晨练时都会发出赞叹。“让森林与城市融为一体、绿化与文化交相辉映、人与自然和谐相处”已成为南京广大市民的共同心声。

南京市“创森”办有关负责人说，南京的价值追求应该是可持续发展，南京的发展方向应该是建成森林城市、绿色都市。

据了解，绿色南京实施10年来，全市上下紧紧围绕森林城市建设目标和“绿色南京”战略部署，坚持以大生态定位、大规划布局、大工程推动、大手笔投入，持续快速推进森林城市和绿色南京建设，始终坚持强化领导，落实责任造林；坚持规划先导，依据科学造林；坚持突出重点，实施工程造林；坚持创新机制，发动社会造林；坚持规范管理，保证质量造林；坚持让利于民，推进产业造林，走出了一条城市森林建设新路子。

十年磨一剑，春光不负有心人。10年多来，南京共投入约600亿元专项资金用于城乡绿化建设，为森林南京建设提供了有力的经费保障；累计完成新造林151万亩，有林地面积由2002年的117万亩跃升到2012年的268万多亩，实现了森林资源倍增的目标。尤其是近3年来，全市森林覆盖率年均提高1.35个百分点。

据统计，截至2011年年底，全市城区绿地率达40.1%，建成区绿化覆盖率达44.4%，人均公园绿地面积达14.1平方米，适龄公民义务植树尽责率达92.06%，4项指标位居全国同类城市前列。

2012年10月，中央纪委驻国家林业局纪检组组长陈述贤在视察南京森林城市建设时对南京森林城市建设给予了高度评价："南京的创森工作，领导重视、理念先进、舍得投入、措施得力、成效显著，有许多创建经验值得全国学习和推广"。

如今，金陵古城正以满城翠绿、生机勃勃的崭新形象展现在世人面前：生态廊道、林荫大道、绿色通道、城市绿道与充满时代艺术和历史文化特色的各类景观、小品相映成趣，市民抬头即可见绿，推窗即可赏绿，足不出户就可以尽情地呼吸自然的给养，感受大自然亲切的拥抱。

绿色畅想　展望森林城市宏伟蓝图

绿色是生命的本色，是幸福的底色，也是南京的特色，是南京全市人民对建设森林城市的新期待。

未来一段时间，南京将加快紫金山—玄武湖一体化建设步伐，全面启动紫金山-玄武湖城市中央公园建设，规划建设一个40平方公里的世界级中央公园，将紫金山和玄武湖数百个景点整合串联、融为一体；将加大林荫大道和绿色步道建设力度，对城区和城郊有条件的滨江、滨河和道路进行改造，从江边到城中再到城郊，形成一条条浓荫密布的林荫大道和一道道独特的绿色风景线。规划建设1000公里的林荫大道和1000公里的绿色步道，形成集环保、运动、休闲、旅游等多功能于一体的绿道网络；将投入数十亿元，加大五大郊野公园的综合环境整治和造林质量提升，城市周边南面是牛首山—将军山，东面是青龙山—大连山，北面是栖霞山、幕府山，江北是老山，共五大郊野公园。通过整治，将在南京四周形成森林围城的态势，彰显大山、大水、大森林的特色，进一步提升城市形象和品质。

“党的十八大把生态文明建设摆在更加突出的位置，提出了‘建设美丽中国、实现永续发展’的目标，这对持续推进森林城市建设的南京来说，更是迎来绿色发展的良机。”南京市“创森”办负责人说，十八大精神为南京林业发展指明了方向，必将为增进全市人民福祉注入更大力量。

据了解，南京市委、市政府也提出了“2020年建成现代化国际性人文绿都”“美丽中国的标志性城市”的奋斗目标。可以预见，凭借扎实厚重的生态优势，在生态文明建设路上，南京必将继续在江苏率先领跑。

森林城市建设只有起点，没有终点。新的目标，蕴藏着新的希望；新的举措，酝酿着新的突破。森林南京新一轮大发展战略承前启后，继往开来，一座生态环境优美、林业产业发达、森林文化繁荣、人与自然和谐的森林城市正在崛起，一座独具魅力的现代化国际性人文绿都正在彰显，秦淮大地又将迎来新一轮绿色辉煌。长江带着绿色的记忆奔腾不息，南京将随着绿色的旋律拥抱未来。

用生态文明托起“美丽无锡梦” 建设“魅力无锡”

《无锡日报》 新华社“政务通”
2013年7月18日

太湖岸边，生态景观林带宽阔悠长；古运河畔，十里风光带建设如火如荼。马山脚下，自然村落粉墙黛瓦；吴博园里，农耕湿地尽显田园情怀……今日无锡，这个中国民族工商业的摇篮、乡镇企业的发源地，正以一个崭新的面貌大步向我们走来。

党的十八大报告，首次把“美丽中国”作为未来生态文明建设的宏伟目标，而建设“美丽中国”，离不开一大批“美丽城市”和“美丽乡村”的支撑和带动。作为一座生产性物质资源匮乏的城市，特别是经历过2007年太湖供水危机的“洗礼”，无锡对于加快生态文明建设的重要性和紧迫性有着更为深刻的认识、更加深切的体会。

建设“魅力无锡”，添彩“美丽中国”

“美丽中国”，十八大报告提出的美好词汇，会给城市带来怎样的生动变化？在无锡，一套综合经济、环境、制度、文化四方面的组合体系正在加快构建，带来的不仅是青山绿水的恒久，更有产业结构层次的提升，还有城市发展的制度规范，以及深入广大市民内心的绿色感召。

污染严重、臭气熏天、污水横流，这样的地方岂能奢谈美丽、魅力？美丽之城，需要一个生态经济体系——生产绿色、绿色生产。黄莉新表示，无锡将坚持走新型工业化道路，促进信息化和工业化深度融合，大规模实施技术改造，全面提升传统产业工艺、技术和装备水平，促进传统产业向绿色、低碳方向发展，推动优势产业向产业链高端攀升，努力以最低的资源消耗和环境成本实现更高质量、更高效益的发展。

在无锡滨湖区马山街道和平社区，村民家门口东倒西歪的柴火堆、巷道上随处可见的生活垃圾、河道里散发着异味的漂浮物……这些影响村庄环境的"硬伤"早已不见了踪影。近年来，生态修复、环境整治浪潮在无锡城乡大地上方兴未艾。其中，滨湖区的和平村在整治过程中新栽了不少绿树和景观带，这个自然村如今民居粉墙黛瓦，小河碧波荡漾，两岸花木成荫，已然一幅江南人家的美丽景象。

太湖是中国第二大淡水湖，其旖旎景色让人流连忘返，其富饶物产哺育着一方儿女。但近年来，磷、氮营养过剩等问题让太湖饱受困扰，自2007年发生"太湖供水危机"后，铁腕治污、科学治太成为无锡生态建设始终贯彻的总纲领。6年来，水环境保护条例、排水管理条例、河道管理条例、航道管理条例、蠡湖景区条例、供水条例等相继出台，无锡逐步建立健全地方性水环境保护法规体系。

一座美丽城市的建成，还需要依赖看不见的生态环境伦理观。就这个角度而言，生态文化体系的构建与发力任重道远。在无锡滨湖区，各行政村制定并实施了村规民约，建立维护村庄环境的奖惩制度，让村民成为村容长效管理的责任人和监督人，从源头上引导和培养村民养成文明习惯，减少和杜绝农村的乱搭建、乱堆放、乱抛洒现象。此外，无锡市环保部门多次组织社区环保志愿人士参观监测站，现场了解PM2.5等环保知识，举办绿色学校、绿色创建培训班，引导更多社区、学校步入"绿色"行列。

和平社区：城管进村"治"环境

在落实长效管理，加强村民自治方面，滨湖区引入"城管网格化管理"制度。网格员发现问题后，通过手机及时传送至社区城管工作站信息平台，即时制止，尽早解决。此外，和平社区已连续四年每年投入50万元给村民免费供应煤气，有效杜绝了居民上山乱砍滥伐、家前屋后乱堆乱放的不良现象。“一个环境优美的村庄，既是人文习俗的传承，也是人与自然和谐相处的体现。”马山街道和平社区党支部书记张建林说，没有“美丽乡村”就没有“美丽中国”，开展“美丽乡村”创建活动，符合“中国梦”的总体构想，符合农业农村实际，符合广大民众期盼，意义极为重大。据悉，近三年来，无锡农村环境连片整治共投入资金约2.5亿元，成功创建了锡山区羊尖镇丽安村等9个国家级生态村，近600个村庄创建为省级、市级生态村。

锡城古运河：产业联动发展的流动地标

有着3000多年文化史、400多年商业史的无锡千年古运河清名桥街区，经过多年建设，已成为国内知名的传统与时尚相融合的历史文化名街。2013年，十里运河风光带建设正式启动，这一江南水乡特色风景名胜区，将成为无锡又一张靓丽的城市名片。重拾沿河的故事与传奇，魅力无锡的典雅韵味，于烟水中慢慢流淌开来……

截至目前，运河古城项目共投入资金63亿元，进行保护、修复和整体升级改造，同时积极探索“文商旅”产业联动发展的综合模式，成功培育文化创意、休闲旅游两大产业集群，完成招商面积12万平方米，现有各类商家5000余户，年均接待游客达600万人次。

无锡古运河是最具人气、最具无锡历史文化特征的载体，是城市经济转型中发展服务业、旅游业的黄金空间。按照计划古运河申遗今年将接受国际专家评审，明年公布申遗结果。

据悉，在古运河南长段，永泰民国建筑群、清名桥核心区水上舞台、南下塘民宿区等重点项目将依次打造成为古城的“区域性中心”。今年将重点推进清名桥核心区水上舞台项目，致力于将其打造成为具有人文底蕴、南长特色、艺术魅力的清名桥核心景观，进而以点带面，成一个，带一片，聚财气，凝人气。芦苇荡见证“科学治太”成效2007年“太湖供水危机”以来，离太湖最近、和太湖最亲的滨湖人，全力以赴保护和重建太湖沿线的生态环境，在太湖沿岸构筑了一道绿色屏障。环太湖200米生态景观林带建设（滨湖区段）就是其中最璀璨夺目的一道风景线。目前，在滨湖区段的环太湖

200米生态景观林带，共种植各类树木42.77万株，开挖河塘21.3万平方米。“三步一桃、五步一柳”的桃红柳绿园、雍容华贵的玉兰园、健康常绿的香樟园……错落有致的园林体现了江南水乡之特色，彰显了春夏秋冬之美景，发挥了涵养水源之功能。

以“淡、静、清、幽”为特色的贡湖芦苇荡更是见证了滨湖人“科学治太”的成效。据了解，芦苇这种植物本身对种植环境有很大要求，水质环境太差便不易成活。如今，太湖大堤外，2009年种植的芦苇，已经繁殖成面积达42公顷的芦苇带，在环太湖200米生态景观林带中对调节径流、净化水质、控制污染、美化环境等方面都起着举足轻重的作用。

吴博园：吴文化旅游新名片

无锡，是古吴文化发展的源头之一，在继承和发展古吴文化基础上形成的独具特色的吴文化旅游，已成为彰显无锡文化软实力和展现城市新形象的名片。坐拥吴地3200年文明、鸿山大遗址和锡东地区保存完好的自然生态环境，中国吴文化博览园——这个以长三角吴文化的保护与开发利用为主题的文化旅游景区，正在努力打造一个慢生活休闲度假的“梦里江南”。

“梁鸿孟光到梅里，隐居江南浚梁溪。铁山脚下传耕织，举案齐眉好夫妻。”这是无锡鸿山的一首山歌，而山歌里描述的东汉大文学家梁鸿和妻子孟光，夫妻二人“举案齐眉”的恩爱典故就是从这里传出的。如今，在这个与千百年前一样的土地上，成就了吴博园的重要组成部分——梁鸿湿地公园。走进梁鸿湿地公园，仿若走进了诗中的那片田园世界。

吴文化与石文化有着深厚的渊源，中国四大名石，江南有其三。吴地的书法、绘画、建筑都与赏石有着密切的联系。而在吴博园景区，不仅拥有“三泰一址”（泰伯渎、泰伯陵、泰伯庙、鸿山大遗址）、梅里古镇等诸多历史遗迹，还将石文化传承发扬，与中国观赏石协会合作打造了第一个赏石园——中华赏石园，展示造型石、化石、特种石等精品奇石1100余件。

当城市化进程上演得如火如荼之际，吴文化中“融合”“创新”“务实”的文化特质愈加鲜明。吴博园以鸿山大遗址为依托，以江南农耕湿地为基础，集聚文化、生态、休闲、旅游、产业五大要素，达到了人与自然的和谐、人与社会的和谐，为吴文化的保护与融合，探索出一条可行之路。

梅村二胡：撩动你的心弦

近百年间，无锡二胡精英荟萃、人才辈出，刘天华、华彦钧（阿炳）、闵惠芬等二胡艺术家不断涌现。考察一下他们的成长历程，都离不开“吴文化”独特的历史文化背景和土壤的养育。如果说历史赋予了无锡“二胡之乡”的深厚人文底蕴，那么，如今梅村十几家二胡工坊则延展了无锡二胡文化的生命线。

早在1965年，梅村就兴办了民族乐器厂，开启了梅村制作二胡的历史。半个世纪来，在万其兴、陆林生等一批工艺精湛、底蕴非凡的二胡制作大师的带领下，梅村投身二胡制作的人员日益增多，企业规模不断扩大，二胡的品质日臻完善。如今，梅村年产各类二胡达4万多把，占全国二胡市场份额的四分之一左右，已成为国内重要的二胡产业基地。万其兴说：“梅村二胡工艺已经与吴文化的传承发展紧密结合，形成了独具特色的文化产业，助推无锡新区乃至全市的文化产业发展。”

在无锡新区宣传部副部长万江的带领下，记者在一个胡同里找到这家年产2万把二胡的“古月琴坊”。从外面看，这里像一座木材仓库，走进后却别有洞天，40多名工匠在3层楼厂房里埋头劳作。这座琴坊的主人是二胡制作大师万其兴，他制作的二胡发音洪亮、浑厚，音色丰满、甜美。据悉，万其兴从业60多年来，无私传授二胡制作技艺，这些年，前来学艺的二胡制作师来自全国各地，日本等其他地区也有爱好者慕名而来。目前在梅村开办二胡厂的卜广国、熊建、张连均等二胡制作师都是他的高徒。

徐州：森林城市的绿色增长

——来自国家森林城市徐州的报道

《新华日报》 陈桂林 王 浩 王作金

2012年7月17日

“自古彭城列九州”。有着5000多年文明史和2600多年建城史的徐州，是汉高祖刘邦故里、楚霸王项羽故都、彭祖故国，是两汉文化的重要发祥地。现辖2市3县5区，总面积11258平方公里，总人口976万，为淮海经济区中心城市，是江苏省规划建设的三大都市圈核心城市和四个特大城市之一。

徐州作为华东地区重要的老工业基地，历史上依资源而兴、靠资源发展，在为全省和全国发展做出重要贡献的同时，也在生态环境上付出了代价。改变煤城灰色形象，建设绿色宜居城市，让子孙后代共享生态之福，成为市委、市政府和全市人民矢志不渝的追求。因此，徐州从2009年开始启动创建国家森林城市。

该市自启动创森以来，牢固树立抓创森就是抓转型、抓发展、抓民生的鲜明导向，把创建国家森林城市作为优化生态环境的重中之重。通过全面偿还生态欠账，大力拓展造林空间，显著提高了城乡绿化水平。目前，全市植树造林53.5万亩，森林覆盖率达31.3%，城市建成区绿化覆盖率达41.9%，各项创建指标均超过目标值，实现了一座老工业城市由“灰”向“绿”的靓丽转身。

7月9日，在内蒙古呼伦贝尔举行的第九届中国城市森林论坛开幕式上，徐州市被全国绿化委员会、国家林业局正式命名为“国家森林城市”。中央领导为获得国家森林城市称号的城市授牌，市委主要领导代表徐州接过“国家森林城市”匾牌，并在论坛上作了题为“森林徐州——老工业基地的绿色振兴”的精彩演讲。徐州是我省继无锡、扬州后荣膺的第三家国家生态最高奖——“国家森林城市”。

生态修复，构建绿色屏障

长年的能源开采和工业生产，给徐州留下了面广量大的采煤塌陷地、工矿废弃地和采石宕口，这些既是沉重的生态包袱，也是极具潜力的绿色发展资源。为变废为宝，构建绿色屏障，徐州决定高标准实施生态修复工程。

大力开展塌陷地治理。按照宜农则农、宜渔则渔、宜游则游的原则，重点推进塌陷地复垦治理、综合利用和生态修复，三年来共复垦治理采煤塌陷地4.48万亩，建成了全国最大的城市生态湿地——潘安湖和九里湖湿地公园。在目前全市35万亩采煤塌陷地中，复耕还田已超过10万亩，拓展养殖水面6.8万亩，建成生态湿地13.6万亩，栽植陆生水生植被近15万亩，实现了经济效益、社会效益和生态效益的有机统一。

集中实施宕口修复。采取挂网喷播、植土复绿、山体造景等多种方式，对市区900多座采石宕口进行以绿化为主的生态改造，累计完成宕口植绿2.5万亩，整治山体超过200万平方米，建成了国内首座宕口遗址公园——东珠山宕口公园，成为生态人文俱佳的城市精品景观。

科学构建生态屏障。着眼森林城市建设全局，在市第十一次党代会上做出了实施“环、点、带”生态工程的战略部署，系统规划建设沿微山湖、沿骆马湖“两环”生态圈，沿运河、故黄河、大沙河“三河”生态带和“七山七湖”生态点，至此，绿色徐州的整体框架全面拉开。

该市还科学编制重要生态功能保护区规划，划定了11大类52个保护区，总面积达2624平方公里，占国土总面积23.3%，为森林生态系统保育撑起了绿色“保护伞”。

进军荒山，“种”出森林城市

徐州环城多山，有72座山头，质地以石灰岩为主，多数千年裸露、寸木不生。新中国成立初期，徐州森林覆盖率不足1%，1952年毛主席登上徐州云龙山，向全国发出了“发动群众、上山造林”的号召。60年来，徐州人民就是靠凿山播绿为一座座荒山披上了绿装。特别是2007年以来，市委、市政府把荒山造林作为创森重要突破口，先后实施两轮“进军荒山”行动计划，累计投入资金5.9亿元、绿化荒山9.2万亩，主城区内荒山全部建成生态风景林，在全国开创了“石头缝里种出绿色森林”的成功范例。

坚持工程化造林。据徐州市农委负责人介绍，创森启动以来，徐州将荒山绿化投入提高到6000元每亩，广大造林人员在实践中摸索出了爆破碎石、机械挖坑、覆土植苗、引水灌溉等一整套荒山造林办法，所有造林工程面向全国招投标，遴选资质高、信誉好、实力强的专业队伍，采取“一年栽植、两年养护、三年验收”建设模式，三年来栽植各类苗木872万株，成活率超过90%。

徐州市区铜山北部、贾汪邳州接壤区、新沂东部、邳睢铜接壤区四大片丘陵山区绿化，以工程造林、生态公益林为主，造林人员克服岩石裸露、土层瘠薄、水源匮乏等诸多困难，战胜百年不遇特大干旱的严重威胁，近5年绿化荒山15万亩，造林合格率、成活率均达90%以上。对马陵山、岠山、艾山、大洞山、吕梁山、拖龙山等结合历史人文景观，“依山造景”，建设了7万亩各具特色的风景林。

坚持社会化养林。该市积极开展荒山绿化认养认建，由认养人出资，委托林业部门代建代管，赋予认养企业冠名权，并按认养面积一定比例置换建设用地予以补偿，集中更多社会资金投向荒山绿化，营造了全社会建绿护绿的浓厚氛围。

坚持法制化护林。在全省率先出台了《徐州市山林资源保护条例》，确定生态公益林114万亩，市区划定156个山头、7.7万亩山林为红线保护区，严厉查处毁林损绿行为。荒山的全面绿化，使徐州的生态环境发生了质的变化，全市空气质量每年优良以上天数连续两年达335天。近年来降水量保持在1100毫米左右，接近淮河以南平均水平，用国家气候中心专家的话来说，“等于将徐州南迁了800里。”

城市绿化，打造宜居环境

徐州有山有水、山清水秀、天生丽质，在北方城市中，其生态禀赋可谓得天独厚。近年来，该市坚持建设精品绿化不动摇，把造林绿化与城市山水、人文、建筑等相依相融，进一步彰显了徐州楚风汉韵、南秀北雄的城市特质。

实施显山露水工程。今年4月28日，坐落美丽云龙湖畔、占地80公顷的珠山风景区正式对广大市民免费开放。而之前的珠山景区里，三个连成一片的破旧城中村，俨然为云龙湖风光带一道令人惋惜的“疤痕”。从2010年始，该市决定对城中村实行整体搬迁改造。按照“把最美的景观留给百姓”的理念，专门划出1200亩土地用于建设园林景观和公共服务设施。经过近三年的精心打造，一个林木葱茏、飞珠溅玉、景色秀美的新珠山完美展现在市民面前，成为云龙湖景区的一颗璀璨珍珠。

珠山景区的华美建成，只是徐州显山露水工程的一个缩影。依托国家森林城市的创建，徐州近年来对市区72座山峦、3条河流和7个湖泊实施生态绿化再造，大规模拆除城区山脚、水岸边的违法建筑，延山沿水恢复森林生态、兴建绿色走廊，特别是举全市之力打造云龙湖、云龙山、云龙公园“三云”品牌，仅云龙湖周边就拆除城中村200多万平方米，腾出3000多亩市区黄金地块全部用于生态建设，建成了以珠山景区、小南湖景区、十里杏花、百亩荷塘、滨湖公园、市民广场等为代表的环湖景观带。徐州已由“半城煤灰一城土”的旧貌，换作了“一城青山半城湖”的新颜。

实施精品绿地工程。漫步在徐州的大街小巷，你不难发现，原先的一块块杂草丛生废弃地，不经意间演变成了一处处小园林。如今的徐州，已成为名副其实的生态园林宜居之城。

既要让森林走入城市，也要让园林融入城市。这可是徐州创建国家森林城市的创举。为全力打造环境优美、生态宜居的园林城市，该市在主城区大力实施拆违建绿、破墙透绿、见缝插绿，明确规定市区3亩以下拆迁地块不再出让，统一规划建设游园绿地。

据统计，徐州创森三年来，仅市区就新增绿地1227公顷，建成各类绿地229处，城市建成区绿地率达到39.1%，人均公园绿地超过17平方米，市民出行300～500米就能步入休闲绿地、尽享宜居生活。一位前来视察的省领导这样评价徐州：“徐州在主城区范围内，仅大型精品园林绿地就拥有十几块，这样的生态建设力度和效果在全省首屈一指。”

实施敞园改造工程。自创森启动以来，该市坚持既要让城市得益，更要让老百姓受益的原则，按照“家在园中”“人在景中”的构想，大力实施开放式园林建设改造。2010年10月，彭祖园、九龙湖公园和奎山公园相继改造落成迎客。自云龙公园敞园后，又有一批公园实施破墙透绿、还绿于民、免费开放。

创森三年来，该市坚持创建为民、生态惠民的理念，相继兴建了科技广场、东坡广场、故黄河公园、百果园、拖龙山生态公园等一批精品开放园林，对云龙公园、彭祖园、九龙湖公园、奎山公园等进行敞开式改造提升。截至目前，徐州市区已有300亩以上大型开放园林15个，居全省第一。创森成果切实惠及了全市人民。

“一个城市的老百姓，直接享受的资源，除了教育、医疗、社会保障以外，最大的实惠就是生态环境，无论男女老少，无论贫穷富裕，大家都可以共同享受，居住环境改善，也就提高了老百姓的幸福指数。”这是徐州市委主要领导对生态环境重要性的精辟诠释。

发展农林，建设美好家园

近年来，徐州坚持城乡森林一体建设，把创森工作融入美好城乡建设生动实践，实现了改善农村生态、发展农村林业、致富农村百姓“一举三得”。

打造绿色镇村。开展镇区绿化“百日会战”，累计投入资金8.6亿元，完成绿化1330公顷，建成市级绿化示范镇25个；大力推进村庄环境净化、绿化、硬化、亮化、美化，三年新增村庄绿地林地1157公顷，创建省级村庄绿化示范村156个。

密织三大林网。重点抓好农田林网、水系林网、道路林网“三网”建设，2011年年底全市农田林网控制率达97.1%，水岸绿化率达86.6%，境内干线公路绿化率100%，形成了林村掩映、林水交融、林路相依的生态风貌。

壮大林业经济。充分发挥板材加工、优质林果、银杏产业、森林旅游四大产业主导作用，大力延伸森林产业链条、提升林业竞争力，去年全市实现林业总产值336亿元，其中板材业产值突破200亿元，落叶水果罐头出口占全国一半左右，涉林旅游成为全市旅游经济重要增长点。

林产工业的兴起，有效带动了徐州市大沙河、故黄河、大运河、新沂河等沿线生态产业带的发展。2011年年末，杨树速生丰产林基地达110万亩，优质水果基地111.9万亩、产量110多万吨，干果基地32万亩、产量6000多吨，花卉苗木基地30万亩。

森林景观成为旅游的新热点，涉林旅游景区不断发展。目前徐州已建成4A级景区8个、3A级景区8个。天下银杏第一园——国家级银杏博览园享誉海内外；大沙河果海等森林景观声誉鹊起；泉山国家森林公园和微山湖、骆马湖、吕梁山、艾山、岠山、马陵山等一批生态旅游区的开发，吸引了国内外众多旅游团队。仅2011年涉林旅游接待230.59万人次、旅游收入3.51亿元，直接带动的其他产业产值51.75亿元，成为全市旅游经济的重要增长极。

森林是人类赖以生存的绿色宝库，是城市生生不息的活力源泉。站在新的历史起点上，古老而又现代的徐州，将更加注重全面提升森林城市建设的层次和水平，让森林城市的绿色增长之路越走越宽广！

江苏：生态美造福百姓 扬州成第二个国家森林城市

新华报业网　刘世领

2011年6月20日

6月18日，在大连市举办的“第八届中国城市森林论坛”上，扬州市被全国绿化委员会、国家林业局授予“国家森林城市”称号，成为我省继无锡以后第二个“国家森林城市”。

土地出让金的5%用于栽树

拥有“中国人居环境奖”“联合国人居奖”“全国平原绿化先进市”“国家园林城市”等一系列殊荣的扬州，2005年开启创建国家森林城市征程。

植树造林钱从哪里来，树往哪里栽？扬州在全国同级城市中，率先提出“两个同步、两个优先”：即绿化规划与城市各项规划同步；绿化设计与城市设计同步；绿化用地优先安排，所有的用地都要先把绿化用地预留出来；绿化资金优先安排，每年从土地出让金中安排5%用于栽树。

有了规划和财力的支撑，扬州近年重点打造以城市环城高速绿色通道为代表的“六线二园”工程及古运河、大运河风光带建设工程，推进以沿路、沿水、沿城等为代表的绿色扬州工程，并加大了城区路、湖、河、园等城市绿地生态系统的升级改造。2010年实施的城区8个出入口、节点、高速公路匝道及文昌路、扬子江路等绿化工程和今年陆续上马的“五路一河一环”为重点的52项绿化提升工程，为建设森林城市添上了浓墨重彩的一笔。

据市长谢正义介绍，到2010年年底，全市森林覆盖面积达13.4万多公顷，陆地森林覆盖率达35.1%，森林-湿地覆盖率达51.2%；市区建成区绿化覆盖面积3579万平方米，绿化覆盖率47.72%。中国林科院首席科学家彭镇华就此评价说，扬州森林城市建设不但成绩突出，而且形成了“林水之州”的特色，堪称平原水网型森林城市全国典范。

林城共生　林水一体　林文相融

为了追求林城共生，扬州在绿化景区打造过程中特别注重因势造景，保留场地内原有水系及人文遗迹，丰富乔木、灌木、季花、绿草等物种，形成了“路通树起、一街一景、步移景异”的独特景观。这几年崛起的新城西区和广陵新城，实现了每一方绿地都是一幅画，彰显了人文景观与自然景观相呼应、人与自然和谐相处的效果。

平原水网地区，没有“山地栽树”的优势，但扬州将城、林、水有机统一，分类实施，做到刚性增绿、拆旧建绿、破墙透绿、庭院造绿。短短几年时间，全市造林绿化累计投入资金近100亿元，建成了一大批城乡休闲绿地和道路、河湖堤岸绿化景观带。

“创建国家森林城市”工作考察组成员、北京林业大学研究生院常务副院长张志强教授这样评价扬州：“把城市商业区寸土寸金之地拿出来栽树，这真切体现了以人为本、执政为民的理念。”安徽农业大学教授、博导吴泽民认为，扬州城市每一处绿地都是一道人文景观。

更多地用生态之美造福百姓

扬州城市绿化有“绿肺”“明珠”“项链”之说。“绿肺”，就是分布于城市四个方位的四处大型森林公园；“明珠”，就是城内250多个精致的小游园；“项链”，就是沿河、滨江、环城建起的风光带、生态岸线、通道风光带。正因为绿化体系的完善，扬州人出门三五百米就能见绿赏绿，数量和质量在全省地级市中均位居第一。

能大则大，能小则小，均衡布绿，是扬州城市绿化的核心路径。扬州不搞动辄数万平方米的大广场，却把绿色撒进闹市区、道路、河流两侧，融入市民生活之中。据副市长纪春明介绍，整个扬州城，绿化面积超过3500万平方米，最大的广场不超过5万平方米，街头绿地超过1万平方米的也只有二三十个，多数广场绿地几百平方米，甚至几十平方米大。

广场虽小，串联成带，视觉效果成倍放大。近20公里长的文昌路由东向西穿越扬州城，新建了10多个休闲广场，大的文景园1万平方米，小的石塔广场1000平方米；328国道穿城公路共13公里，两边门面房减密后，建了四五十个绿地广场；古运河两岸，绿带最宽处100多米，窄的也有十几米宽。

扬州城市的绿，自然大方，少见风靡各地的连片香樟，他乡移来的参天古树也不多见。纪春明说，扬州更喜欢用乡土树种，如垂柳、花桃、银杏、槐树等，像香樟、女贞等外来常绿树只是配角。马路中央，长上一排香樟，四季常绿，给开车人缓解视觉疲劳，路两边，多用槐树等落叶树——夏天遮阳，冬天叶子掉光，行人走过树下，舒舒服服晒太阳。

扬州早有“城在园中、园在城中”的美誉。而今天的扬州，市区绿化覆盖率已高达47.72%，人均公园绿地面积近13平方米。城市一天一天变大，扬州人对生态之美的偏爱始终不变，并力求更多地用生态之美造福百姓生活。

生态立市筑梦美丽镇江

《镇江日报》　刘兰明　梁和峰

2014 年 12 月 12 日

时已初冬，但在景色宜人的南山绿道，每天早晨和夜晚，都会有许多市民前来散步、休憩、深呼吸。有时，外地嘉宾亲朋来镇，绿道也成了他们考察游玩的目的地。随着南山北部景区即将建成开放，整个南山风景区旧貌换新颜：粉尘污染严重的企业搬迁了，脏乱差的棚户区不见了，这里处处林木葱茏，绿草如茵。

“悠然见南山”成为镇江人的自豪与骄傲。而南山的华丽转身，正是镇江加强生态环境保护与治理，为人民创造良好生产生活环境的缩影。

特别是近两年来，紧紧围绕习近平总书记对江苏转型发展提出的三项重点任务要求，镇江市坚持“生态立市”战略这一主线，深化产业结构调整，积极稳妥推进新型城镇化，扎实推进生态文明建设，将生态文明建设贯穿经济和社会发展全过程，建设美丽镇江的梦想一天天照进现实。

“绿水青山就是金山银山”

7月30日，镇江市的生态文明建设可谓“双喜临门”。当天，省委召开常委会议，《镇江市生态文明建设综合改革试点实施方案》获讨论通过。几乎同时，国家发改委等六部委联合下发的《关于开展生态文明先行示范区建设（第一批）的通知》文件传来，镇江榜上有名，正式成为国家生态文明先行示范区。

两件喜事接踵而来，镇江有何生态家底，又将探索一条怎样的生态文明建设之路？

过往3000多年，镇江的山水自然禀赋独具魅力。“一水横陈，连岗三面，做出争雄势”“何处望神州，满眼风光北固楼”……然而，在推进工业化进程中，“天下第一江山”也曾蒙上灰尘。如何破解“绿水青山”和“金山银山”的取舍矛盾，镇江人经历了长久思索，直至最终确定“生态立市”战略。因为，绿水青山就是金山银山。

年初，镇江市编制《镇江市主体功能区规划》。通过这一规划设计，全市以乡镇（街道）为单位被划分为优化开发、重点开发、适度开发、生态保护“四大区域”，并由此划定具有刚性约束的生态红线，力争2020年将全市的建设空间控制在30%左右，生态空间和农业空间保持在70%左右。

为确保生态战略高效推行，探索与设计还在更多的体制机制领域展开：构建绿色政绩考核机制，推出政府购买环保公共服务，率全省之先建立生态补偿、环境污染责任保险、排污权交易等环保制度……这些制度创新，既是作为“改革试点”的先行先试，更保证了镇江的生态文明建设将以法治方式推进。

11月28日，《镇江市生态文明建设规划》经市七届人大常委会第二十一次会议通过。这是自确定“生态立市”战略以来，镇江市“顶层设计”生态文明建设的又一重要举措。作为十八大之后，全国为数不多的把生态文明建设作为发展主战略的城市之一，镇江的生态路一开始就且行且试，制度层面的探索尤具意义。

低碳城市建设作为生态文明建设的一部分，也承载着镇江人的创新智慧。2012年11月，镇江被列为全国第二批低碳试点城市。就在这一年年底，全市一揽子推出低碳“九大行动”，并在随后提出碳峰值、建设碳平台、实施碳评估、开展碳考核。“四碳”创新及其践行效果，一时间让镇江备受中外关注。

如果说规划设计瞄准了美好未来，那么更多务实举措则在构筑幸福当下。这几年，镇江市严格保护境内235座山体，并通过建设山体公园向市民开放主题山；多轮整治“一湖九河”，提升水环境质量，打造景观水；对谏壁片区和韦岗地区实施生态环境综合整治，去年以来，仅索普一家企业的生态化改造就投入超3亿元。

今年4月，国家发改委副主任解振华和欧盟委员会气候行动委员康妮·赫泽高一行，来镇江市考察低碳城市建设。赫泽高女士由衷感叹：这真是一个非常绿、非常美的地方。

建设“记得住乡愁”的美丽乡村

句容市华阳镇汤家边自然村老党员汤远征家，坐落在绿树环抱之中，屋前还有一方清澈的池塘。81岁的汤老从城里退休后回乡养老，近些年生活得越来越惬意。10月底，省长李学勇调研茅山老区时曾登门看望汤远征，也肯定汤家边村生态好很宜居。

望得见山，看得见水，记得住乡愁。像汤家边这样的村子，在山清水秀的句容不知凡几。近年，这座国家级生态市（县）发挥自身生态优势，积极推进新型城镇化建设，为全镇江的城乡一体化发展做出积极贡献。从1977年到2013年，镇江城镇人口由32.8万人增至207万人，城镇化率由13.5%提高到65.4%。

在城镇化建设的同时，镇江市始终强调城乡一体和质量并举。今年5月30日，全市新型城镇化和城乡发展一体化工作会议召开，会上印发了《关于推进新型城镇化和城乡发展一体化的意见》和《镇江市新型城镇化和城乡发展一体化规划（2014～2020年）》。坚持“以人为本、四化同步、优化布局、生态文明、传承文化”原则，让生态保护和城镇化建设互动并进，被明确为“镇江特色”的新型城镇化之路。

句容市的探索，就为全市“以人为核心”的新型城镇化提供了成功范例。

在城镇化过程中，不少农民因为不愿离地，深感“被上楼”。后白镇的福源小区住着7000多名“洗脚上楼”的居民，很多人出于习惯和生活需要，依然眷恋土地。为此该镇在小区附近租了300亩土地，投资800万元建成“幸福菜园”，按每户1分地分配给居民，既解决了“菜篮子”问题，又顾及了他们的土地情结。

丹阳市界牌镇为全市的新型城镇化，也进行了有意义的探索。这座全国小城镇建设试点镇，通过空间整体规划、人口整体过渡和管理整体对接，目前全镇8万多人几乎全部就业和生活在城镇，基本实现了产业结构、就业方式、人居环境、社会保障等由“乡”到“城”的整体转变，被誉为新型城镇化的“界牌模式”。

以绿色发展适应经济“新常态”

习近平总书记指出：“保护生态环境就是保护生产力，改善生态环境就是发展生产力。”这一理念已深植在镇江人心底，并被不断践行。近年来，镇江市着力推进绿色发展、循环发展、低碳发展，最大限度减少对自然的干扰和损害，节约集约利用土地、水、能源等资源。

2013年年初，镇江市全面推动产业集中集聚集约发展，划定20个先进制造业特色园区、30个现代服务业集聚区和30个现代农业园区。“三集”发展旨在更节约有效地利用各种要素资源，为镇江腾出更大生态空间，却也让很多企业乃至产业，经历了凤凰涅槃式的洗礼。全市的园区规划确定后，不少企业在向园区搬迁过程中，完成了自身的转型升级，企业向园区集中推动了产业向高端集聚。

同样为了适应生态要求，这两年市大力发展高技术、高效益、低消耗、低污染产业，大幅提高服务业和高新技术产业比重，这也促进了镇江原本“偏低偏重”的产业结构，逐渐“调高调优调轻”。

今年前三季度，全市高新技术产业产值占规上工业产值比重48.0%，继续保持全省第一；新兴产业销售收入占规上工业销售比重44.4%，同比提高2.7个百分点。服务业在旅游业、文化产业和现代物流业“三驾马车”的快速拉动下，对经济的支撑力和贡献度进一步增强，服务业增加值占GDP比重同比提高1.2个百分点，达到43.6%。而现代农业的“三集”发展成效尤其明显，30个园区产值同比增长22.1%，高出全市平均8.2个百分点。

值得一提的是，上月初，镇江高新区正式升级为国家高新技术产业开发区，同时纳入苏南国家自主创新示范区板块。至此，镇江经济版图东西分别有了国家级的开发区和高新区，经济体量与质量都迎来两翼齐飞。

此外，市还按照“减量化、再利用、再循环”原则，发展循环经济，实现变“废”为“宝”。围绕钢铁、水泥、化工、电镀等重点行业，淘汰落后产能，逐渐除“旧”迎“新”。去年，全市关闭化工企业61家，淘汰其他落后产能企业35家，今年再次关闭化工企业57家，淘汰其他落后产能企业132家。

污染的落后产能企业出局，环保的高新技术项目落地，镇江的产业结构调整与经济转型不断深化，“积小胜为大胜”。一方面，经济发展的质量和效益不断提升，另一方面，拥有蓝天白云、青山绿水，更使镇江长远发展有了最大的本钱。

从城市到乡村，从工业到农业，从绿水青山到金山银山，“生态立市”梦想正在成就美丽镇江现实。

创森林城市　建品质之城

——杭州市创建国家森林城市纪实

《中国绿色时报》　张　帆

2009 年 5 月 4 日

第六届中国城市森林论坛于2009年5月7～8日在杭州举行，国内外89个城市市长、有关专家代表、部分国际组织代表共计400余人汇聚西子湖畔，共赴“绿色盛会”。本届论坛以“城市森林•品质生活”为主题，由关注森林活动组委会举办，国家林业局、全国政协人口资源环境委员会、浙江省人民政府和经济日报社共同主办。杭州、威海、宝鸡、无锡等4个城市被全国绿化委员会、国家林业局授予“国家森林城市”称号，这是褒奖城市生态文明建设的最重要荣誉。此前，我国有贵阳、沈阳、长沙、成都、包头、许昌、临安、广州、新乡、阿克苏等10座城市荣膺“国家森林城市”称号，至此，我国的国家森林城市总数已经达到了14个。

国家森林城市是城市的“金名片”，生态文明的代名词，生活品质的同义语，科学发展、社会和谐、生态文明、环境立市、品质生活、品质城市，都能从国家森林城市中找到注解。2005年以来，在国家林业局和省委、省政府的关心指导下，杭州把创建国家森林城市作为实施“环境立市”战略的重要内容，以科学发展观和生态文明理念为统领，扎实推进国家森林城市创建工作，进一步改善了杭州的生态环境和城市品位，进一步提高了杭州城市的知名度、美誉度和综合竞争力。

三大亮点——创新理念、创新模式、创新举措

杭州市委、市政府长期不懈狠抓城市森林建设，把“城市扩绿”作为政府为民办实事之一，领导率先垂范，部门密切配合，社会积极参与，形成全民关注生态、关心绿化、关爱森林的良好氛围。

亮点之一在于创新理念。“让森林走进城市，让城市拥抱森林”，这是近年来杭州市始终不渝坚持的理念。经过多年的实践和探索，形成了富有杭州特色的“抓绿化就是抓第一要务，抓生态文明，抓生活品质，抓城市特色，抓有生命的基础设施”的城市森林建设理念。实现了从注重绿化率向注重林木覆盖率、从注重视觉效果向注重生态效果、从注重绿化用地面积向注重绿化空间、从注重建成区绿化向注重城乡统筹绿化的“四大提升”。

亮点之二在于创新模式。近年来，杭州市作为中国唯一的“森林进城”样本城市承担了欧盟在中国开展的亚洲保护生态环境项目，成功探索出一条以提升“生活品质”为主导的“生态经济共赢、人文景观相融、城市乡村互动”的城市森林建设“杭州模式”，受到了欧盟亚洲城市林业专家的充分肯定，成为引领中国城市森林未来发展的典范之一。

亮点之三在于创新举措。一是规划高起点。高标准编制了一系列规划，修编完成《杭州市森林城市建设总体规划》。二是投入高强度。以大工程带动城市绿化建设，相继完成了西湖、西溪、运河、市区河道和高速沿线整治等综合保护工程绿化，累计投入工程建设资金500余亿元。三是扩绿高速度。全市森林面积、森林蓄积量、森林覆盖率连续多年实现“三”增长，城区年扩绿面积均在600万平方米以上。四是管养高水平。坚持制度化管养、市场化管养、属地化管养，努力做到绿化管养不留死角，同时强化行业监督和信息化管理水平，做到了有人办事、有钱办事、有章办事。

“三大工程”扮靓新杭州

近年来，经过“三大工程”的改造，有着数千年文化积淀的杭州又焕发出新的生机。

综合保护，再造新西湖。西湖是杭州的根与魂。自2002年起，杭州深入

实施了西湖综合保护工程，不仅新建、恢复景点100余个，再现300年前“一湖映双塔”“湖中镶三岛”“三堤凌碧波”的历史风貌，更是通过实现公共资源的最大化、最优化，使西湖真正成为全体人民的大公园。

实施西湖综合保护，是保护西湖的生态工程，是传承历史的文脉工程，更是提升城市品位的竞争力工程。在对西湖核心景区进行综合保护的同时，对西湖历史文化的深度挖掘和开发工作也全面展开。

西溪湿地，点睛绿色杭州。西溪湿地的综合保护是脱胎换骨式的。通过湿地公园建设，湿地生态系统得以修复，生态多样性进一步显现，水质也有了明显改善，“杭州绿肾”正渐进地发挥出重要作用。

西溪湿地的综合保护又是延续传承式的。秉承“生态优先、最小干预、修旧如旧、注重文化、可持续发展、以民为本”六大原则，恢复和重建了杭州湿地植物园、绿堤、福堤、千斤漾、莲花滩观鸟区、高庄、河渚古街、洪钟别业等生态、科普、文化景观。

运河整治，修复运河文化。杭州位于京杭大运河的最南端，是大运河的起点。运河水系犹如“城之命脉”，用丝丝血脉滋润着杭州这座城市。

2002年，杭州市第九次党代会把运河（杭州段）综合整治与保护开发列为“十大工程”之一，决定实施运河综合整治与保护开发工程，实现还河于民、申报“世遗”、打造世界级旅游产品三大目标，把运河（杭州段）打造成“杭州的塞纳河”。

2007年，运河综合保护一期工程余音未绝，运河综合二期保护工程已经扶马上路。保护工程计划用四年时间（从2007年到2010年），投资219亿元，实施水体治理、文化旅游、绿化景观、路网完善、民居建设、土地整理等工程建设。

通过实施运河综合保护二期工程，运河水质进一步改善，自然生态进一步修复，运河呈现流畅、水清、岸绿、景美、宜居、繁荣的新景象，成为广大市民和中外游客游玩、休闲、健身、赏景的大公园。

坚持以人为本，提升环境品质

近年来，杭州市委、市政府大力推进城市森林建设，始终坚持以人为本、以民为先，为构建一流宜居环境，提高居民生活质量，努力打造覆盖城乡、全民共享的“生活品质之城”而不懈努力。创建“国家森林城市”，努力使人与自然和谐、城乡生态协调发展，是杭州共建共享“生活品质之城”的战略举措。

拓展城市森林发展空间。全市森林面积稳定在106万公顷以上，森林总蓄积量3342万立方米，形成以近自然森林为主的城市森林生态系统，森林覆盖率达64%以上，人均公共绿地14.1平方米。

提升城市森林建设品位。大力推进绿化树种升级，逐步形成“春有花、夏有荫、秋有果、冬有景”的特色风光带。将杭州建成一座常年见绿、四季有花的国际花园城市。

完善城市森林生态网络。充分利用杭州市域的自然山水整体格局，以公路、铁路、河道等为轴线，打造亲水型宜居城市。坚持人与自然和谐相处的原则，大力实施850万亩生态公益林工程，优化提升森林的结构和功能，使自然山体、水体、绿地形成较为完整的森林生态系统，城市森林自然度达到0.5以上。

保护城市森林生物多样性。严格保护天目山、清凉峰2个国家级自然保护区和29个省级自然保护小区，加强对已有1700多种森林动植物尤其是珍稀树种和野生动物的保护。

开发城市森林天然氧吧。大力发展森林休闲度假旅游，积极开发利用城市森林天然氧吧，建成各级森林公园37个以及70多处森林生态旅游景点，总面积达214.8万亩，初步实现了多数市民出门平均500米有休闲绿地的目标。免费开放西湖景区和市区公园，最大限度地满足人民群众休闲度假、呼吸新鲜空气的需求。

弘扬城市森林生态文化。结合历史文化名城保护，积极挖掘城市森林文化内涵。全市建有市级以上青少年生态科普教育基地29个，古树名木2万余株，古树群250处。

杭州市把创建国家森林城市作为提升知名度、美誉度和竞争力的重要抓手，开展了一系列工作，并得到了各级领导的高度重视。中央政治局常委、全国政协主席贾庆林做出了“支持杭州市‘创森’活动”的批示。省政协周国富主席明确表示将“支持杭州创建国家森林城市”作为浙江省“关注森林”活动的重点工作。

杭州将以此次论坛为契机，进一步巩固和深化国家森林城市创建成果，进一步提高城市森林建设水平，让杭州天更蓝、山更绿、水更清、花更艳，让人民群众喝得上干净的水、呼吸上新鲜的空气、看得到郁郁葱葱的花草树木、享有优越的人居环境，成为与世界名城相媲美的“生活品质之城”。

人在城市中　城在森林里

——临安成为全国首个获“国家森林城市”称号县级市

中新社浙江　林　怡

2007年5月10日

临安是蜚声中外的“中国竹子之乡”和“中国山核桃之乡”，也是全国唯一加入国际示范林组织的县级市。日前，在四川成都举行的第四届城市森林论坛暨“国家森林城市”命名仪式上再传捷报，临安被全国绿化委员会、国家林业局授予“国家森林城市”称号，成为全国首个获此殊荣的县级市，同时也是浙江省乃至长三角第一个获此荣誉的城市。

9日，临安市政府在省人民大会堂召开新闻发布会对外公布这一喜讯。临安市政府新闻发言人向与会领导及记者介绍并总结了临安城市森林建设的成功模式及创森工作所取得的成果。随后，临安市市委宣传部、临安市林业局等部门领导就记者关心的问题一一做了回答。

城乡生态一体化　生态经济化

“国家森林城市”代表了一个城市绿化成就的最高荣誉，是目前我国在城市绿化方面规模最高、份量最重、含金量最足的一个奖项。临安市林业局副局长童明荣表示，临安作为一个山区县级市赢得这张国家级的金名片，一方面是对临安生态森林城市建设工作的高度肯定，另一方面也体现了临安在城市森林建设中将市区、市郊和农村纳入统一的大系统、倡导城乡生态一体化、生态经济化发展的重要意义和可借鉴性。

临安是典型的山区市，素有“七山一水二分田”之说，山地面积占全市总面积的86%，森林覆盖率高达76.55%。依托山区的资源优势，临安积极推广林业可持续经营，倡导人与自然的和谐共处，不仅在农村保护好森林资源，还将绿色引进城市，成效显著地建成了以森林为主体的比较完备的城市生态系统。多年来，临安市历届政府领导班子对生态立市的坚持，社会各界的热心关注、积极参与，为临安奠定了创建国家森林城市得天独厚的自然、社会基础。目前全市共建成国家级自然保护区2个、省级自然保护小区12个，国家级森林公园1个，省级森林公园2个，省级风景名胜区1个，生态保护工作位居全省前列。全市有5个乡镇被评为全国环境优美乡镇，70个村被授予“绿化示范村”“园林绿化村”和“生态经济双赢村”，乡村绿化面积逐年扩大，年增加60万平方米以上，乡村绿化率达29.2%。2006年，全市森林旅游景点已达19个。全市“农家乐”床位已达7000多张，现有41个从事“农家乐”的旅游特色村，总收入近3000万元。临安在创建森林城市城乡生态一体化、生态经济化上走出了自己的特色之路，为国内其他中小城市树立了可借鉴的成功模式，获得了国家林业局的高度赞许。

兴林富民　民富林绿

临安市委宣传部副部长在发布会上一再强调，临安创建国家森林城市“关键在于百姓”，创建国家森林城市并非政府的政绩工程，而是实实在在的利民富民工程。在创建国家森林城市的过程中，临安依托山区资源优势，大力发展生态林业，积极培育绿色产业，走出了一条切合临安实际、富有临安特色的“兴林富民”的森林可持续经营之路。林业不仅成为临安生态建设的主体，而且成为临安百姓增收致富的“聚宝盆”。2006年，全市实现生产总值158.7亿元，工业销售产值428.8亿元，财政总收入14.7亿元，城镇居民人均可支配收入和农民人均纯收入分别达到16360元和8011元。创建森林城市，带来的不仅仅是经济的快速发展，副部长说：“对于临安百姓来说，最大的实惠就是能喝干净的水，呼吸清新的空气，享受更多的负氧离子。”国家森林城市这个金字招牌落到实处就是临安水质、空气的明显改善，老百姓生活环境、生活品质的不断优化。正因为如此，创建森林城市工作自开展以来就得到了广大市民的大力支持。周部长打了个生动的比方，如果说以前在临安是100个人中99个砍柴1个管理，现在是1个人想砍柴99个人管。在临安，森林城市建设全民参与、齐抓共管，保护绿化的意识深入人心，就连路边一枝小小的桂花枝条被攀折，都会有群众投诉、举报。国家森林城市，全民参与建设，全民参与享受。

下一站建杭州西郊现代生态市

“让森林走进城市，让城市融入森林”这一临安人的梦想正成为现实。经过不断建设，临安已初步形成了以竹笋、山核桃等商品林基地为依托，百万亩生态公益林为基础，千余公里通道绿化为骨架，公园、广尝河流、社区、庭院各种绿地相互交融，乔、灌、藤、花、草搭配有致，点、线、面、环协调发展的城市森林生态系统。获得国家森林城市称号是临安城市形象、城市品质的一大提升，但这并不是临安生态建设工作的终点。在临安市委、市政府提出构建杭州西郊现代化生态市的战略目标指引下，临安将进一步强化宣传、增强市民绿化意识，让市民参与创建，参与享受。在优化城市森林布局上，完善绿化点与面的构造，把森林城市建设与旧城改造、新农村建设相结合，统筹城乡、强化长效管理。同时加大投入，健全体制，促进经济与生态的协调发展、人与自然的和谐共处，努力实现由“绿色临安”向“富裕临安、品质临安”迈进。

建设国家森林城市
打造绿意盎然的生态宁波

《宁波晚报》　黄剑跃　李飞峰

2010 年 4 月 6 日

森林，是人类的摇篮，文明的依托。国家森林城市是生态文明的代名词，生活品质的同义词。在弘扬生态文明、推行绿色新政、走绿色可持续发展之路的今天，先后摘取了“国家园林城市”“国家卫生城市”“中国优秀旅游城市”“全国文明城市”“国家环保模范城市”“最佳人居环境城市”等荣誉称号的宁波紧跟时代潮流，开始创建“国家森林城市”，而且是志在必得。

绿满甬城，市民住在大花园里

阳春三月，缤纷雅致的“花境”一个接着一个增添在宁波城区，涌现在市民眼前。为迎接2010年（上海）世博会，体现宁波城市森林绿地特色，宁波城区在4月底前将布置完成600处“花境”，让城市绿地带给市民美好的视觉享受。“宁波是一座美丽的大花园，是一座建在花园中的城市”。这是每一位到过宁波的客人对宁波的由衷赞叹。你会发现，这是一座绿色的城市，鸟语花香的三江六岸、色彩丰富的绿化长廊、绿树掩映的居住小区……这里春有花、夏有荫、秋有果、冬有青，四季常绿，鲜花常开。

目前，宁波市区建成绿化面积已达8219公顷，绿化覆盖面积达到9046公顷，公园绿地面积达到1672公顷。市区建成区绿地率为34.02%，绿化覆盖率为37.52%，人均公共绿地面积为11.81平方米。让宁波市民倍感自豪的是，上述指标都处于全国城市先进水平。

宁波是典型的江南水乡，城区河网密布、水系发达。近年来，宁波市以姚江、奉化江、甬江两岸为重点开展了大规模绿化建设，在江北区投资3亿元兴建了占地35公顷的宁波市城区最大的公园——日湖公园。接着，又先后建成了东钱湖旅游度假区环湖景区、宁波帮文化公园、鄞州公园、凤凰山主题公园、南宋石刻公园、北仑中心公园等大型公园绿地。

为丰富城市园林绿地物种的多样性，近年来，宁波市有计划、分阶段进行了特色公园的建设改造。在2005年完成了第一个特色公园——杜鹃园的建设后，月岛桂花园和茶花园也相继建成。特色公园的改造，打破了城市园林绿地缺少特色的格局。

为进一步改善城区内河环境，优化河岸绿化体系，宁波市投入巨资，先后对城区28条主要内河进行综合整治，相继在城区内河水体种植了聚藻、黄菖蒲、再力花、美人蕉等多种水生植物，进行水体绿化，实现了河岸绿化、河堤美化、水面净化一体化。“水清、岸绿、花香、鸟语”已成为港城亮丽的风景。

徜徉于宁波的街头，扑面而来的是浓郁的绿意。现在，碧波荡漾的日湖水景，芦苇起伏的环湖景区、凤凰山公园的森林氧吧成了宁波人聚会、休憩、赏景的好去处。“城在绿林中，人在花园里，行在绿荫下，乐在芳草间”，绿色、生态、健康、和谐和宁波市民紧紧相连。

美丽村庄，在绿色田野间绽放

整洁的村庄、别致的农居、洁净的道路、清澈的河道。小村大气中透着精致，一排排农民新居周围绿树成荫，环村河道水碧鱼跃，村中道路宽敞洁净……鄞州洞桥镇树桥村的村民常说：“生活在这样的村子里，比在城里还舒坦。”

美丽的树桥村是宁波市开展“千村绿化工程”建设中的一个缩影。

宁波大规模开展村庄绿化工作始于2001年。当时按照“森林进城，园林下乡”的要求，在全市范围内启动“园林式”村庄创建活动，把城市的绿化理念带给农村，使农民与城市居民共享文明。市政府决定，用5年时间，每年“以奖代补”100万元，支持农村创建园林式村庄，每年创建20个，5年创建100个“园林式”村庄。

“园林式”村庄的创建标准为：村庄绿化覆盖率达到25%以上；进村道路绿化率达到95%以上；村庄河道、沟渠整洁卫生，绿化率达到95%以上；房前屋后见缝插绿，村内道路绿化率达到95%以上；村民人均绿地6平方米以上；村内至少有一个小公园；乔木树种在5种以上；绿化树种混交模式在3个以上；村内林相整齐，四季常绿，三季有花，美观整洁，无病虫害；村庄周围山地植被覆盖率达80%以上。到2006年年底，全市共创建196个“园林式”村庄，累计投入村庄绿化资金超过1亿元。

为加快村庄绿化建设速度，赶上新农村建设步伐，2007年，宁波市绿化委员会又提出了“千村绿化工程”示范村建设目标。“千村绿化示范工程”，要求规划先行，因地制宜，突出自然、和谐，体现各村特色。

现代文明加农村特色，村庄绿化千姿百态，亮丽缤纷。

“日不见村，夜不见灯”，这是镇海区对自然村落的绿化要求。该区将保留的48个行政村或社区，四周全部用宽15～30米的林带包围，做到四周环转，村落贯通。各村确定1～2种主导品种，形成各自特色，模拟自然群落，合理配置，建设常绿和落叶树种混交的人工林，做到见绿不遮光。

在奉化莼湖镇缪家村，说起村内的休闲公园，村民们一脸的自豪。公园里植有150多年历史的香樟、枫树，郁郁葱葱，遮天蔽日，蔚为壮观。村里还出钱在古树下设置了健身设备，村里的老人们在古树下有了新的、时尚的活动内容。

庭院绿化讲美化。在慈溪市，许多村统一购买苗木，发放到村民手中，由村民自行栽种，做到见缝插绿。树种以经济林木、观赏树木及花卉盆景为主，绿化、美化村民居住环境。

刚刚过去的一年，全市投入村庄整治资金超过14亿元，共创建36个省级绿化示范村，3个省级绿化示范镇，1个省级森林城镇，207个市级绿化达标村和4个市级森林城镇。

越来越多的美丽村庄在绿色的田野间绽放。

守望湿地，保护生物多样性

和煦的春风吹拂着杭州湾跨海大桥南岸一望无际的蒿草和芦苇，纵横交错的水道中，一群群野鸭在碧波里嬉戏觅食。在鸟儿翔集的杭州湾湿地，人们惊喜地发现，这里既有常见的绿翅鸭、斑嘴鸭，也有比较罕见的白眉鸭、鹊鹞、金眶鸻和夜鹰。

东海之滨的宁波湿地资源丰富，2公顷以上湿地面积共计38.92万公顷，占全市区域总面积的三分之一。湿地内生物多样性丰富，珍稀濒危物种种类多，特别是沿海滩涂湿地是国际性候鸟迁徙停歇的重要驿站。许多珍稀濒危水鸟在这里栖息、越冬与繁殖。其中，夜鹭、牛背鹭、黑脸琵鹭、松雀鹰、燕隼等163种鸟类被列入中日候鸟保护协定；岩鹭、白眉鸭、大尾莺等52种鸟类被列入中澳候鸟保护协定。

宁波属亚热带季风气候，森林植被逐渐茂盛，多样的森林小气候，良好的防御、保护条件，以及丰富充足的食物源，为陆生野生动物的栖息、繁衍、活动提供了优越条件。据近年调查，宁波共有两栖动物23种、爬行动物50种、鸟类349种、兽类49种，约占全省陆生野生动物总种数的68%，有多种珍稀濒危物种已被列入有关国际公约或协定而受到保护。

为保护生物多样性，从2002年开始，宁波开始启动建设野生动植物保护小区工程，对国家、省级重点保护的野生动植物及其栖息地予以强制性保护；对濒危野生动植物物种实施拯救工程。至今，宁波市已建成各类野生动植物保护小区18个，保护面积43万多亩。这些保护小区在成为野生动植物天堂的同时，也成了生态旅游景点，胜景与珍稀动物共存。

针对全市湿地资源呈现天然湿地减少、人工湿地逐年增加的趋势，我市适时编制出台了《宁波市湿地保护与利用规划》，规划建设一批重点湿地工程项目，升格建设浙江韭山列岛省级海洋生态自然保护区，使之成为国家级保护区；新建杭州湾河口海岸湿地自然保护区、象山港海岸湿地自然保护区和镇海棘螈自然保护区3个省级湿地自然保护区。同时，全市将规划建设11处湿地公园。

今年4月，鄞州区在寸地寸金的中心城区动工建设长度1.5公里平均宽度300米的中央湿地公园，这个由清华大学简盟工作室与美国L＋A景观与建筑规划设计公司联合完成设计的项目，占地面积约700亩，加上已经建成的400亩的鄞州公园，将共同构成鄞州新城区绿色的“城市之肾”。

而中国八大咸水湿地之一的杭州湾湿地项目还引起了世界银行与全球环境基金会（GEF）的高度关注，世界银行为该项目提供了500万美元的赠款，以支持自然湿地保护区建设。

自2006年以来，湿地中的5000亩围垦地实行全封闭管理，为鸟儿营造一个舒适的家，三年多时间下来，区域内植被恢复良好，鸟类数量和种类明显增加。今年春天，华东师范大学河口和海岸国家重点实验室的几位湿地专家发现，湿地内鸟类已经在100种以上。浙江野鸟会的多名会员还拍摄到了被列为世界濒危物种红皮书的震旦鸦雀与斑背大尾莺等非常罕见的鸟类。

从杭州湾湿地，我们已经看见宁波湿地的美好未来。

全民参与，共建国家森林城市

留给历史的最美丽烙印中，最浓墨重彩的一笔，无疑是全市市民积极行动，集全民之智，为宁波创建“国家森林城市”写下了可圈可点的事迹。

宁波市民一直把能参加义务植树当作自己的光荣使命，“植绿、爱绿、护绿、兴绿”已蔚然成风。宁波市民义务植的树，都被纳入专业化、制度化管理范畴，成活率在98％以上。长达30年的群众性义务植树活动，是宁波市目前拥有的43万公顷以上森林面积、50％以上森林覆盖率、1200万立方米森林蓄积量的有力保证。

在创建“国家森林城市”的日子里，为宁波增绿的市民队伍日益壮大。全市拥有340支生态环保志愿者队伍、83个青少年生态环保社团，全民义务植树尽责率，从85.2％提高到88％，开展了“森林宁波”“关注森林”“保护三江源”“我为港城添新绿”等各类特色活动，涌现了500多处“政协林”“青年林”“三八林”“慈孝林”等特色林。

2010年1月16日，宁波市绿化委员会、市林业局等单位联合举行“应对气候变化——百校万人同栽百万棵树”活动启动仪式。全市广大学生在1至3

月里，开展植树造林活动，在学校、社区、公园、农村植树，认养认管树木或绿地，大力传播生态文明理念，进一步提高校园绿化水平。

2009年4月12日至19日是浙江省第28个爱鸟周，宁波市林业局在万达广场举行以“关注鸟类、保护自然”为主题的2009年宁波市野生动物保护宣传月暨爱鸟周活动启动仪式，用80多块展板宣传野生动物保护的法律法规，号召和发动更多的人自觉加入到保护鸟类、保护野生动物的行列中来。

2009年4月30日至5月1日，宁波市“关注森林”组委会、市林业局在中山广场举办“关注森林”大型图片展。60多幅设计精美的图片由宁波市林业成果和森林景观两部分内容组成，充分展示了近年来我市林业生态、产业、保护、科技文化等4个方面所取得的成就，也把全市4个国家级森林公园、14个省市级森林公园迷人的山水风光展现在市民面前。

2009年6月至8月，宁波市进行了首届“关注森林十大杰出人物”评选活动。评选的对象是改革开放以来，特别是近10年来，在宁波各条战线上，为推进森林生态文明建设，在宣传、保护以及消灭荒山、平原绿化、通道河道绿化等造林绿化工作各个方面尽心尽力，做出杰出贡献的各界人士。2010年3月13日，宁波市组织“万人签名”创建“国家森林城市”大型宣传活动……

温州滨海
山水型森林城市跃然眼前

《温州日报》　沙　默

2014 年 5 月 4 日

"温州森林城市创建不再是盆景，而是一道风景。"这是今年年初时，省森林城市创建验收组负责人给出的评价。很快，温州市将迎来国家森林城市创建的检查验收。记者近日从市林业部门了解到，温州市创建森林城市已有3年多，对照国家森林城市创建指标，大部分任务已经完成，一座滨海山水型森林城市正跃然眼前。

今年年初，由浙江省政协副主席陈艳华率领的省森林城市验收组来温州进行最后考核。验收组认为，温州创建省级森林城市特色鲜明，各项指标达到省级创森的要求，基本可以通过"大考"。省级森林城市创建成功，是申报创建国家森林城市的"入场券"，这张"入场券"来之不易。

三年植树三万余公顷

3年多来，温州市共植树造林3.12万公顷，新增城市绿地6580公顷，新建改建城市公园绿地200多处；村庄绿化面积3186公顷，创成市级以上森林村庄1117个；新建各类廊道林带2000多公里、农田林网4000多公里，使1270公里交通干线、780公里海岸线和500多公里江河岸宜林地绿化率达到90%

以上。人均公园绿地面积由4.51平方米增加到17.8平方米，由原来人均只有“一张床”，到现在有了“一间房”。而城区市民从出门难见绿色，变成九成市民出门500米就有公园休闲绿地，绿化成了百姓的“生态福利”。

布局山水型森林城市

市林业局局长潘建炳表示，温州市在接下来的国家级森林城市创建工作中，将重点彰显“山海城田水”景观特色，科学布局城市森林体系，打造滨海山水型森林城市。温州市的绿化布局将以大都市核心区为主中心，以六个县城为副中心，以50个中心镇为重要节点，规划构建全市域“环山面海，三江九廊、一核六组团”的城市森林生态网络空间。全市自北向西至南，由外围群山形成“环山”绿色生态圈，东面海岸、滩涂建设生态防护林带；瓯江、飞云江、鳌江三江六岸滨江景观林带和铁路、高速公路、国道线等九条交通干线进行通道绿化；温州中心城市区域建设城市森林生态网络，打造都市生态绿核，而在6个副中心和50个中心镇建设城区、郊区森林。

按照这一格局，市委市政府组织编制了《浙江省温州市国家森林城市建设总体规划》，3年投入资金100多亿元，相当于同期GDP的近1%，每年投入的绿化资金，相当于过去30年的总和。因为人多地少，近年来温州市通过“拆围透绿、拆违建绿”，旧住宅区、旧厂区、城中村改造，河道沿岸退河绿化等一系列措施，拆除各类建筑物，全部用于绿地建设；同时，尽可能利用零星空地，做到“见缝插绿，应绿尽绿”。

人人可享森林公园

大力度投入发展的森林游憩资源是市民能够“人人进入森林，人人享受森林”的生态福利。温州市于2011年启动百大森林公园和绿道网建设，构建城乡一体，包括城市森林公园、城郊森林公园、远郊森林公园的城市森林游憩地体系和串联各类森林游憩地、旅游景点、城市、乡村的绿道网络系统。充分利用市区三面群山环绕的优势，建设温州生态园（绿心）和绕城8个森林公园、8个城郊森林公园（绿环），在8个县（市）和50个中心城镇规划建设了72个城郊森林（湿地）公园。加上13个远郊森林公园，全市森林公园总数将达103处。按照林网化——水网化的水乡绿化理念，建设滨水公园119个和亲水小游园300个，形成贯穿市区的滨水绿色长廊。

潘建炳说："'山水'特色是我市的一大亮点，我们的创森工作要利用城周山体环绕，城内城郊水网密布的自然山水特色优势，打造一批绕城山体、森林公园和市区滨水游园，做到'森林围城''林水相依'。"温州市的创森最终目标，是到2015年实现人均公园绿地面积达到20平方米至25平方米，城市绿地率达40%、城市绿化覆盖率达45%，争取达到城市绿地率达45%、城市绿化覆盖率达50%。今后，城市绿化还要注重色彩搭配，做到四季有花开，四时花不同。建一个自然和人文景观交相辉映的美丽浙南水乡。

太湖南岸
崛起一座森林之城

——湖州市创建国家森林城市纪实

《湖州日报》　汪锡平

2013 年 9 月 26 日

“山从天目成群出，水傍太湖分港流；行遍江南清丽地，人生只合住湖州。”元朝诗人戴表元的《湖州》诗词，正是当今湖州良好生态的真实写照。

湖州市地处长三角中心，北濒太湖，东连大运河，西南首望天目山，是环太湖地区唯一因湖而得名的城市。奔腾狂欢的苕溪，烟波浩渺的太湖，苕溪文明与太湖文明在此交汇与传承。

湖州作为新中国第一任林业部长梁希先生的故乡，在历史积淀之上又奋战3年，今天终于建成为太湖之滨率先崛起的森林之城。湖州的森林城市建设历程，不仅是绿量增加和绿质提升，更是湖州生态、文化、经济、社会的高度融合与良性互动。

规划引领　开启绿色梦想

有史以来，人类就离不开森林。

当今社会，森林同样显示出对于人类文明的重要性，无论是森林的直接产品，还是间接的作用，都为人类所必须。

湖州是黄浦江的源头地区，森林资源十分丰富，境内龙王山自然保护区是浙北地区最大的物种资源库、基因库，湖州已成为浙江省乃至长三角的重要生态屏障。

1983年，湖州撤地建市以来，历届党委政府始终坚持把生态优市的方针贯穿于经济社会发展全过程，党政班子换了一届又一届，但生态立市的原则没有丢，造林绿化的干劲没有减，林业事业得到了空前发展。

2008年，湖州就提出了“县区先行，全市提升”的创森工作思路。

2010年，湖州又提出了“浙江省森林城市”“国家森林城市”两级联创的目标。

谋定而动。2010年上半年，湖州市专门委托浙江农林大学园林设计院编制了《湖州市森林城市建设总体规划》，科学地指导全市的森林城市创建工作，确定了“一核、二环、四片、五带、七轴、九楔、多链”的森林城市布局结构，开启了创建国家森林城市绿色梦想。

全方动员　吹响绿色号角

2010年10月28日，湖州市召开创建国家森林城市全市动员大会，正式向全社会提出，举全市之力创建国家森林城市，同时对全市下一步如何全面开展创建进行部署。

紧接着全市创森动员大会之后，湖州大地到处都吹响着创森绿色号角。

三县两区立即部署，不分先后地都召开了县区级层面的创森动员大会。市级机关部门迅速内部发动，社会团体立即广泛社会动员，各级各类媒体积极营造浓厚的社会氛围。

2011年，新春上班第一天，湖州市组织各级各部门干部职工开展万人植树大行动，拉开全市义务植树造林活动序幕。“三八”妇女节前后，市、县区、乡镇街道妇联组织妇女开展植树造林活动，兴建一片片“三八”林。“3·12”植树节期间，机关事业单位干部职工、驻湖部队官兵以及社会各界人士、学校师生有组织的纷纷走向空闲的河边、路边、塘埂、地头，见缝插绿，义务植树造林活动进入高潮。

一片片军民共建林、师生林、志愿林等，见证着湖州人的崇绿热情。

在乡村，农民们房前屋后、村头溪边种下一棵棵、一片片经济林。

在城镇，居民们纷纷开展“认领一棵树，我为创森添抹绿”行动。

市、县区林业部门抓住时机，适时开展送树下乡以及珍贵树种进村入户活动，鼓励农民多植树造林，多种经济林，多种珍贵树，营造增收绿色宝库。

据了解，2011年至今，全市累计赠送农户树苗近千万株，其中珍贵树种60多万株。

形成合力　敲响绿色战鼓

2011年，湖州市借成功创建浙江省森林城市的东风，乘势而上，进一步完善提升积极争创国家森林城市，全市森林城市建设再掀高潮。

按照创森总体方案，2011年上半年，城乡绿化“812”工程的八大工程百个项目全部开工建设，初步建立较为完善森林体系格局。

为加大工作力度，湖州市将创森工作纳入县区年度综合考核内容；同时还将创森任务分解细化成3大块16小块，落实牵头单位、配合单位。并且每小块都明确了任务的具体内容和完成时间，紧敲创森绿色战鼓，督促各级各部门形成合力加快推进。

2011年，湖城凤凰路改造工程建设，原本已有改造方案在先，根据创森新要求，由市创森办牵头，市规划建设、林业等部门共同会商，进一步修订完善改造方案，增加了彩叶树种等建设内容，改造效果明显提升。

同年6月，市创森办查漏补缺时发现，杭长高速湖州南出口地处的堂子山一处矿山复绿不到位，且处理难度大。市林业、国土两部门联合邀请省、市有关矿山复绿专家及相关部门对该处进行实地“会诊”，按照专家组给出的建议实施，难题终得以妥善解决。

机制创新插遍绿色战旗

从全市动员到完成浙江省森林城市创建目标，时间只有1年；完成省森林城市创建基础上完善提升创建国家森林城市目标，时间也只有1年。在创建国家森林城市时间安排上，湖州是紧打紧算，自加压力。

有压力才有动力，有动力还得讲效率，效率高要靠机制创新。

2010年11月，湖州率先开展了以省级森林城市等为内容的森林系列创建，以森林系列创建推动全市创建工作全面开展，创森绿色战旗插遍每一个角落。森林系列创建的优势在于化整为零，机制灵活，好比是一块块小板块，拼起来就是一片七彩森林。

同年12月，安吉县、德清县先后成功创建浙江省森林城市，2012年1月，湖州中心城区、南浔区被正式授予“浙江省森林城市”称号。自此，湖州市创建浙江省森林城市已实现各县区“满堂红”，为下一步创建国家森林城市奠定了坚实的基础。3年来，全市共创建成省级森林城镇12个、森林村庄51个，市级森林城镇27个、森林村庄143个、森林单位65个、森林通道15条、森林人家122家。

项目推动　打造绿色样板

中心城市森林生态体系建设工程是湖州市创森的核心，实施项目25个，其中包括梁希森林公园、仁皇山公园在内的公园建设项目就将近10个。

2011年9月16日，梁希森林公园一期工程正式动工。目前一期工程已基本完工，预计今年国庆期间将开园接待游客。园内林木葱郁、空气清新，文化气氛浓郁，馆舍特色分明，已成为我市森林文化建设样板工程。

仁皇山公园是湖州市森林城市建设的制高点和标志性建筑，对提升湖州城市品位，彰显湖州山水特色具有重要意义。山顶主题建筑气势雄伟，山下都市园林、山水清丽，目前已成为市民休闲观光景点景区。

绿色通道体系建设工程是湖州的窗口和形象，实施项目13个。2011年开始，港航部门将一条条水上主要航道打造成水上景观带。国道两边、高速公路附近两带，公路部门筑起一条条绿色长廊。

水上景观带、陆地绿色长廊与城市绿色街道、城郊绿林、乡村公路连通，形成一张绿色巨网，让城市、森林融为一体，绿在城中，城在绿中。

今年，湖州又结合“四边三化”行动，对绿色通道进一步完善和全面提质提升。

再接再厉　锦绣绿色蓝图

党的十八大把生态文明建设摆在更加突出的位置，提出了“建设美丽中国、实现永续发展”的目标，这对持续推进森林城市建设来说，迎来了绿色发展的春天。

湖州是中国美丽乡村发源地，而建设美丽湖州对林业来说，最明显特色就是建设生态湖州、森林湖州、绿色湖州。林水相依、依水建林、以林涵水，城在林中、林在城中，抓好森林建设增进全市人民福祉。

森林城市建设只有起点，没有终点；没有最好，只有更好。

新的目标，蕴藏着新的希望；新的举措，酝酿着新的突破。

森林湖州新一轮大发展战略承前启后，继往开来，一座生态环境优美、林业产业发达、森林文化繁荣、人与自然和谐的森林城市正崛起在太湖南岸。“无山不绿、有水皆清、四时花香、万壑鸟鸣，替河山装成锦绣，把国土绘成丹青”是梁希先生的愿望，也正是289万湖州人民践行“美丽中国”的时代强音！

衢州创建森林城市
森林走进城市生活将会咋样

《衢州日报》 祝春蕾 姜 君

2012 年 2 月 22 日

衢州市委书记赵一德在中共衢州市第六次代表大会上提出，力争到2016年年底，全市城市化率提高到52%以上，市区建成区面积拓展到70平方公里以上，人口达到50万以上。城市框架拉大，经济发展加速，但建立健康、安全、舒适的人居生态环境，也得到了各方的重视。从去年10月份开始，衢州市提出了创建森林城市的目标，欲将市打造成“南孔圣地森林衢州，浙江绿源幸福之城”。

根据规划，创建森林城市将分两步走——2012年创建省级森林城市，2015年创建国家级森林城市。通过四年的努力，我市将构建“城乡森林化、通道林荫化、水岸绿茵化、农田林网化、森林网络化”的城市乡村统筹、山水路田一体、防护功能完备的城乡森林生态体系，使得森林走进城市。

城市建成区林木覆盖率45.2%，城市建成区人均绿地14.2平方米，公路、镇区骨干道路等绿化率达到95%以上，河岸绿化率95%以上……这些内容，衢州将会用4年的时间完成。

四年之后，森林与城市相融将是怎样的感觉呢？把家藏在森林里有多幸福？

衢州创建森林城市，当城市与森林相融之后
绿绿紧相连家园互相依

今年，衢州市开始打造森林城市，四年之后，将形成以市区绿化建设为中心，以沿主城区所在的平原区域南北两片山地森林为屏障区，同时推进森林水岸绿化以及森林通道和农田林网建设，国道省道、高速公路、铁路和县乡道林带贯穿的生态景观轴线，即"一核二翼，四江四星，六轴六网多点"的综合森林生态体系。

俯瞰衢城，将会呈现绿色包围建筑楼宇，一派全城皆绿的城市景观。森林走进城市，势必带来衢州市住宅产业一次"绿色革命"的洗礼……

森林城市绿意盎然

时值入春时节，一夜春雨唤醒了整座城市的春意。在西区新建的鹿鸣公园，过去杂乱的小山坡布置上了错落有序的树木。尽管新种植的花草树木还未舒展枝叶，几株赶早的树木已经探出了一点点绿色的芽头，沿着石梁溪，听着流水和小鸟的声音，让人觉得城市也可以这般宁静。

在鹿鸣公园现场，一名工人正在修剪树枝，他向记者介绍：这些即将种植的都是香樟树，种植之前要先把枝叶修剪掉。据了解，农历新年一过，西区管委会立即启动鹿鸣公园的绿化工作，工程Ⅰ标段正在着手落叶苗木的补植，苗木品种包括乌桕、枫香、无患子、香樟、香枹等；工程Ⅱ标段正在进行大型乔木的种植，品种包括河朴、樟树、桂花等等。整个公园约有三四十种树种，补苗、植树工作将在5月份之前完成。这个春天，西区又将增添一处繁花似锦。

西区鹿鸣公园的绿化改观，只是城市绿化变样的一隅。"绿"已成为衢城的一大特色，在打造森林城市的要求下，衢州市的公园绿地将增多，服务半径进一步辐射开来。

根据《衢州市森林城市建设总体规划（2011～2020）》，城市中心区、开发区、西区、柯城区、衢江区等将新建如南环公园二期、双港公园、上山溪堤岸景观工程、江滨北公园二期等公园绿地，总约17处之多。今后，将会

是满城皆园的景象，各类公园绿地服务半径将达到500米。

除了公园绿地的建设，道路绿化建设成为城市森林通道。接下来，衢州市将以320国道、高速公路、省道等主要道路构建的大尺度、辐射状生态防护林带为依托，沿路、渠、堤、农田、村镇住宅等建设不同尺度的防护林带，形成绿色网架，从而构成水网化、林网化的森林生态网络体系。全市境内可绿化的公路、铁路、河流通道实现全面绿化、美化，绿化率达到95%，实现水清、岸绿、景佳的目标。

森林水岸绿化将结合绿岸清水工程，河流绿化以市区内衢江、江山港、常山港为主体，结合河道治理，加快水体沿岸林带、林网建设。在衢州市各溪流沿线两侧，将建设10～50米宽绿化带。

道路、河流的两侧绿化的绿改造，将衢城隐入周边的一大片“森林”里。而这片“森林”，还将是一个个森林村庄、城镇所组成。通过围村林、护村林和村庄道路、庭院和公共场所的绿化美化，以及在主要进村路口和村中心，配置高大乔木，点缀园林小品，让村庄中心村建成区人均公共绿地面积8平方米以上、建成1000平方米以上供居民休闲的公共绿地，形成浓郁的森林气氛。

家住绿色幸福之城

森林城市建设也为住宅开发指明了新的风向，绿色建筑成为人们对居住环境的共识。“绿色建筑是林木绿化与环保建筑相互融合，森林城市与绿色建筑息息相关。”创森办副主任吴晓峰表示，住宅是城市绿化的重要组成部分，目前居住小区的花草树木都比较多，但乔木树种不多。部分小区森林化、乔木化有待进一步提高。居住小区乔木树种比例的提高有助于森林城市的建设，而生态功能好的小区宜居指数更高，两者相辅相成。

随着森林城市的推进，衢州绿色住宅建设更具内涵，并将迎来“绿色革命”。节能、绿色环保材料在建筑中的使用，让森林与建筑融合，提升了建筑绿色内涵。创建森林城市中的“院落”绿化，为衢州营造了一座天然的氧气城。

届时，不仅一些单位要增加乔木树种数量，适当配置珍贵乔木树种的比例，鼓励开展庭院、阳台及屋顶、墙面立体绿化等绿化美化活动，绿地率在35%以上，在老城区还要见缝插针，多植四旁树。

“天亮了，可以睡到自然醒，听到窗外的鸟鸣声，感觉麻雀在叫。正好是植树的好季节，还可以计划去常山看腊梅与石榴树，住在衢州真不错。”汪先生是龙游人，由于城市环境优美，居住生活惬意，住在衢州三年他觉得很幸福。他说，住在衢州城的小区里，不仅有流水有大树，呼吸清新的空气，感受城在绿中，人在园中，让这座氧气城更加名副其实，他对衢州创建森林城市更是充满期待。“如果衢州打造成森林城市，那在衢州的生活真是一种享受！”规划者、建设者、园林工作者、养护者、市民，甚至开发商……无论是描绘蓝图、还是在小区里铺下一片草，越来越多的衢州人带着憧憬开始了创建森林城市的行动。

大森林　大经济　大民生

——丽水市争创“国家森林城市”纪实

《丽水日报》　胡雪峰

2012年2月9日

有人曾用一片绿叶来形容丽水这座城市：主城区“一江双城”构成了叶子的主骨架，八百里瓯江一脉相承，犹如一道长长的叶脉，串连起莲都、龙泉、青田、云和、庆元、缙云、遂昌、松阳、景宁九个县（市、区）的脉络，连绵起伏的群山则一片翠绿。

初春时节，位于瓯江之畔的丽水大地满目青翠。行走在这个绿色之城，仿佛能听到浙江最年轻的地级市迈向“国家森林城市”的坚定脚步声。

于是，这片生机盎然的绿叶开始恣意舒展，在绿意浓浓的森林里、在城市公园的树影婆娑下、在古树名木的围绕中……大森林孕育着丽水得天独厚的生态环境，绿色已俨然成为这座山城经济跳动的脉搏，“城乡一体，人居依林”的森林城市更是直接推高了民生的幸福指数。

瓯江畔筑起的绿色生态屏障

清澈的瓯江如蓝色玉带贯穿境内，沿江两岸，森林公园、自然保护区和生态功能保护区数量众多，莽莽林海，川流纵横，构成了丽水独特魅力的绿色世界。

作为浙江省最大的林区市和全国南方重点林区市，丽水市林业用地面积

146.2万公顷，占全市国土总面积的84.35%，森林覆盖率高达80.79%，林木绿化率达81.62%，活立木蓄积量为5899.8万立方米，有着“生态第一市”的美誉，承担着全省乃至整个华东地区绿色生态屏障的重任。

城市森林是建设生态型城市的基石。基于此，市委、市政府大力推进生态工程建设，把生态屏障建设作为加强生态文明建设的重要措施来抓。全面实施公益林增量扩面工程，几年来新增重点公益林545万亩，总面积达1163万亩，占全市林业用地面积的53%。5年间，累计完成造林更新64.7万亩，实施阔叶林发展工程15.7万亩，建设生物防火林带1649.5公里。一道坚固的生态绿色防护屏障在城市周围筑起。

在市区，则以城市增绿为突破，全力推进引山入城，形成了“一环一轴”框架的自然生态景观带。在“环”上，推进“环城生态绿屏景观工程”，实施了白云森林公园、九龙国家湿地公园等16个项目建设。在“轴”上，以瓯江沿岸的滨江绿廊为城市绿轴，着重推进“滨江景观带工程”，实施南明湖城市意象区、生态景观区、滨水公园等建设。

近年来，全市累计投入创建资金达33.2亿元，其中市本级投入23.2亿，各县（市、区）投入10个亿。通过建设、改造、修整，城区绿化面积大幅度增加。市区城市中心区公共绿地面积362.6万平方米，人均公共绿地面积11.03平方米，城市郊区森林覆盖率达75.2%，建成区绿化覆盖率达42.76%，绿地率从2007年的28.3%提高到现在的37.82%，初步形成了融山、水、林、城于一体的城市森林生态系统。

城在林中，人在城中。一幅人与自然相和谐、楼宇与森林相融合、文化与风景相映衬的优美画卷，在瓯江之畔蜿蜒不绝。

兴林富民让绿色成为藏宝库

丽水，最大优势是生态，最大财富是森林，绿色是真正的大宝藏。

在松阳县四都乡塘后村，随处可见掩映在绿树中的“农家别墅”。正在香榧基地里忙碌的村民李建亮说：“靠着香榧这些‘金果果’，我们用上了电脑、烧上了沼气、开上了小车。”

建基地，上规模，成板块。过去，塘后村原本是低收入集中村，农民人均纯收入不到3000元。近年村里发展香榧种植，打造连片香榧，建起了近300亩的基地，还成立了香榧专业合作社，村民人均年收入节节攀高，现在村民的人均收入达到了6000多元。

2011年，市委、市政府启动林业“三大百万”基地建设，并将该项工作列入农民增收六大目标，对县（市、区）党委政府进行考核。规划到2015年，建成120万亩高效竹林基地，培育100万亩珍贵树种与大径材基地、100万亩油茶（含香榧）基地，藏宝于山，藏富于民。

生态建设与产业发展并举，让广大林农从森林城市建设中得到了实惠。据统计，2011年全市实现林业总产值267.28亿元，是2006年的2.28倍，全市农村人均林业纯收入3122元，占农村居民人均纯收入的39.98%，林业经济增长对农民收入增长的贡献率达45.60%。截至目前，全市累计发放林权抵押贷款6.64万笔共44.52亿元，占全省的62.7%。

近年来，依托丰富的森林资源和优越的生态环境，丽水市围绕“生态、休闲、养生”的主题，打造“秀山丽水，养生福地”品牌，形成了大森林休闲旅游基地团组和网络。市区白云山、莲都大山峰、龙泉凤阳山、庆元百山祖、青田石门洞等众多森林旅游休闲景点及林家乐，吸引着上海、江苏、杭州等华东地区的游客纷至沓来，有力促进了森林旅游快速兴起。2011年全市实现森林旅游业收入58.71亿元，占全市旅游收入的37.66%。

全民参与擦亮城市“绿色名片”

“开门见绿，树木越来越多，绿色越来越浓。丽水的早晨都是在鸟儿的鸣叫声中醒来的。”市民用最朴实的语言，描述心中丽水的森林城市之变。

通过各项工程项目的建设，全市的生态环境质量逐年提高，据《浙江省生态环境状况评价报告》显示，丽水市生态环境状况指数达到101，获全省生态环境质量八连冠。优越的生态环境极大地提升了老百姓的幸福指数。

“天天生活在天然氧吧里，空气特别清新，感觉很好！”开了10多年出租车的王师傅笑着说，话语中透出了丽水人的几分自豪。

全民义务植树活动是市民参与创森的一种主要形式。起始于我市的机关干部春节上班第一天植树活动，目前已在全省推广，并成为浙江省“法定节日”。越来越多的城乡居民加入到义务植树的行列，捐赠树木、认养树木、爱护树木在丽水蔚然成风。景宁渤海镇滩坑水库淹没区一棵三四百年树龄的古樟树，被企业家花150万元买走，移植在龙泉，如今早已老树发新芽，枝繁叶茂。

据统计，全市每年参加义务植树市民达140万多人次，义务植树500多万株。全民义务植树尽责率都在88%以上，并建立了义务植树登记卡制度。

如今，全民义务植树活动更多地从山上进入村庄、学校、单位，通过一系列活动的开展，树立起市民良好的绿化意识、生态意识、文明意识，激发了市民参与创森的积极性。同时，各类“绿化示范村”“生态村庄”“森林城镇”也如雨后春笋般迅速涌现。目前，全市共建成省级绿化示范村70个、市级绿化示范村452个。

森林城市不是简单地把树木栽到城市里，而是让森林在市民心中扎根，全面参与，共建共享。

经随机抽样调查，市民对创建森林城市知晓率达到95%，支持率达到91%，从“部门创森”到“全民参与”的转变，形成政府、部门和全社会投入林业、创建森林城市的良好机制，全市上下形成了“植绿、护绿、爱绿、兴绿”的良好创森氛围。

千畴绿色万轴画，远近高低各不同。丽水人正张开臂膀，拥抱森林，拥抱绿色。

浙江龙泉
全力打造城市森林
“城市越绿，生活越幸福”

《人民日报》　翁伟丽
2011 年 6 月 16 日

盛夏时节，漫步在龙泉的大街小巷，一阵阵绿的气息扑面而来。这是龙泉市不断推进城市森林建设带来的变化。目前，龙泉森林覆盖率高达84.2%，生态环境质量状况指数高达99.7，并先后荣获全国造林绿化先进县、全国生态建设示范县、全国农村林业改革发展试验示范基地等荣誉。

龙泉城镶嵌在浙西南秀丽的崇山峻岭中，是瓯江这条玉带串起的一座美丽山城。近年来，龙泉市坚定不移地实施“生态立市、工业强市、旅游兴市”的发展战略，按照“城乡一体，统筹发展”的总体要求，全力打造“城在山中、林在城中、居在绿中、人在景中”的现代化城市森林。

宣传深入人心——城市森林建设事半功倍

龙泉市于2006年加快建设城市森林，并成立了以市长为组长，相关职能部门主要领导为成员的领导小组，同时由市委宣传部、人大农资环工委、政协经济委、林业局等七家单位联合成立“龙泉市关注森林组织委员会和执行委员会”，切实加强对城市森林建设工作的领导。

人民群众是城市森林和良好生态的直接受益者，只有他们成为城市森林建设的主体，城市森林才有持久的生命力。龙泉利用广播、电视、宣传车、横幅、展板、简报、万人签名等多种形式，贯穿全年宣传城市森林建设活动。在九姑山公园、棋盘山和林科所建立生态科普教育基地，坚持举办野生动物保护宣传月、爱鸟周等形式多样的生态科普宣传活动，加强城市森林科普知识教育。随机调查访问显示，龙泉市民对城市森林建设工作的知晓率和支持率分别达到95%和92%。

唯有宣传深入人心，才能事半功倍。“让森林与城市融为一体，人与自然和谐相处”成为龙泉广大市民的共同心声，爱绿、护绿成为广大龙泉百姓的自觉行动。在龙泉，流传着一段拯救千年古樟的佳话。2007年，丽水市景宁畲族自治县修建水库，一批移民迁往龙泉，库区内有一株千年古樟将被淹没。古樟见证了移民们生活的历史变迁，移民们视古樟为精神寄托，无限依恋。得知这一情况后，龙泉市开展了一场千年古樟拯救大行动，聘请高等院校专家学者及相关技术人员，克服重重困难，将古樟在龙泉移植成活。景宁移民深情地说，龙泉不但为我们提供了物质保障，更为我们营造了宝贵的精神家园，我们为自己家乡建设做出了牺牲，也要为龙泉建设城市森林做出应有的贡献。

领导重视，上级支持，市民关注，林业生态建设在龙泉如一张铺展的绿色网络，由城市向乡村扩展，由道路向山谷延伸。

城乡统筹联动——基本实现森林拥抱龙泉

森林是一个城市品位的重要体现。龙泉市将城市森林建设作为城市生态建设的重要内容，摒弃森林围城的绿化建设理念，坚持森林进城，建设近自然的森林生态系统。通过“一轴、三山、十四园”（“一轴”即瓯江及沿江水土涵养林所构成的生态景观轴，“三山”即棋盘山、九姑山、凤凰山，“十四园”即以留槎洲水上公园为代表的十四座市区公园群）的城市森林结构体系建设和一系列城市绿化工程实施，城区内现有森林覆盖率从2006年的70.2%提高到现在的74.8%，绿地率从30.9%提高到36.4%，基本实现了“让龙泉融入森林，让森林拥抱龙泉”的目标。

在城市森林建设进程中，龙泉坚持城乡统筹，城乡联动，全面推进乡村绿化，建设以“三沿（沿路、沿江、沿景地带）”景观林、绿化示范村（镇）建设为主的城乡一体化森林生态网络体系。龙泉市出台相关扶持政策，给予省级、丽水市级绿化示范乡镇1万元以奖代补资金，给予绿化示范村5000元以奖代补资金，并为绿化示范村提供免费规划设计，并赠送不少于1.5万元的绿化苗木。目前，龙泉市乡村绿化面积从2004年60万亩增加到2009年的76万亩，农田林网控制率达97%。

全民参与建设——生态建设成功经验所在

龙泉市创新社会参与机制，提高群众参与城市森林建设的积极性和主动性，使城市森林建设工作真正与百姓生活紧密融合。龙泉全面开展义务植树大行动，实行基地化管理制度和一人一卡登记制度，并确定每年新年上班第一天和新春上班第一天为全民植树日，全民义务植树尽责率达84.6%，义务植树登记卡建卡率为46.4%。同时，通过组织开展“冬季绿化大行动”“绿城大行动”“春绿大行动”“市树评选活动”等一系列活动，不断增强公民爱绿、增绿、护绿意识，形成了全民参与城市森林建设的长效机制。

百姓参与城市森林发展与生态建设的热忱是龙泉生态建设走在全国前列的重要成功经验。在岩樟乡流坑村，流传着这么一个动人的故事。随着生态逐年好转，山中野生动物越来越多。国家二级保护动物猕猴是一种可爱又顽皮的精灵，由于村民的呵护，胆子越来越大，经常到村边觅食，糟蹋了不少村民种植的果树和粮食作物。一开始，村民对猕猴吓唬驱赶还有效，后来猕猴对村民的举动置若罔闻，无论白天黑夜，照抢不误，最多时可见上百只猕猴结队来摘食水果。无奈的村民为了保护猕猴不受伤害，只好忍痛放弃自己的劳动果实，任由猕猴食用。这种令人感动的生态意识，强力支撑起龙泉建设城市森林的一系列活动，同时广大人民群众也充分体验着森林为民的幸福。

换回绿色回报——城市森林让生活更美好

城市森林建设让生活更加美好。龙泉因为森林而美丽。无论行走在街市还是乡村，无论徜徉在河边还是奔驰在路上，这样的美丽无处不在。

如今的龙泉，城在林中建，人在绿中行，足不出户闻花香，漫步街头赏美景。“现在的龙泉越来越美了，公园、广场郁郁葱葱，呼吸的空气清新宜人，我们的城市越来越绿，我们的生活也越来越幸福了！”在龙泉生活了几十年的张先生，每次晨练时都会发出由衷的赞叹。

龙泉的绿色付出，换来了不菲的绿色回报。通过城市森林建设活动的深入推进，龙泉市城市森林生态网络体系不断健全，生态环境得到明显改善，龙泉人民的绿色幸福指数不断提升。监测数据显示，龙泉市城市日空气质量达到国家二级标准以上天数为358天，占全年天数比例为98%；空气负离子平均浓度达到4860个/立方厘米；饮用水水源水质达标率100%；森林间接减排和缓解城市热岛、浑浊效应等效果日益显著，龙泉市环境空气质量总体水平在浙江省名列前茅。

合肥：一座正在崛起的“国家森林城市”

《合肥日报》　梁昌军　王永亮

2013年12月26日

环城翡翠项链、城西森林公园、环湖生态大道……绿色乃是合肥这座大湖名城的响亮名片。早在1992年，合肥就与北京、珠海同获首批“国家园林城市”。2013年，是全省千万亩森林增长工程的开局之年，也是合肥创建国家森林城市的关键之年，合肥全市倾力完成农村植树造林36.04万亩，不仅进一步夯实了大湖名城、创新高地的生态基础，也一举为创建国家森林城市奠定了绿化基础。从绿化标准上看，合肥已然迈进“国家森林城市”的行列。

打造环巢湖最美生态景区

肥西县严店乡莲花圩，地处巢湖西岸，隔派河与包河区牛角大圩相望。环巢湖大道全线贯通后，这里到滨湖新区只要10分钟车程。隆冬时节，记者日前走进这里，只见夏日里疯长的芦苇已经枯黄，凋残中透露一种荒芜。不过，这种景象很快将得以改变。

“很快就要搬走了，村里、乡里的干部来做了很多次工作，但总想待到最后，毕竟住了很多年。”63岁的村民胡召梅说。这片紧邻巢湖的土地，未来将成为合肥环巢湖旅游带上的一颗重要明珠。在近日公布的《肥西旅游总体规划》初稿中，荷叶地所在的地块，将建设成为派河湿地公园。

不仅如此，根据《肥西旅游总体规划》初稿，未来该县在巢湖西岸的严店、三河两镇，将从北向南布局派河湿地公园、世界园博园、乐活天堂景区、孤山景区、百塘源生态湿地公园、三河古镇等多个景区，形成沿巢湖风情滨湖生态旅游带，成为肥西三大特色旅游带之一。

其实不仅肥西，整个环巢湖旅游，在未来的建设中，都将和环巢湖生态示范区相匹配，在旅游开发中突出生态理念。在《合肥环巢湖旅游总体发展规划》中，更是明确将其建设成为国家生态旅游示范区的目标。

2013年，在环巢湖旅游项目建设中，合肥市建成开放的滨湖湿地森林公园二期、牛角大圩生态旅游示范区，整治提升的白马山、四顶山，积极建设的姥山岛、三岔河湿地等，不少都是生态旅游项目。可以相信，未来的环巢湖必将是一个以生态优美为基础，荟萃历史人物的生态旅游景区。

植树造林“合肥模式”获高度肯定

把环巢湖建设成为一个国家级生态旅游示范区，是合肥生态文明建设的重要组成部分和缩影。2013年，合肥在建设生态文明城市的历程中，紧抓生态建设之根本，牢牢把植树造林作为一项重要的中心工作，狠抓不懈。

肥东县众兴乡，地处合肥和肥东县城店埠近郊、肥东县的“大水缸”——众兴水库之畔。一直以来，该乡坚持开展林业招商，组织专门的招商小组、服务小组，热忱服务企业。对每一个有意到众兴乡投资造林的企业家，提供优质、高效的后期服务。2013年，该乡成功引进7家绿化企业入驻，签订造林流转土地3500亩。

类似于此，这样以明晰产权为核心，运用市场手段调动企业、大户、村民的参与积极性，通过招商引资，推动植树造林快速发展的例子，在合肥已经屡见不鲜。2013年，合肥继续狠抓招商兴林，提高植树造林的集约化经营、规模化生产和产业化发展水平，共招商落实462家企业、大户，造林面积29.5万亩、投资额54亿元。

挥动市场之手，吸引企业参与，合肥的植树造林如虎添翼，跨越前行。统计显示，今年，全市共完成农村造林36.04万亩，是2012年的148%，再创植树造林历史新纪录。7月22～24日，国家林业局在合肥召开全国林业厅局长会议，与会人员参观了合肥市造林绿化现场，对植树造林“合肥模式”纷纷给予高度肯定。

明年有望获批国家森林城市

2010年11月，市委、市政府做出建设森林合肥的重要决策，提出了“十二五”植树造林100万亩、创建国家森林城市的宏伟目标，这是合肥市历史上范围最广、规模最大、任务最艰巨、影响最深远的再造秀美山川、建设生态文明的造林绿化工程。

目标已定，合肥栉风沐雨，砥砺前行。2011年完成农村植树造林16.86万亩，相当于过去五年的总和；2012年更是达到了24.4万亩，再上了一个新的台阶；2013年，乘势再上，一举完成植树造林36.04万亩，创下历史新高。如果加上城区绿化，近三年全市累计完成造林绿化近80万亩，其规模之大、标准之高、效果之好、机制之新、发动之广泛、社会反映之良好，在合肥市植树造林史上前所未有。

天道酬勤。仅时隔三载，站在2013年的岁末，回首合肥当初设定的目标，如今均已目测可及。尤其是创建国家森林城市的冲刺线，已近在咫尺。目前，全市森林覆盖率已达28.58%，城区绿地率、绿化覆盖率、人均公园绿地分别达到40.3%、45.2%、12.8平方米。11月6日～9日，合肥迎来了国家森林城市专家组的实地核查验收。市林业和园林局相关负责人透露，国家森林城市的各项要求指标合肥市基本达到，专家组对合肥市森林城市建设给予了充分肯定，有望明年获批国家森林城市。

当前，合肥历史上影响最深远的再造秀美山川、建设生态文明的造林绿化工程，正在恢弘展开，豪迈铺陈。以创建国家森林城市为目标，以我省“千万亩森林增长工程”为契机，合肥正大力开展植树造林，强势推进森林增长，力争在2014年度完成农村植树造林24.5万亩，完成城区绿化面积1000万平方米，全力创建国家森林城市。

生态之城成为合肥最亮丽的名片

完成农村植树造林36.04万亩，基本达到国家森林城市的标准……站在

2013年的岁末，回首一年来合肥城市造林绿化取得的成绩，不免感慨，又是满载收获的一年！虽正值寒冬，但放眼望去，仍能看见成片的绿色。这是一座城的欣喜和幸福。

当前，合肥正在积极打造“大湖名城、创新高地”，而生态文明建设是其中的重要内容和组成部分。合肥以生态宜居为目标，大力推进生态文明建设，力争在打造“全国最美省会城市”上取得新突破。

为了建设更为美丽的家园，合肥提出了创建国家森林城市的生态建设目标。近年来，合肥紧紧盯住这一目标，大力开展植树造林，三年全市新增造林绿化总面积近80万亩，创造了合肥造林绿化的新奇迹。数字的背后，是一棵棵挺立的树苗屹立，一片片生机勃勃的绿色铺开，是越来越好的生态基础。生态，已成为合肥这座城市最亮丽的名片。

生态安庆，“创森”中绽放美丽

——聚焦安徽省安庆市创建国家森林城市

《中国绿色时报》 刘继广 石留喜 杨四清 崔小松

2014 年 7 月 24 日

安庆有名。

不仅是中国第一台蒸汽机、第一艘轮船、第一支枪和第一部电话机的诞生地，也是中国第一代领导人毛泽东主席一生中唯一视察的中学——安庆一中的所在地……

安庆“创森”更有名。

2010年，率先在安徽省打响“创森”第一枪，并将“让森林走进城市、让城市拥抱森林”的“创森”理念融入城市发展热潮、融入提升百姓的幸福指数、融入生态林业民生林业和谐共进、融入生态文明和美丽中国建设同频共振，让“创森”在安庆大地上生根、发芽、开花、结果，绽放了一个美丽的生命轮回。

好雨知时节，当春乃发生。“创森”宛如一场特别邀约的春雨，一夜之间，在宜城这片土地上，催生出了片片新绿。

高位推动凝聚合力

同心“创森”，不仅是安庆市委、市政府的共识，也是620万安庆人民的共识。

安庆市林业局的同志告诉《中国绿色时报》记者这样一个故事：去年一个部门负责皖江大道绿化的提档升级工作，由于气候原因，皖江大道少数栾树出现了死亡。看到这种情况，市长立即召开会议，要求有关部门在晚上车辆较少的时候，抓紧进行树木补植。如今的皖江大道，绿意盎然，生机勃勃。

为了“创森”，安庆市委、市政府堪称舍得。

一个知名房地产商相中了安庆市东部新城一处面积200多亩的黄金地段，准备进行房地产开发。如果开发房地产，每亩按照500万元计算，光拍卖地块市财政就将增收近10亿元。这对于经济尚欠发达的安庆市来说，无异于天上掉下来的“馅饼”。但是，为了“创森”，为了给老百姓营造一个良好的生活环境，安庆市委、市政府还是忍痛割爱，硬是拍板将这块“黄金地”建成了安庆市“创森”规划的39个市民游园之一。

高位推进换来生态巨变：“创森”4年，安庆全市共完成建成区绿化面积1253公顷、环城林带640公顷，新增城镇绿化达标59个，新增村庄绿化达标260个；完成道路、河流等绿色长廊建设1056公里；新建、改建农田林网折合造林面积1748公顷，完成植被恢复440公顷，森林提质5.5万公顷，完成退耕还林、血防林、长防林等林业重点工程造林4.1万公顷，完成速丰林、经果林、花卉苗木等各类产业基地造林3.5万公顷，总投入40多亿元。

2013年年底，安庆市顺利通过国家林业局核验组的预验收，国家森林城市40项指标均达到或超过国家标准，这是安庆合力“创森”的最好佐证。

城市增绿风生水起

城市绿化如何做？敢为人先的安庆市提出一个响亮的口号：绿化不仅要增量，而且要提质！

按照“生态、精品、魅力”的城市绿化要求，安庆市以加快大型公园绿地建设为突破口，以街道绿化为纽带，以单位庭院为网络，从2011年开始，每年平均投入资金2.5亿元，用于道路绿化提升和公园绿地建设等。

尤其是今年，全市以百万亩森林增长提质工程为抓手，完成人工造林面积24.6万亩，占任务的142.11%，全面提升城市森林绿量。同时，以安徽省委、省政府提出的“三线三边”（铁路沿线、公路沿线、江河沿线及城市周边、省际周边、景区周边）绿化提升为推手，推进“创森”向深层次宽领域迈进。目前，已完成线路绿化里程99.5公里，补植株数22.57万株，林带建设面积8212亩，三边新造林42193亩，均分别占年度任务（省林业厅下达）的200%以上。太湖县创建省级森林城市，通过规划评审已进入主体工程完善阶段；10个省级森林城镇、88个省级森林村庄已基本完成主体配套绿化工程建设；完成省级森林长廊示范段建设115公里。

尤为重要的是，金秋10月安庆市即将举办安徽省第十三届全省运动会，极大地巩固了安庆“创森”成果。结合全运会的举办，安庆市不仅对全市的城市绿化进行了提档升级，而且加快了体育场馆的绿化美化步伐，使体育中心绿化与道路绿植加密、游园建设、政务新区绿化共同构成今年安庆“创森”四道靓丽的风景线。

如今的安庆市，“城在林中，林在城中”，街道、小区加密补植，把城市打造成绿色的海洋。小游园、小憩园建设更加方便了市民的健身和休闲，森林城市和谐美景尽收眼底。

绿色廊道亮点纷呈

安庆不富，七县一市中太湖、岳西、潜山等县地处大别山深山区，同时也是国家级贫困县，全市年财政收入不足200亿元。

然而，即使经济再不发达，安庆对生态建设和绿化的投入却是大手笔。据不完全统计，今年全市仅24条道路绿化提档升级，市财政就从并不宽裕的财政收入中挤出了1.6亿元资金支持道路绿化建设。

其实，安庆的绿色廊道建设早就已经起步。早在世纪之初，安庆市就做出《关于建设绿色长廊工程的决定》。近几年，安庆市结合“创森”工作，以高速公路、国省道以及江河渠道为重点，大力实施绿色廊道工程，形成了林带环绕、林网交织、纵横延伸的通道绿化格局。截至2013年年底，全市共完成通道绿化2683公里。合安高速公路、沪蓉高速公路安庆段，建设起点高，单侧绿化宽度达20～50米。省道安九路、铜枞路的意杨高大挺拔，单侧绿化宽度达5～20米。桐城市金嬉路通过招商已建成3200亩高质量的绿色长廊，宽度在100米。宿松县、望江县、枞阳县在江堤两侧已建成长江防护林140公里，不仅有效地防浪固堤，同时宛若一条绿色的飘带镶嵌在长江之滨，美不胜收。

在绿色廊道建设中，安庆市一个十分突出的特点就是创新观念和模式。

在合安高速宜秀段，记者看到这样一幅景象：高速路两边宽50米到上百米的范围内种植的都是银杏、桂花、红叶石楠等绿化大苗。这是绿廊还是苗圃？

安庆市绿化办主任石留喜告诉记者说这既是绿廊，也是苗圃。为了提高苗木大户的积极性，解除他们的后顾之忧，同时又极大地提速绿色廊道建设，安庆市政府部门大胆创新求变，通过租赁的方式将高速路两边的土地租赁过来，然后交给苗木大户承包经营苗木，前8年的地租全部由政府埋单，后12年的地租由承包大户承担。这样既绿化了廊道，又产生了苗木收益。仅宜秀一个区，市林业局每年就要为造林大户承担地租近80万元。

观念和模式的创新，带来了绿色廊道建设的快速发展。如今的安庆市，高速公路、国省道、县乡公路，绿树成荫，取得了“有路必有树，两侧树成荫”的建设成效。

生态民生互促共进

对于经济欠发达的安庆来说，“创森”的着力点在哪里？

安庆市林业局局长邓根和说：“必须依托‘创森’大力发展林业产业，实现兴林富民，使广大百姓充分享受‘创森’成果。”

在桐城市范岗镇樟枫村的安徽省永椿园林绿化有限公司的苗木花卉基地上记者看到，方圆几里地的连片山头上，种植都是各种各样的名贵苗木花卉，特别是名优桂花金球桂、朱砂桂、早黄、天香台阁长势喜人，一个现代化的生态庄园雏形粗具。目前，公司注册资金达3200万元，吸纳周边群众务工达40人，仅用一年半时间就完成整地造林3800亩。公司以“公司+农户”的永椿林木种植专业合作社，努力增加社员的收入，带动周边群众就业，为美化环境、改善生态、构建和谐的绿色空间做出应有的贡献。

太湖县地处大别山区，属于国家级贫困县，在推进“创森”工程中，大力发展毛竹、油茶产业，实现“创森”与富民双赢。

为了推进毛竹产业发展，2013年12月4日至2014年1月4日，太湖县县长程志翔利用一个月节假日的时间，带领林业、农业、财政、水利、扶贫办等部门的同志，逐个乡镇调研落实毛竹发展情况，夯实毛竹基地建设基础。

今年太湖县政府下达11个乡镇竹类基地造林任务1.22万亩，实际完成1.72万余亩，超计划41.5%。2009以来，全县完成油茶造林10.9万亩，改造油茶低产林1万亩，全县现有油茶面积达到16.97万亩；建设精油加工厂2个，2013年油茶籽产量1500吨，加工精油220吨，产值达3500万元。

依托“创森”大力发展林业产业，推动安庆林业经济快速发展，实现农民增收致富。目前，安庆市已建成原料林基地143万亩，板栗基地30万亩，毛竹基地28万亩，杨树基地60万亩，油茶基地45万亩，花卉苗木基地20万亩，涌现出“山里郎”“金天柱”“龙眠山”“岳西翠兰”等一大批绿色知名品牌。2012年森林生态旅游接待游客234万人次，产值近15亿元。天柱山国家森林公园已成为国家五A级风景名胜区。2013年，安庆市林业产值突破百亿元大关，达到196.2亿元。

如果说依托“创森”发展林业产业让安庆老百姓的钱袋子“鼓起来”了，那么依托“创森”建设美好乡村又让百姓的生活“美起来”了。

桐城市金神镇玉嘴村将“创森”和美好乡村建设进行紧密结合，以“生态宜居村庄美，兴业富民生活美，文明和谐乡风美”为主要内容，全面推进美好乡村建设，取得显著成效。如今走进玉嘴村，这里树木葱茏，芳草萋萋，鸟语花香，水声潺潺，偶有参天古树点缀其间，社会主义新农村照进了发展现实。

让620万人民享受到实实在在的“红利”，这就是安庆“创森”魅力之所在！。

这是一组振奋人心的数据：2013年，安庆全市森林覆盖率达37.99%，比2010年提高了1.8个百分点；城市建成区绿化率40.9%，比2010年增加1.93个百分点；城区人均公园绿地达到11.93平方米，比2010年增加2.23平方米。如今的安庆，在全市范围内，无论是山丘，还是圩畈，无论是道路，还是河渠，城乡绿化面貌都发生了显著变化，这些不仅为广大市民带来视觉上的享受，更使人民群众幸福指数和满意度上升到一个新的高度。

赤诚化作千山绿，汗水浇开万花妍。安庆“创森”，创建的是品牌，弹奏的是一曲永不落幕的绿色旋律……

安徽省池州市
创建国家森林城市纪实

《中国绿色时报》　潘春芳

2012年8月2日

圣境九华山，千载杏花村，浩荡长江水，魅力生态城。

池州，我国第一个生态经济示范区，中国优秀旅游城市和安徽省历史文化名城。

“池州非常美，有河有湖，有山有水，生态环境很好，干部群众的精神面貌也很好。”2010年4月10日，国务院总理温家宝在池州视察时发出由衷赞叹。

北临长江，南接黄山，西望庐山，东应长三角。九华山、牯牛降、升金湖、杏花村，像一颗颗五颜六色的璀璨明珠，装点着这片生机勃勃的大地。“生态是池州生存发展的最大优势与资本。”国家林业局局长赵树丛这样评价池州。

2011年7月，池州市正式向国家林业局提出创建国家森林城市的申请；10月，一场催人奋进的动员会吹响了池州“创森”的号角，由市委书记和市长亲自挂帅的国家森林城市创建指挥部应运而生。

挖掘自身潜质　紧锣密鼓推进

“创森”，对于池州来说，绝不是一时的心血来潮。

池州8272平方公里的土地上，林地面积达803.6万亩，森林覆盖率达57.14%，湿地面积占全市国土面积的26%。依据2009年评估结果，池州林业生态系统服务总价值561.35亿元，是当年全市GDP的2.29倍。

“池州有基础，有条件，也完全有可能实现国家森林城市这个目标。”池州市委书记陈强对此充满信心。

长期以来，池州始终坚持“生态立市”发展战略不动摇。从最初的“既要金山银山，也要绿水青山”到“以青山绿水为本，走可持续发展之路”，从打“生态牌、九华牌、长江牌”到“生态立市、工业强市、旅游兴市、商贸活市、文化名市”，从“开发沿江一线，保护腹地一片”到“生态文明建设领先”，池州市的发展思路越来越清晰，发展理念越来越鲜明。

在市委、市政府的高位推动下，池州市的“创森”工作很快得到全市人民的拥护。《关于创建国家森林城市的决定》《关于加快推进生态文明建设的决定》等一系列文件相继出台，《池州市城市森林建设总体规划》也在去年年底顺利通过专家评审。各县、区、管委会和市直10多个政府部门也迅速行动，成立机构，落实责任，各司其职，各尽其责，掀起了新一轮造林绿化与生态建设热潮。

不惜重金投入　打造池州特色

说干就干。一年多来，池州市累计投入12亿元，扎实推进“创森”规划中的171项重点工程，新增绿化面积600多万平方米，新建花卉苗木基地5万亩，栽植乔、灌木500多万株，城市绿地面积达到2499万平方米。其中，主城区、县城区、中心集镇和村庄建成精品工程70余处，绿化覆盖率达到47.9%，净增2.3个百分点；绿化道路300多公里，人工造林30多万亩，封山育林100多万亩，恢复废弃矿山5处，一座座绿洲相继建成。

千载诗人地，池州杏花村。唐代诗人杜牧笔下“十里烟村一色红”的杏花村，始终是池州人心中挥之不去的一个梦。如今，这个魂牵几代人的梦想，正借着“创森”的东风落地生根。北接老城区、东临平天湖、西滨秋浦河、南含天生湖，一幅水陆面积35平方公里的国家5A级旅游景区的蓝图已经徐徐铺开。目前，起步区436亩杏花基地项目已经完工，2万余株杏树风姿绰绰。“一河秋浦水、十里杏花园、百家香酒肆、千载诗人地”的佳境将指日可待。

富饶的水资源赋予池州无限神韵。162公里长江黄金岸线沿城而过，11条河流纵横交错，15个大中型湖泊和377座中小型水库星罗棋布。“创森”以来，池州市全力打造沿河、沿湖生态景观，先后建成和完善百荷公园北园、齐山—平天湖风景区、主城区湿地森林公园、南湖湿地群岛等景点，优美的山水风光和丰富的人文景观串连成一片，“滨江环湖、依山绕水”的独特城市自然景观格局已经形成，数不清的大小游园珍珠般点缀在池州的大街小巷。荷叶田田、水好鱼美、景如画卷的江南水乡风貌随处可见。

做靓池州品牌　擦亮池州名片

以“创森”为抓手，佛教圣地九华山、“中国鹤乡”升金湖、“华东地区动植物基因库”牯牛降等11个国家级、省级自然保护区、森林和湿地公园进一步加大资源保护力度，全面加强森林防火、古树名木保护、野生动植物保护、有害生物防控、林地保护和水源保护等工作。

就拿古树名木保护来说，九华山共有百年以上的古树442株，池州每年仅在具有1400多年历史的“凤凰松”身上就投入10多万元，“凤凰松”的专职保镖不仅要全天看护，还要每天记录、定期拍照，光它周围安置的3枚避雷针就价值50万元。一到冬天，工作人员还要在古树周围搭架子防止积雪压损。除此之外，来自北京市园林绿化局和安徽农业大学的5名不同门类的专家每年还要为古树开展一次“专家会诊”，就连树体修补用的有些材料都是航空专用密封胶……说起山上的古树名木，九华山风景区农村工作局局长马生福就像在述说自己功成名就的孩子。

享有“中国鹤乡”美誉的升金湖早在1986年就被列为国家重点水禽自然保护区，1988年被编入《亚洲重要湿地名录》。升金湖是白头鹤、东方白鹳等6种国家一级重点保护动物和白枕鹤、小天鹅等23种国家二级保护动物的重要栖息地，每年冬季，170多种、8万多只候鸟纷至沓来。

眼下这个季节，保护区的工作人员正在日夜巡护，保护水生生物，劝阻捞取螺丝、芡实、菱角菜的行为，确保候鸟大规模迁来时食物充足。这项工作他们已经整整坚持了26年。

“创森”成果初现　成就见证实力

通过一揽子工程，“一核四区多点”健康稳定的城市森林基质、和谐的森林生态保护体系、发达的林业产业体系、特色繁荣的森林文化体系和高效的城市森林支撑体系基本形成。西北沿江洲圩复合生态区、中部丘陵复合生态区和东南部山地复合生态区形成三足鼎立之势，生态林业、生态农业和生态旅游协调发展。生态林、商品林、景观林合理布局，既美化了环境，保护了生态，又促进了林区经济繁荣发展。各类自然保护区、生态公益林和生态兼用材林优势互补，既形成固不可摧的生态屏障，又形成发展林业经济的重要保障；各类自然保护区、森林公园、湿地公园、城市公园和村镇防护林等生态建设带交相辉映，成为人们休闲娱乐的好去处。可以说，“创森”为以九华山为“龙头”、杏花村为“龙身”、各地乡村旅游为“龙尾”的池州市旅游业注入了新的活力。

“全省万里绿色长廊二期工程一等奖”“全省绿色长廊工程建设精品路段”“全国绿化模范县”“安徽省绿化模范县”、秋浦河源国家湿地公园获批、平天湖国家湿地公园获批……每一次收获都是对池州绿色足迹的直接见证，也是对池州人民创建国家森林城市的极大鼓舞。

截至2011年年底，池州森林覆盖率高达57.14%，林业产值达70.2亿元，建成区绿化覆盖率达到46%，人均公共绿地面积超过16平方米，林业生态系统服务总价值达561.35亿元，人均享受“生态福利”达3.5万元。

发展绿色产业　追求绿色经济

作为皖江城市带中的一个重要节点，池州在中西部承接产业转移中具有重要的战略地位。如何在建设森林城市的同时保证经济平稳快速增长？

池州市委书记陈强的答案是：“选择与生态环境相适应的产业发展模式，发展具有生态特色的城乡建设模式，形成具有长远观点的生态保护与修复的机制。”

正威半导体有限公司是池州市去年引进的位居中国500强的高新技术企业。该企业负责人告诉《中国绿色时报》记者："之所以选择池州，一方面是因为半导体材料硅的加工过程对空气洁净度要求非常苛刻，通过对多个城市的综合比较，池州的生态环境和空气质量最好；另一方面，公司有很多从德国、新加坡等地引进的高科技人才，员工们更看重城市的环境质量和食品安全问题，而池州是整个长三角、珠三角地区的首选。"

除了引进一批环境友好型企业，池州也非常注重培育一批涉林企业。目前，池州已有63家国家省市级龙头涉林企业，其中3家年产值亿元以上，14家年产值千万元以上。天方茶叶、西山焦枣、历山佛桃、山野茶油等一大批国家级和省级名优品牌如雨后春笋般涌现。

池州市林业局局长汪力告诉记者："我们将按照城乡一体化发展要求，城乡同步，全面推进森林城市创建工作，在"广""深""精"上下足功夫。进一步拓展绿化空间，扩大绿化规模，努力在安徽省实施的千万亩森林增长计划中，勇挑重担、率先而为，着力提高森林资源质量，做到林业产业生态化、生态建设产业化，产业、经济、绿色同步发展。确保城乡绿化工程项目建设中见精品、出亮点、显特色。"

创建国家森林城市
厦门交出靓丽成绩单

《厦门时报》　殷　磊

2013 年 8 月 31 日

编者按

如果说楼宇桥梁勾勒出城市的繁华，那么，郁郁葱葱的森林，则代表着一座城市的内涵与品位。市创森办提供的数据显示，经过全市上下三年多的共同努力，厦门各项创建指标均已达到“国家森林城市”的要求。创建“国家森林城市”，厦门吹响了最后的冲锋号。

今年，市委、市政府为实施“美丽厦门”发展战略，提出“两个百年”的发展愿景：在建党100周年时建成美丽中国的典范城市、在新中国成立100周年时建成展示中国梦的样板城市。今天的厦门大地，在绿色的掩映下尽显生机和活力，山清、水秀、天蓝、岸绿、村美，不远的将来，呈现给世人的必然是一个生态环境更加秀美的“海上花园”。

40项指标

截至2012年年底，“国家森林城市”40项评价指标，厦门市均已达标。其中，森林覆盖率达到42.8%，城区绿化覆盖率为41.76%，城区人均公园绿地面积11.38平方米，全市建有分布相对均匀的各类公园绿地366处，各级各类公园88个（其中森林公园7个），在城区步行500米有休闲绿地、步行15分钟可到一个公园。

三大工程

厦门市森林城市建设的重点工程，包括以保障生态安全为主的森林生态建设工程、以凸显闽台地域文化为主的生态文化工程，以强化闽台合作为主的绿色产业发展工程三大工程，涉及岛内绿色福利空间提升、岛外新城绿色基础设施建设、绿色村镇建设、生态风景林与林分改造、绿色通道建设、溪流两岸景观林建设等18个专项。

台海网（微博）8月31日讯据厦门日报报道（记者殷磊　通讯员 蔡干强）如今的厦门，每一寸肌肤都被绿色浸润，水碧山青入画屏：林木葱翠，蜿蜒山川；园林景点娇色怒放，花团锦簇；绿道林网交织阡陌，经纬纵横……在厦门这块版图上，绿色的摹绘始终没有停笔，画风充满了磅礴的气势，又不失精致细腻。

“让森林走进城市，让城市拥抱森林”。2010年厦门吹响了创建“国家森林城市”的集结号，但是早在2000年，厦门市就率先在全国提出厦门林业走生态型、景观型、科技型的城市林业发展道路，通过实施生态风景林、沿海防护林、绿色通道、绿色海岸、城区园林等工程，初步实现了传统林业向现代林业、山地林业向城市林业的转变；同时，通过推进森林城市建设，积极改善人居环境，促进人与自然和谐相处，致力于提高人民的生活品质。

厦门市于2009年提出创建国家森林城市的工作目标，2010年3月，国家林业局正式批准厦门进入创建行列，厦门市创建国家森林城市工作在全省率先全面展开。3年多来，厦门以创建“国家森林城市”为契机，以“海西森林城市，温馨宜居厦门”建设理念为引领，以建设森林和树木为主体，城乡一体、稳定健康的城市森林生态系统和美丽厦门为目标，结合“创森三大主题工程”“四绿”工程建设、全民义务植树活动等，大力推进城乡绿化统筹发展，初步形成了城市与森林和谐发展、人与自然和谐相处的良好局面。

截至2012年年底，“国家森林城市”40项评价指标，厦门市均已达标。其中，森林覆盖率达到42.8%，城区绿化覆盖率为41.76%，城区人均公园绿地面积11.38平方米，全市建有分布相对均匀的各类公园绿地366处，各级各类公园88个（其中森林公园7个），在城区步行500米有休闲绿地、步行15分钟可到一个公园。

厦门市森林城市建设的重点工程，包括以保障生态安全为主的森林生态建设工程、以凸显闽台地域文化为主的生态文化工程，以强化闽台合作为主的绿色产业发展工程三大工程，涉及岛内绿色福利空间提升、岛外新城绿色基础设施建设、绿色村镇建设、生态风景林与林分改造、绿色通道建设、溪流两岸景观林建设等18个专项。

森林生态建设工程——大手笔“泼”绿让城市更宜居

厦门人对城市的深深眷恋、外地人对厦门人的艳羡，很大一部分要落在森林城市的环境上。

创建国家森林城市以来，按照“一心两带五湾多点”的森林城市规划框架格局，厦门努力构建点、线、面相结合的山、海、岛、城集于一体的城市森林网络，实现了四季有花、终年常绿、环境优美的宜居城市建设目标。自创建以来，全市新造林面积4822.13公顷，平均每年完成新造林面积占市域面积的1.03%。

大手笔“泼”绿的背后，我们看到一条贯穿全局的理念，那就是造林绿化是一项普惠的公共福利工程，是重要的民生工程、民心工程。公园、绿地、森林是拓展城市宜居空间，提升市民幸福指数的重要载体和依托。

生态文化工程——进一步弘扬闽南文化

文化是城市的灵魂，也是城市最大的特色。创建国家森林城市工作开展以来，厦门在造林绿化过程中，没有一味追求数字的增长，而是充分地遵循地域文化和多元文化相结合的内在规律，以人为本，融旧合新，使“绿色”成为塑造城市精神的重要载体，进一步弘扬了闽南文化，增强了市民的生态文明意识，更让厦门实现城市生态景观的创意性再造。

三年多来，厦门市将森林建设与闽南历史文化相结合，形成了环岛路滨海生态文化走廊、万石山生态园林文化科普教育园区、金光湖森林文化教育园区、五缘湾湿地公园、小嶝岛生态文化拓展区、闽南生态文化主题社区以及以山边村、马塘村为代表的生态文化示范新村和以吕塘村为代表古厝、风水林生态文化村等一大批各具特色的生态文化基地。

绿色产业发展工程——形成城市森林旅游格局

创建工作开展三年来，厦门市闽台合作绿色产业蓬勃发展。厦门市结合农村产业结构调整，注重闽台合作，全面加强了与台湾在乐活林业、特色水果、种苗花卉等方面的交流合作，大力发展闽台特色的绿色产业。以森林旅游、山地运动、休闲娱乐为主题，以生态、阳光、健康、民俗为特色，完善和建设了一批森林公园或游憩公园，如天竺山、金光湖、北辰山、五缘湾、园博苑等，大力发展森林生态休闲产业，形成“城乡互动、农林水结合”的城市森林旅游格局。

亮点——三年造林4800多公顷

站在汀溪水库大坝上，放眼望去，四面青山环碧水，景色让人心旷神怡。近年来，厦门市把水土流失治理与水源地生态风景林建设有机结合起来，不仅水源保护区的水土保持工作成绩卓著，还形成林水相依、山水辉映的滨水绿地和防护林带生态系统。截至2012年年底，全市山地森林面积63419.08公顷，城市重要水源地森林覆盖率87.1%。目前，全市山林郁郁葱葱，为人民的安居乐业营造出厚重的生态绿色屏障。

作为一项普惠民生的公共福利事业，厦门市在造林绿化建设的资金投入上逐年增多。近三年全市造林绿化仅市、区两级财政直接投资就达到30多亿。市委、市政府明确，今后全市各级各方面每年用于造林绿化的资金不少于10亿元，其中市级财政资金主要用于全市性的综合公园、绿色廊道、大型生态绿化防护林带等基础项目建设。

公园15分钟步行可到

“在厦门拍婚纱摄影，外景最好找也最难找”，这是一位影楼负责人的感慨，因为分布于城市各处的大小公园各具特色，让人难以取舍。

近年来，厦门市一直致力于建设总量适宜、分布合理、植物多样、景观优美的城市绿地系统，特别是为满足城市居民娱乐、健身的需要，不断拓展生态休闲空间。截至2012年年底，全市范围内建有分布相对均匀的各类公园绿地366处，总面积达3105公顷，其中各级各类公园88个（其中森林公园7座），面积2204公顷。自创建以来，全市新增园林绿地面积2020公顷，新增公园21个。目前全市各类公园分布均匀，城区实现“步行500米有休闲绿地、步行15分钟可到公园”的目标。与之配套四通八达的健康步道，构建起厦门的绿色慢行系统，满足本市居民日常游憩需求。

岛外农村凸显生态文化

走进海沧东孚镇山边村，可以看到，村道两侧绿意盎然，房前屋后三角梅吐艳，榕树休闲公园里老人们围坐树下闲话家常，古庙戏台被绿树鲜花妆扮得美轮美奂……

近年来，随着跨岛发展战略的全面推进，城乡绿化一体化的步伐不断加快，厦门市城市绿化建设的重心从岛内向岛外转移。特别是通过加大财政扶持，厦门集中建设了一批生态文化示范村。同安区垵炉村种植各种乔灌木1.7万多株、草坪1.2公顷、花苗圃0.25公顷，森林覆盖率49.2%，形成“环境优美、四季有花、全年常绿”的绿色村庄；翔安区茂林社区绿化覆盖率90%以上，居民绿化美化意识逐渐增强，基本实现了“条条道路有绿树、家家庭院有鲜花”的景观，形成人人倡导“绿色”、人人参与“绿色”、人人爱护环境的良好风气；翔安区吕塘村是古厝文化典型的村庄，是闽南戏曲文化的发祥地，结合历史悠久的古松柏林和闽南古厝，这里建成了别具特色的风水林生态文化村；翔安区马塘村将工业文明与生态文明巧妙结合，村庄环境优美，经济富裕，被称作“南方的华西村”，吸引了许许多多慕名而来的游客。

森林生态廊道基本形成—— 一卷卷长幅生态画轴，正在岛外徐徐打开。

创建三年来，厦门市的森林生态廊道基本形成。在森林、海湾、湿地、溪流、湖泊、陆地等生态区域之间，厦门建设起以乡土树种为主的、近自然生态型的、能满足厦门地区关键物种（如苏门羚、蟒蛇、穿山甲、棘胸蛙、虎纹蛙、林鸟等）迁徙利用的5条贯通性森林生态廊道。

此外，厦门市充分利用山地天然隔离屏障，把人工绿化带与天然绿色屏障紧密结合起来，形成完整的生态防护隔离林网，对建设温馨宜居城市、保证城市生态安全、减轻台风等自然灾害、缓解热岛效应、提升空气质量等生态社会效益，发挥了极其显著的作用。

森林旅游方兴未艾

近年来，厦门市大力发展森林旅游业，通过大力实施森林城市建设，以森林旅游、山地运动、休闲娱乐为主题，以生态、阳光、健康、民俗为特色，形成“城乡互动、农林水结合”的城市森林旅游格局。全市休闲农业与乡村旅游项目120多个，年接待人数460万人次。完善和建设了一批森林公园或游憩场所，位于海沧区的天竺山森林公园、海沧野生动物园、日月谷温泉度假村，位于同安区的金光湖景区森林人家、翠丰温泉度假村、五峰德安古堡，位于翔安区的小嶝休闲渔村、吕塘戏乡农家乐、茂林乡村旅游、古宅大峡谷生态运动休闲，位于集美区的灌口双龙潭生态运动公园、青龙寨果园等，突出了自然生态和闽南历史文化特色，体现了乡土气息。生态休闲旅游的发展已成为优化农业产业结构、发展高效生态农业的新亮点，繁荣农村经济、增加农民收入的新渠道，拓展旅游业的新途径。

全民参与　共同创建

近年来厦门在创建国家森林城市的过程中，探索出一种政府主导，企业、单位、个人全民参与的创建模式。在创建中，厦门市注重加强宣传教育，通过新闻媒体、建立“创建”网站、播放公益广告、设置宣传栏、组织万人签名活动、举办森林城市讲座、编发创森简报、组织全民义务植树等多种形式的宣传活动，提高群众对创建的支持率和满意率。

厦门市广泛动员社会各界力量，鼓励企业和个人参与造林绿化，建立多元化的投资新机制，形成全社会积极参与造林绿化的浓厚氛围。社会力量参与植绿护绿的方式更是多种多样：林木绿地认建认养、古树名木保护、社区绿地养护、绿化宣传、农村房前屋后植树、阳台绿化等。厦门市还开展“青年树”“巾帼林”“外来员工纪念林”“幸福林”等各种纪念林基地建设活动，定期开展“平价花市”和“树苗免费送市民”活动，调动广大群众参与创建的积极性。

自创建以来，全市共完成义务植树238万个工日，植树863.14万株，全民义务植树尽责率在95%以上。

大力传播生态科普知识

厦门高度重视生态科普工作，不仅大力建设各类生态科普场所，还广泛组织开展各种类型的生态科普活动，让市民、游客获取更多的生态知识，自觉形成爱绿、植绿、护绿的良好意识。

厦门市在森林公园、湿地公园、植物园、动物园、自然保护区的开放区等公众游憩地，均设有专门的科普小标识、科普宣传栏、科普馆等生态知识教育设施和场所，全市现有市级以上科普基地46个，其中国家级11个，省级22个。厦门每年还组织开展爱鸟周、国际海洋周、世界湿地日、世界环境日、世界水日、厦门凤凰花旅游节、三角梅旅游节、“畅享森林，狂欢部落”森林旅游节、园博苑灯光文化旅游节等市级生态科普活动。

新余：
阔步迈向国家森林城市

《江西日报》

2010 年 4 月 23 日

近年来，新余坚持“生态立市，绿色发展”战略，把创建国家森林城市作为实践科学发展观，构建和谐社会的重要途径，作为建设城市绿色文明，提升城市品位，促进人与自然和谐的重要载体，坚定不移地推进造林绿化。全市森林覆盖率达57.8%，建城区绿化覆盖率为47.56%，绿化率为46.32%，人均公共绿地面积达14.99平方米，初步形成了“森林围城、森林进城、森林兴城”的城市森林框架。先后获得国家园林城市、全国造林绿化十佳城市、全国城市环境综合整治优秀城市等称号。

造林工程引领生态建设

森林是人类的摇篮。新余市把森林建设作为生态建设的龙头工程A来抓，坚持高标准定位，高起点规划、高水准运作，着力构建完善的林业生态体系、产业体系和生态文化体系，努力打造城区园林化、郊区森林化、通道林荫化、农田林网化、乡村林果化、矿区植被化的城乡一体化绿化新格局。

高起点规划。在全省率先提出创建国家森林城市的目标，委托国家林业局中南规划院编制了《新余市城市森林建设总体规划》，确立了“城区绿岛、城郊林带、城外林网、城乡一体”的建设总体格局。在此基础上，修订编制了《新余市仰天岗森林公园旅游总体规划》《新余市仙女湖旅游分区概念规划》《新余市生物多样化保护规划》《新余市城市绿地系统规划》《新余市高速公路绿化规划》等，为城市绿化建设和植物多样性保护提供了强有力的依据。

高水准运作。按照“森林围城、森林进城、森林兴城”的发展理念，先后实施“退耕还林工程”“长防林工程”“生态公益林建设工程”“世行日元、欧元等外资造林工程”、造林绿化“一大四小”工程、“矿山植被复绿”“百万树木进村入户”等一系列重大工程。大工程、大项目带动城市森林建设大发展，城乡面貌发生深刻变化。全市自然村房前屋后、乡村小道、农田水系得到全面绿化；矿山裸露地得到了埴被恢复；全市境内的铁路、公路、河堤两侧绿化带形成了绿色景观长廊；农田林网面积、工业园区防护林面积不断增加。全省造林绿化“一大四小”工程建设现场会在新余召开，新余经验在全省推广。

绿色理念融入城市改造

新余以打造最适宜人居住、最适宜人创业的生态城市为目标，将绿色理念贯穿于城市建设和改造的始终，突出“显山、露水、透绿”的要求，加快城市森林建设步伐。

积极推进园林化小区建设。新余常年坚持开展园林化单位、小区评选活动，通过实施百万树木进城入院、拆墙透绿、草坪植乔、城区绿化改造等工程，不断拓展绿化空间，改善办公、居住、生活的环境质量和品位，涌现了一批省市级园林化单位、住宅小区。

加快景观大道建设和改造。通过新建和改造途径，加快城市道路绿化步伐，先后新建了新欣北大道、仙女湖大道、新城大道等一批道路绿化精品，改造了仙来大道、抱石大道、仰天岗大道等道路绿化，园林景观道路系统、城区绿色路网结构基本形成。投资上亿元改造的抱石大道是我省首条彩色沥青交通景观性大道。总投资2亿元改造的仙来大道，全长5.3公里，4万平方米的绿化面积，港湾式公交站台，充分体现了城市人文、生态、环保、和谐的建设理念。投资2亿多元改造的仰天岗大道将成为继抱石大道、仙来大道后的又一条更具现代化、更加美丽的景观大道。

着力打造高品位的城市公园。以自然湿地景观为主题、以森林被为主景的孔目江国家湿地公园，是全省第一个国家级湿地公园。当前正在抓紧实施的袁河抬水工程是新余历史上规模最大、投资最多的城市生态建设项目，工程建成后将与孔目江新城连为一体，构成一条占地面积1.3万亩、长15公里的绿色生态长廊。仰天岗国家森林公园已建设成为集森林旅游、生态休闲、文化体验、观光娱乐于一体的城区生态型森林公园。目前，新余已经改造和建设完成的高品位、高水平的城市公园达50多处，城市居民出户不到500米就能进入绿地休闲游憩。

改革创新构建长效机制

机制是动力，投入是保障。新余市坚持把建设与管理结合起来，把经济效益与社会效益结合起来，创新机制，充分调动造林绿化积极性，促进生态、经济、社会协调发展，确保创森工作开展。

创新创优造林机制。在完成集体林权改革的基础上，全面拍卖乡村道、河道、机耕道造林经营权，落实造林主体，做到不栽无主树。对已栽植的林网林带，引入市场机制，采取公开拍卖等形式将经营权拍卖转移到个人，拍卖所得资金继续发展平原林业，变造林的预期效益为即期效益。

创新创优投入机制。大力整合涉农项目资金，集中财政资源；充分利用政策等激励杠杆，激活社会资本投入林业，着力建立政府引导、市场运作、社会参与、良性互动的多元投入机制。2008年以来，全市用于造林绿化的投入达13.03亿元。广泛开展了绿地认建、认养、认管等多种形式的社会参与绿化活动，建设幸福林、青年林、友谊林等各类纪念林基地。

创新创优激励机制。对农民个人在房前屋后营造的林木，允许继承和转让；对在非林地上营造的杨树、泡桐等速生商品林，允许经营者自主采伐，各级林业部门按规定简化审批手续；在苗圃内培育的绿化大苗，可以在省内移植和运输，鼓励和推动森林产业健康发展。

林业产业打牢生态基础

用工业化理念谋划林业产业发展，走“生态建设产业化、产业发展生态化”路子是新余发展林业产业的一条成功经验。

在推进城市森林建设中，新余坚持生态效益与经济效益两手抓，积极探索出政府引导、企业投资、农民受益、城市增绿的林业产业发展新模式，让农民既有金山银山又有绿水青山。“百万亩高产油茶”工程的实施，不仅改善了周边生态环境，而且有效促进了当地经济发展。2008年全国油茶工作现场会和2009年中国油茶产业高端论坛先后在新余召开，蓬勃兴起的油茶产业已成为新余享誉省内外的现代农业新名片。与南丰蜜橘、赣南脐橙并称为江西三大蜜橘品牌的新余蜜橘，已获国家“绿色食品”标志认证，列为全国特色柑橘品种优势产业，产品远销国内外；速生丰产林的营造，在美化环境的同时，也带来了可观的经济效益；投资上亿元的万亩丹桂基地的建设，将使新余成为全国最大的丹桂之乡。新余还将发展万亩花卉、万亩冬枣、万亩葡萄、万亩茶叶。

与此同时，新余依托林业生态优势，以仙女湖为龙头，大力发展生态旅游产业，增强了经济发展实力。现有国家4A级仙女湖风景名胜区、仰天岗国家森林公园、大岗山森林公园等景区5个，风景旅游景点50多处。仙女湖风景名胜区兼具湖泊型和山岳型，景区总面积298平方公里，其中水域面积50平方公里，湖中99座岛屿星罗棋布。去年国庆黄金周，仅仙女湖接待游客就达12万余人，实现旅游经济收入3750余万元。

森林文化助推绿色崛起

新余高度重视森林文化的培育和生态文明的弘扬。通过举办创森知识竞赛、创森征文比赛、开辟创森宣传专题专栏、新建生态科谱教育基地、开展义务植树活动等形式，激发了全民参与创森的积极性和主动性，公民尽责率达85%以上，市民创森知晓率为96%，支持率为94%。

森林生态物质文化建设工程方面。高标准建设了三个生态科普知识教育基地，兴建自然科学博物馆和现代农业科技园，着力培育森林与人互惠互利的森林文化及天人合一的和谐理念。

森林生态制度文化建设工程方面。制订了城市绿化管理办法、仙女湖水质保护办法、孔目江水质保护办法、公园管理办法、封山育林管理办法、城市古树名木保护管理规定等一系列制度，致力完善森林城市制度文化。

森林生态精神文化建设工程方面。在设置创森广告牌、举办创森知识讲座、征文比赛等基础上，围绕仙女湖旅游、新余蜜橘、高产油茶、葡萄等产业发展，结合创森工作，新余还先后多次举办七夕情人节水上集体婚礼、仙女湖小姐评选、新余蜜橘文化节、葡萄文化节、2009中国（新余）油茶产业高端论坛等活动，实现了林业生态建设与经济发展双丰收。

森林资源保护工程方面。对仙女湖、孔目江等重点生态区域实行全面禁伐，在全省最早成立专业森林消防队，目前全市有7支专业森林消防队。

森林已成为新余的金名片，绿色已成为新余的新动力。坚持生态立市、绿色发展战略，积极融入鄱阳湖生态经济区，加快建设国家新能源科技城，和谐奋进的生态新余，必将在科学发展、进位赶超、绿色崛起的道路上迈出新的步伐。

红土蕴绿地　处处生春景

《江西日报》　刘之沛　肖辉迤　段江婷

2014 年 9 月 29 日

行走吉安，城区处处透绿，绿得精致；近郊生态显绿，绿得自然；乡村绿意融融，沁人心脾。

吉安的绿不是一种点缀，而是一个城市未来可持续发展的民生工程；吉安的绿不是一两个景点或公园，而是一个“城在林中，林在城中”与大自然融合的完整城市森林系统。

日前，吉安市正式获批国家森林城市，距离2011年该市正式申报创建国家森林城市已近4年光阴。这期间，吉安用饱含生命色彩的浓绿撰写着成长日记；这4年，吉安踏出坚实的步伐，开辟了生态宜居城市的绿色空间，一座国家森林城市亮丽展现在世人面前。

坚持生态优先的取向，护绿增绿扩绿

国家园林城市，全国绿化模范城市，省造林绿化、城市绿化先进设区市……在收获众多绿色荣誉之后，快速奔跑的吉安再次冲刺，目标直指国家森林城市。

从“绿化”到“生态化”，吉安坚持生态优先的取向，舍得出力、舍得投入、舍得让位，积累绿色财富。

近年来，吉安市确立“文化庐陵、山水吉安”的城市定位，全面开展国家森林城市创建工作。市财政投入30多亿元，扎实开展“森林十创”，既对各类空地、边角地、公共地大力实施增绿补绿、拆墙透绿、见缝插绿，又置换出城中商业地块建设公共绿地，对城市周边山林全面实行封山育林，实行市立公园制度，强化生态红线管控，不遗余力护绿增绿扩绿。同时，市四套班子领导直接参与绿化活动，带动每年参加义务植树人数达257万人次，全民义务植树尽责率达86.6%。

为将庐陵文化中的红色文化、书院文化、陶瓷文化等融入绿化规划和建设中，吉安市高标准完成《十万工农下吉安》雕塑、将军公园、青铜文化公园、吉州窑遗址公园、天祥公园等森林生态文化主题园建设，建立森林文化广场13个，森林生态文化教育示范基地26处，并建成森林博物馆、珍稀植物园和1个国家级自然保护区、4个省级自然保护区、62个森林公园，实现红、古、绿交融交汇，传承和延续了吉安厚重的人文记忆。

近年来，该市累计完成造林242万亩，森林覆盖率达67.6%，城市建成区绿化覆盖率达45.8%，人均公共绿地面积达16.97平方米。

坚持城乡一体的理念，编织森林锦绣

坚持城乡一体的理念，吉安推进“森林进城”与“园林下乡”，从城市到农村，不同层次的“绿”紧密相连又相互呼应，织成一幅绝佳的城市森林锦绣。

为构建“城市绿肺”生态系统，吉安市大力推进“精品公园——绿色廊道——郊野公园”三级生态梯度建设。如今，庐陵文化生态园，集灵、雅、秀于一身；古后河绿廊犹如一条绿色腰带，镶嵌在繁华的街区之中；螺湖湾湿地公园、滨江内湖公园、正气广场、人民广场、白鹭洲公园等十多个城市公园精致地镌绣在城市锦缎之上。全市所有城区街道做到绿化同步，建成各类生态公园84个，“见山见水记乡愁”成为吉安市民近在咫尺的享受。

同时，吉安市以建设美丽乡村为抓手，全面实施以“生态美、村容美、庭院美、生活美、乡风美”为标准的美丽乡村建设，坚持不推山、不砍树、不填塘，宜林则林、宜果则果、宜花则花，实施“500万樟树护村工程”，积极推进“园林下乡”。目前，全市村庄平均绿化率达43.2%，建成省级森林乡镇63个、森林村庄471个，完成通道绿化3360公里，建成河流库区绿色廊道1652公里，形成村庄园林化、道路林荫化、景观四季化的乡村美景。

坚持绿色崛起的追求，共享创森成果

从创建一开始，吉安就把全民共建共享生态建设成果作为工作的出发点和落脚点，注重发挥生态优势，促进富民增收，秉承造林与利用协同、绿色与产业并举、保护与发展并重的理念，大力发展生态产业。

该市充分发挥本地传统特色林业资源，推进“100万亩高产油茶富民”、“100万亩竹木花卉基地”等工程。如今，全市新增高产油茶55.2万亩，建设乡土树种苗圃和花卉基地22.2万亩，毛竹低产低效林改造18.5万亩。同时，该市依托丰富的森林资源，积极发展林畜（禽）、林药、林菌、林苗、林油等林下产业，要求每个县（市、区）建立示范基地2个以上，带动全市发展林下经济基地60多万亩，走出了一条“不砍树，也致富”的新路子。

振兴特色产业是实现绿色崛起的核心支撑。为此，吉安市大力培育龙头企业，促进林业资源集约经营。先后引进了江西绿洲、江西飞尚、宜华木业、东方名竹等国内知名企业落户吉安。目前，全市培育首批国家林业龙头企业2家、省级龙头企业22家，培育市级以上农业产业化林业类企业38家。全市林业产业蓬勃发展，林业生产总值达270亿元。同时，该市整合森林旅游资源，注重挖掘森林旅游景观与地方文化、民俗文化、人文文化等具有吉安特色的文化内涵，引进战略合作伙伴，完善旅游基础设施和配套建设，成功推出井冈山、青原山等精品景区，“农家乐”、自驾游、自行车游等形式的森林生态旅游方兴未艾。

红土蕴绿地，处处生春景。天蓝、水碧、树绿、空气清新，是现在吉安城乡的常态。

诗画山水　翠色溢流

《江西日报》　龚莉芹　付家科　范　强

2014年10月22日

青山含黛，绿水如蓝。行走在抚州市1.88万平方公里的土地上，您会看到一片片森林与城市相伴，一条条宽阔的马路与绿树相依，一个个绿色生态小区与碧水蓝天相融……这人与自然和谐的美景，与抚州市几年来创建国家森林城市的努力密不可分。

国家森林城市，是目前我国对一个城市在生态建设方面的最高评价。2011年，抚州市拉开了创建国家森林城市的大幕，经过两年多的创建，2014年9月25日，正式获得国家森林城市称号。

植绿：两年造出75.48万亩绿色森林

抚州市境内森林资源丰富，全市森林面积达123.38万公顷，是江西省重点林区之一。不过，抚州市民并没有停止植绿的脚步，“创森”启动两年来，全市完成新造林75.48万亩。

坚持适地适树原则，提倡多种树、少种草。抚州市注重乔木种植的比例和景观效果，通过破墙透绿、拆违建绿、见缝插绿、垂直挂绿等形式，不断增加城区绿化面积和绿化空间，丰富城区森林生态景观。两年来，全市绿地面积增加268.25公顷，绿化覆盖面积增加295.36公顷。

注重境内江、河、库等水体沿岸的自然生态保护。对贯穿市区和各县城区的主要河道，在不影响行洪安全的前提下，抚州市采用近自然的水岸绿化模式，重点实施水岸绿化工程、水岸生态化改造工程和江滨公园改造扩建工程，形成了城市特有的水岸风光带。两年来，全市共完成水岸绿化里程数518.1公里，升级达标水岸绿化里程数820.9公里。

各县（区）则积极开展森林乡镇和森林村庄创建，做到单位庭院园林化、街区道路常绿化、休闲绿地风景化、乡镇四周森林化。全市村镇绿化美化面积逐年增加，完成村庄绿化730个，其中有22个森林乡镇和61个森林村庄获得省级“森林十创”荣誉称号。

森林已成为抚州最重要的资源，生态是抚州最大的优势。抚州市先后荣获“全国最佳绿色生态城市”“中国低碳经济示范市”“2012年全国十佳品牌城市”“2013年国家园林城市”等殊荣。

护绿：挂牌保护2万多株“绿色文物”

古树名木，是绿色文物、活的化石，是大自然和祖先留下的无价之宝。

抚州市制定出台了《抚州市古树名木保护管理办法》，对全市范围内的两万多株古树名木进行普查登记、编号建档和挂牌保护，明确了负责具体保护的责任单位和责任人员。编制了《抚州市生物（植物）多样性保护规划》，建立了森林生物多样性保护区、湿地生物多样性保护功能区、生物生态廊道、人工生态系统保护区等四大功能保护区，营造良好的野生动植物生活、栖息自然环境。全市现有国家级自然保护区1个、省级自然保护区5个、县级自然自然保护区21个，总面积15万公顷，占全市国土面积的8%。

初步建成森林资源安全体系。建成了市级森林防火指挥中心和林业有害生物监测预报中心，成立了森林防火和有害生物防治专业队，新建林区防火通道1300公里，全面贯通了重点林区防火林网，近3年，全市森林火灾受害率低于0.5‰，森林病虫害发生率低于1%。开展森林资源保护“亮剑行动”，严厉查处乱砍滥伐林木、乱捕滥猎野生动物、乱采滥挖野生植物、乱占滥用林地湿地等违法行为。

抚州市还大力推行重大工程项目绿评制度，实行生态绿地发展和保护目标考核责任制。实施森林分类经营、分类管理，建立了市级公益林生态效益补偿基金，全市纳入国家、省、市级森林生态效益补偿范围内的林地面积为294.3万亩。对凡是列入国家公益林和省级公益林面积的，实行全面封山育林，使自然山体、水体、绿地形成较为完整的森林生态系统。

享绿：“绿色银行”遍布城乡

酷暑时节，市民纷纷走出家门。去哪呢？环绕抚州城，各类公园分布其中：东有1060亩的汝水森林公园，南边有1000亩的名人雕塑园，西边有2300亩的梦湖湿地公园，北边有300亩的人民公园。不仅市本级生态建设快速发展，各县区在生态建设上也毫不逊色，有黎川岩泉、资溪清凉山、南丰军峰山3个国家级森林公园，8个省级森林公园；有资溪马头山国家级自然保护区，5个省级自然保护区；有南丰傩湖、南城洪门湖两个国家级湿地公园、10个省级湿地公园以及资溪大觉山、抚州名人雕塑园、乐安流坑古村、南城麻姑山等一批4A级国家旅游景区和风景名胜区。抚州市民享有的，是名副其实的“绿色银行”。

与此同时，市政府先后出台了关于加快发展花木产业、毛竹产业、油茶产业、林下经济的意见和规划，将林业产业发展列入县域经济考评体系。3年来，全市完成改造毛竹低产林80万亩，花卉苗木产业面积达11万亩。林下经济发展尤其迅速，全市初步建成了金溪香料、临川黄栀子、资溪森林旅游、黎川香榧、崇仁麻鸡、南丰橘海农家乐、乐安油茶等生态富民产业，形成了一张张特色产业品牌。

绿化苗木生产基本实现自给。在森林城市绿化建设中，该市始终坚持植物多样性和以乡土树种植为主的原则，大力推广节约型绿化建设。在设计及种植中，着重选择抗逆性强、资源广、苗源多、易栽植、易成活、易管护的木本植物品种，尽可能减少外来物种的引入，乡土树种数量占城市绿化树种使用数量的92.7%。

青山绿水促进生态旅游。抚州市坚持旅游兴市与富民兴业相结合，以绿色、生态、休闲为主题，引导村民发展农业观光型、休闲度假型、民俗文化型和乡土佳肴型农家乐，全市已发展国家级乡村旅游示范点两家、省级乡村旅游示范点5家、江西省4A级乡村旅游景区3家、3A级乡村旅游点3家；全市还有农家乐、渔家乐示范点33家。依托丰富的森林资源，去年接待乡村旅游人数达到60万余人次，收入1.2亿元，直接带动其他产业产值超3亿元。

森林城市建设是一项可持续发展的生态工程，抚州人在建设“绿色抚州”的道路上脚步越来越坚定。

创建国家森林城市
共建生态美丽淄博

《淄博日报》　徐景颜

2014 年 3 月 12 日

春回大地，万物复苏。在这充满生机、播种希望的美好时节，我们迎来了第36个全民义务植树节。市委、市政府号召全市各级各部门、广大企事业单位和全体市民，要以创建国家森林城市为契机，广泛参与、人人动手，迅速掀起春季植树造林的新高潮，用我们的双手共同建造绿色生态家园，开创全市生态文明建设新局面。

党的十八大报告把生态文明建设纳入中国特色社会主义“五位一体”的总体布局，向全党全国人民发出了“建设美丽中国，实现中华民族永续发展”的响亮号召。创建国家森林城市、打造生态美丽淄博，这不仅是建设生态文明、推动城市转型发展的内在要求，也是创造良好营商环境、增强城市竞争力的迫切需要，更是改善群众生活环境质量、建设生态和谐宜居家园的重要举措。同时，植树造林还是一项功在当代、利在千秋的伟大事业，再造秀美山川、彰显人杰地灵，是我们这一代人对淄博这座城市的长远发展所必须担负的神圣职责。自2012年10月市委、市政府启动国家森林城市创建工作以来，全市上下积极响应、扎实推进，创建工作取得重要阶段性成果。目前，全市森林覆盖率达到37%，建成区绿化覆盖率、绿地率分别达到43.4%和36.9%，公众对森林城市建设的支持率和满意度达到93.5%。今年是淄博市创建国家森林城市的攻坚之年，各项创建工作已经到了最后冲刺阶段，全市上下要切实把思想和行动统一到市委、市政府的决策部署上来，以决战决胜、志在必得的信心和决心，凝聚共识、汇聚合力，再接再厉、真抓实干，确保创建目标任务圆满完成。

国家森林城市创建工作标准高、要求严、系统性强，目前全国各地参与创建的城市越来越多，仅山东省就有7个市正在积极创建，竞争十分激烈。全市各级各部门要对照创建标准，自提标杆、补齐短板，放大优势、彰显特色，坚决打赢创建工作攻坚战。要加快重点生态绿化工程建设，围绕增加城乡绿量、提升绿化品质，大力实施森林进城、森林围城、荒山生态修复绿化、骨干道路绿化、水系绿化和湿地保护、农田林网建设、镇村和工业园区绿化、林场和森林公园建设等工程，确保年内完成造林15万亩以上，加快构建完备的森林生态防护体系。要按照“城市森林化、乡村园林化”的要求，坚持“适地适树、因地植景、因景植绿”的原则，加快园林绿化景观和生态绿色屏障塑造，着力打造彰显淄博特色的园林绿化精品，全面提升城乡生态绿化水平。要按照生态效益、经济效益、社会效益同步提升的原则，坚持规模化、标准化、产业化发展方向，加快推进商品林、苗木、工业原料林三大基地建设，把发展林业产业与发展生态旅游、实施“十万农户脱贫奔康工程”结合起来，让广大农民在参与创建进程中实现增收致富。要切实加大森林资源保护力度，按照市场化、专业化的思路，探索建立科学的林业管理养护模式，全面提升森林火灾预防和扑救能力，确保栽一片、成一片、绿一片、养一片。

创建国家森林城市是一项涉及面广、工作量大的系统工程，各级各有关部门要把创建工作作为当前重要而紧迫的阶段性任务，落实责任、精心组织、齐抓共建，争取以优异的成绩迎接创建验收。区县政府是植树造林和创建工作的责任主体，要细化分解创建任务，狠抓推进落实。林业、住建等部门要认真履职尽责，加强统筹协调和督促检查，组织实施好重点绿化工程，高起点、高标准、高质量推进创建工作。要按照“政府主导、社会参与、市场运作、多方联创”的原则，鼓励支持社会资本特别是有实力的企业和林业经营大户投资生态绿化建设，加快构建多元化投入保障机制。要改革园林绿化养护体制机制，大力推行政府购买服务，变“花钱养人”为“花钱办事”。各级各部门要以创建为契机，以绿化美化提升、环境卫生整治和污染治理为重点，推动全市生态环境质量上一个大台阶，让广大群众通过创建活动看到城乡环境、城市品质、城市形象实实在在的变化。

创建国家森林城市是一项群众性创建活动，要广泛宣传发动，增强全社会生态文明意识，营造全民参与、共同创建的浓厚氛围。各级林业、住建、交通、教育、文化、工会、共青团、妇联等部门和单位要发挥各自优势，组织开展各种形式的宣传教育活动，大力倡导绿色健康的生活方式，在全社会营造尊重自然、热爱自然、保护生态的良好氛围。要深入开展生态文明单位、生态文明示范镇村、绿色社区、绿色学校、绿色工业园区、绿化模范单位创建活动，真正把森林建在家园，把绿色留在身边，努力让淄博的山更绿、地更美，空气更清新，人与自然更和谐。全市广大干部群众要积极参与义务植树以及建设“纪念林”、认建认养公共绿地等活动，使植树造林、爱绿护绿成为每一位公民的自觉行动，主动为创建国家森林城市、建设生态美丽淄博贡献一份力量。

绿色孕育着希望，绿色承载着梦想。一座森林环抱、绿意盎然的城市，必定是充满生机和活力的城市。让我们迅速行动起来，积极投入到植树造林、绿化家园的热潮中，努力争取国家森林城市创建工作圆满成功，为建设生态淄博、美丽淄博，再造秀美山川、彰显人杰地灵，做出新的更大的贡献！

匠心独运，森林枣庄探寻发展之道

《中国绿色时报》　张红梅　刘　伟

2013 年 9 月 2 日

在创森的过程中，山东省枣庄市面对遇到的一些难题，独辟蹊径，不断探索，积极寻找解决的办法，走出了一条有特色的可持续发展之路。

采煤“伤疤”惊现湿地美景

夏日的午后蝉鸣如歌。站在滕州市级索镇前泉村路旁的一排青青杨柳树下，记者望着眼前大片的湿地美景，享受着微风吹拂，陶醉其中：近看，岸边那茂密的、一人多高的芦苇丛随风而动。大片的荷叶铺在水面上，一朵朵绽放的荷花点缀其间；远处，平静的水面上，几只野鸭正欢快地嬉戏。

“这是利用当年采煤塌陷地建设的湿地，里面生长的芦苇都是野生的，荷花是后来栽种的。”枣庄市林业局副调研员张长普说，这样的湿地景观在附近共有七片，从高空俯瞰，犹如七颗星星镶嵌其中，因此这里也叫七星湖。“滕州市决定将这里打造成为七星湖湿地公园，目前正在进行规划建设中。”

在这里，记者还见到了家住前泉村的62岁的老人杨位红。正在田里干活的她，指着前面不远的一处湿地告诉《中国绿色时报》记者，20多年前，这里曾是一片粮田，后因地下采煤造成了塌陷，导致地下水上来。“开矿对我们一点好处没有，空气不好，还影响庄稼的生长。自从停止采矿后，这里的空气、生态环境都比以前好多了。现在来这里旅游的、钓鱼的人挺多的，如果有可能，今后还想办个农家乐呢！”

在枣庄，像这样因采煤造成的塌陷地面积已达20万亩。为了进行有效治理，全市对塌陷地进行了适宜性评价，本着“宜耕则耕、宜林则林、宜牧则牧、宜渔则渔、宜建则建”的原则确定治理措施。一般地势轻度变形、坡度小、土壤较肥沃、排灌设施完备的塌陷地，采取整平措施复垦为耕地。季节性积水和无积水塌陷耕地，通过挖沟排水，增修水利设施，充填复土，修建梯田的方式恢复耕种。塌陷区常年积水的，通过挖低垫高，随方就圆，自然利用，或挖塘养鱼修建台田，或挖深修湖建设人工湖和矿区公园，以改善、美化生态环境。

有效的举措，让我们看到了治理取得的丰硕成果：滕州市官桥镇采煤塌陷地治理现场，麦浪滚滚，丰收在望；山东能源枣矿集团蒋庄煤矿的千亩生态田园里，果实累累、羊肥牛壮……

土地流转解决造林用地难题

峄城区榴园镇流转土地，实行企业化运作、大户承包，扩建石榴基地；台儿庄区将台韩公路、枣台公路两侧绿化带外侧各50米的土地进行流转，大力发展种苗花卉产业基地；

“创森工作自启动以来，全市共流转土地近10万亩，其面积之大前所未有。”枣庄市林业局局长、市创森办常务副主任战振强告诉记者，借助国家农村改革实验区建设和集体林权制度配套改革的深入开展，大力推进农村土地流转，有效解决了造林用地难题，充分调动了广大造林专业队伍、林业经营大户和加工企业开展造林绿化的积极性。

走进滕州市柴胡店镇郭沟村农业大自然有限公司承包的一处园区，放眼望去，山上、山下、道路两侧，都被绿色植被所覆盖。

据滕州市柴胡店镇林业站站长马士才介绍，来自济宁微山县的6家股份公司合资通过荒山拍卖和土地流转来此承包了4000多亩土地。对于荒山造林，本着因地制宜的原则，他们在山坡土壤瘠薄的地方种植侧柏、黄栌等防护林，而在土层较好的地方种植石榴、柿子、核桃、苹果、桃树等经济林。

流转的土地，则主要用于林下养殖。土地流转后，村民们的收入均有了不同程度的提高，除了每年获取的租金外，他们在这里打工每月还能有800多元的收入。

“通过土地流转，企业承包荒山造林绿化，解决了树往哪里栽的问题；小规模经营农户通过土地流转可以实行规模化经营；农户通过土地的流转，在得到固定收益的同时也能安心外出发展。真可谓一举多得。”战振强说。

护好古树资源传承历史文化

古树作为历史的见证，阅尽了世间风云，经历了沧桑巨变，蕴含着丰富的历史文化。

由于地处中国南北气候过渡带上，枣庄适生树种较多，加之历史文化悠久，因此拥有不少古树名木。

目前，滕州西岗镇清泉寺内的一株国槐，树龄2800年；台儿庄区张山子镇张塘村的银杏，树龄2500年；峄城区青檀寺内的青檀古树群，平均树龄300年。而最吸引游客的当数有着2000年历史的位于峄城区榴园镇内的石榴古树群，其数量在3.5万株以上。这里的石榴素以历史之久、面积之大、株数之多、品色之全、果质之优而闻名海内外，为目前我国最大的石榴园林，被上海大世界基尼斯总部认证为“基尼斯之最”，被誉为“冠世榴园”。

如何使这一古老的资源在有效保护的基础上得到持久发展，枣庄人有着自己的招法。

战振强告诉记者，为管护好这些古树资源，市林业局自2002年开始，就组织全市林业部门对全市的古树名木首次进行全面普查，统一编号挂牌并登记造册，建立了古树名木电子档案，对重点古树设立围栏，立碑保护，落实管护单位和责任人，这些做法也使得全市166棵古树名木和7处古树群得到了有效保护。“现在，只要上网点击枣庄电子版树木志，全市所有的古树名木便可一览无余。”战振强说，为了给子孙后代留下一笔宝贵的财富，在创森工作启动之初，市委、市政府就提出了再造一个“冠世榴园”的目标，其目的不仅是为了促进农业产业结构的调整，让农民增收致富，更重要的是实现对这种宝贵资源的长久保护，给历史一个新的传承。

自然融入城市
城市归于自然

——威海城市森林建设堪称典范

《中国绿色时报》 曹 云

2009 年 5 月 19 日

“走遍四海，还是威海。”近期央视的一句广告词这样说。威海为什么好？威海最好的原因是威海森林城市建设得好，环境建设得好。

多年来，威海市始终把生态绿化放在首要位置，作为提升城市竞争力的战略工程、作为建设幸福人居城市的基础工程、作为利在当代惠及子孙的利民工程来抓，按照“自然融入城市，城市归于自然”的原则，将建设城市森林与优化人居环境紧密结合起来，变“在城市中建森林”为“在森林中建城市”，形成了“林海相依、碧海蓝天、青山绿水”的生态格局。目前，全市森林覆盖率达到38%，建成区绿化覆盖率达到46.9%，城市绿地率达到41.7%，人均公园绿地达到24.1平方米。

在森林城市建设中，威海强化“没有生态化就没有现代化”的理念，坚持经济发展与生态保护并重，出台了《威海市森林城市建设总体规划》，并将造林绿化与城乡规划、生态规划、产业规划等衔接，着力构建一个多层面的规划体系。

根据规划，在城市空间拓展上，威海充分考虑到保护林地、发展林地的需要，摒弃了稳定蔓延型的传统形态，规划了“1个中心城市、4个次中心城市、12个中心镇”的组合型城市集群，避免城市过于集中而带来生态压力，也避免城市拓展损毁林地。在编制《威海生态市建设总体规划》时，把造林绿化作为改善生态环境的一个重要方面，根据自然环境特点，细化了全市范围内的生态分区规划，明确了不同区域的生态功能，并出台了绿地系统、湿地资源、饮用水源地等方面的一系列专项规划。威海还坚持生态建设和产业发展同步，在不断增加绿色储蓄的同时，本着因地制宜、宜林则林、宜果则果的原则，规划发展特色林业、林果加工业和生态旅游业“三大产业”，着力探索“治山、养山、绿山、富山”的发展道路。

威海地形属于丘陵地带，山地和丘陵占土地面积的68%。市区依山傍海、层峦叠嶂，具有“城在海中、山在城中、楼在树中、人在绿中”的独特景观。有人提出，与城市紧密相连的青山完全可以满足城市的“绿肺”功能，没有必要再花代价搞造林绿化。但威海坚持生态环境不能只保护、不建设，要通过当前的积极行动，把过去开荒造田毁掉的林地恢复起来，把应该成为林地的区域发展起来。

为此，该市提出每年植树2000万棵、森林覆盖率提高2个百分点的目标，按照统一规划、因地制宜、突出特色、讲求实效的原则，大力实施了封山育林、退耕还林、绿色通道林、沿海防护林、城乡园林“五林工程”。因为坚持保护林地与发展林地并重，威海逐渐形成了联动推进的造林绿化格局。

造林绿化、建设森林城市是一项长期性工作。威海始终注重从制度机制建设入手，努力建设有利于调动各方积极性的长效机制。特别是去年以来，该市结合创建国家森林城市，大力弘扬植绿、护绿、爱绿的绿色文明，开展了绿化宣传进机关、进学校、进企业、进社区、进农村活动，激发了全市上下“热爱家园、绿化家园”的积极性，“让森林走进城市，让城市拥抱森林”的理念越来越深入人心。

在城市森林建设中，该市引入了承包机制，在市直部门、驻威单位和市属企业实行包山头绿化，包栽、包活、包管理、包成林，一包几年不变；完善了资金投入机制，积极探索建立了“政府引导、政策扶持、市场运作、社会参与”的多元化投入体系；完善了资源管护机制，通过出台《城市绿化管理办法》《封山育林管理办法》《古树名木保护管理办法》等规范性文件，为城市森林建设提供了有力的制度保障。

建设城市森林只有起点，没有终点。今后，威海将继续为创造优美、清新、安全、舒适的生态环境而努力，实现“让森林走进城市、让城市拥抱森林”的目标，从而为广告词“走遍四海、还是威海”不断增添新内涵。

生态发展　绿色增长

——山东省临沂市创建"国家森林城市"纪实

中国林业网　山东省林业厅

2013 年 10 月 18 日

9月24日，在江苏省南京市举办的2013中国城市森林建设座谈会上传来喜讯——临沂市获得"国家森林城市"称号，这是山东省继威海市之后第二个获此殊荣的城市。截至目前，全国已有58个城市获"国家森林城市"称号。近年来，临沂市坚持把创建国家森林城市作为加快科学发展的大事、造福于民的好事和提升综合实力的要事，努力推动城市与绿色森林相依相伴、人与碧水蓝天相亲相融，走出了一条革命老区生态文明建设的新路子。如今，放眼八百里沂蒙，红色热土披上绿色盛装，山区层林尽染、果林缠腰，平原岸固滩绿、碧水长流，千万人民尽享绿色生态成果。

城市与森林同步生长

坚持绿色生态建设与城市特色塑造并举，做到"城市框架拉开到哪里、绿化就延伸到哪里、森林就扎根到哪里"。目前，全市城区人口和建成区面积分别达到185万人、186平方公里，区域性中心城市初具规模；有林地面积698万亩，城区绿化覆盖率达到42%，人均公园绿地面积超过17平方米。一幅碧水绕城、林茂花艳、建筑精巧、环境秀美的城市画卷展现在人们面前。

经济与环境协调发展

坚持推动经济发展与自觉保护环境并重，始终把绿色增长作为主基调，创造了生态建设产业化、产业发展生态化的新型模式。已形成210万亩杨树丰产林、100万亩金银花中药材等七大特色基地，认证蒙阴蜜桃、沂州海棠等6个中国地理标志商标。2012年，全市林业产业总产值达944亿元，吸纳180余万人就业，对农民收入的贡献份额超过10%。

人与自然和谐共处

坚持提升城市环境与保障改善民生并行，把森林城市建设列入“二十件民生实事”之一，不断完善城市绿地系统，集中开展环境综合整治，努力让市民开门就能见绿。拥有森林公园18处、湿地公园16处，步行500米有公园绿地。“蓝天白云下、青山绿水旁”的梦想走进百姓生活，广大人民群众对环境质量的满意率，连续三年保持在99%以上。据中央电视台《2012～2013经济生活大调查》，临沂跻身居民幸福感最强的十大地级城市。

党的十八大首次提出建设美丽中国，这是对人民群众生态诉求日益增长的积极回应，其实质是要通过大力推进生态文明建设，还大地以绿水青山、还天空以清新蔚蓝、还百姓以绿色家园。创建国家森林城市，正是实现这一要求的最好实践。全市以“人在绿中、城在林中，人水亲和、城水相依”为目标，从“露水、绿城、惠民”三个方面入手，通盘考虑规划、高端布局产业、创新造林机制、打造生态文化，实施了高水平、全方位、立体式的创建，沂蒙大地尽显了《沂蒙山小调》中“青山绿水好风光，风吹草低见牛羊”生态美景。

林水相亲，提升城市灵气

城因林而秀、因水而灵，水因林而清，林因水而茂。一座城市只有以林为体、以水为魂，才有生机活力。临沂市水资源丰富，总量占山东省的1/6，境内大小河流1800余条，近千座水库像颗颗明珠镶嵌在沂蒙大地。创建过程中，突出以沂河、沭河等10公里以上300余条河流和大中小型水库为重点，对沿河绿化带增加乔木数量、纵横拓展绿带，组团式构建沿河森林景观点，建成特色鲜明的水系生态景观绿化带和林业生态经济功能区，打造了“一河清水、两岸秀色、三季花香、四季常青”的优美景观长廊。在“八河穿过、六河贯通”的中心城区，围绕57平方公里水面，突出“林茂”和“水秀”两大主题，实施休闲公园建设、河道沟渠治理、休闲街打造、生态片林和经济林营造“五个一”工程，彰显了“水绕城、林环水、水养林、林润水”的独特景观。沂河环境综合治理工程荣获中国人居环境范例奖，沂河湿地成为国内最大的城市湿地公园。

林城相融，塑造生态格局

森林是永增值、不折旧、有生命的基础设施，拥有大自然最美的色调。全市按照绿化结构向多元化、层次向森林化、效果向艺术化、模式向社会化转变的要求，坚持把城区、山区、水系、村镇、干线作为主战场，绿化建设实现质效双赢，森林已成为环绕沂蒙城乡的“绿色飘带”。

一是突出科学规划的引领作用。科学规划是一座城市发展的重要脉络，也是建设森林城市的必要基础。牢固树立“规划建绿”的观念，一张蓝图绘到底，确保绿化建设的先进性和严肃性。编制《国家森林城市建设总体规划（2011～2020）》，着力打造中心城区生态景观核和西北沂蒙山地水源涵养、东南近海丘陵海域防护林生态屏障，以及水系、道路、农田林网，沂河、沭河、祊河、汶河生态廊道，完善北部沂蒙低山水源涵养林区、中东部丘陵特色经济林优先发展区、南部沂沭河平原水网防护林区的功能布局，为创建工作提供了有力遵循。

二是突出绿量增加的支撑作用。绿地被称为“城市之肺”，在保护城市生态系统平衡、美化城市景观、改善人居环境等方面，具有不可替代的功效。临沂市坚持城市组团发展、生态相连的原则，实施环城绿化工程，建成50万亩环城森林，形成“森林围城、进城、绿城”的城乡综合绿化格局；大力开展市直部门包荒山造林植树绿化活动，推进重点区域生态造林和有计划退耕还林，局部区域生态脆弱状况得以改善；同时，按照高速公路沿线每侧绿化宽度100米以上，国道、省道每侧绿化宽度50米以上标准，将景点、荒山和村镇绿化、经济林开发融为一体，多树种、多层次、多色彩的通道景观初步形成，道路林木绿化率达到90%以上。

三是突出品质塑造的核心作用。都市发展不仅追求容量，更追求品质。在搞好大面积绿化的同时，坚持抓大不放小，因地制宜地开展建成区绿化，走平面绿化、小区绿化、屋顶绿化相结合的“立体绿化”路子。在主要道路、林网和森林生态廊道以栽植乡土树种为主，提高郊区森林自然度；街头公共绿地做到一点一品、一路一景，小街小巷、居住小区和单位庭院宜树则树、宜花则花、宜草则草，形成以高大乔木为主体，乔、灌、花、草、藤复层结构为补充，空间多变、层次丰富的绿化系统。

林居相依，共享幸福家园

城市发展的真谛是，让生活更美好、让市民更幸福。生态建设是最长远的民生战略，也是最平均的大众福利，更是全人类能够“同呼吸、共命运”的公益事业。只有依托林业产业，大力发展生态经济，主动做好创建工作与民生改善相结合的文章，才能真正造福于民。

做到产业兴林富民。着力推进林业产业基地集约化、规模化、标准化经营，重点打造板材、家具产业集群，形成了10平方公里木业家具产业集聚区，板材企业达1.4万余家，年加工成品板材5400万立方米，产量占全国的25%，拥有联邦、全友、富之岛等30余家规模以上知名家具企业，中国北方木业家具产业加速隆起。

做到生态旅游乐民。依托自然保护区、风景名胜区、森林公园、湿地公园，整合森林生态旅游资源，打造沂沭河湿地休闲观光带、蒙山绿色养生休闲带、沂蒙红色传奇体验带，形成了以“绿色沂蒙、红色风情、文韬武略、地质奇观、水城商都、温泉养生”为主题、观光与休闲并重的体系。2012年，全市实现旅游总收入359亿元，占GDP的比重达11.9%。

做到生态文化惠民。城区休闲游憩绿地，着力凸显沂蒙文化底蕴，丰富景观视觉效果；规划绵延数十里融文化、旅游、休闲、生态于一体的沿河景观带，建设独具滨河特色的生态长廊；组织开展植树节、爱鸟周、森林日、森林文化节等活动，大力普及生态文化知识，建有特色生态文化场所17处、科普教育基地26处。通过个性化、差异化的和谐搭配，打造了体现森林生态文化内涵的特色景观和特色品牌。

做到改革创新利民。深化集体林权制度改革，明晰产权面积429万亩，惠及136万农户、455万人。开展全国首批国有林场改革试点，全市29处国有林场、827名职工全部纳入地方全额财政预算；搞好农民林业专业合作组织建设，国家林业局在临沂市召开会议，推广了临沂经验。积极推行国家级森林认证试点，2.4万亩杨树人工林顺利通过国际FSC森林认证，被评为2012年度中国林业产业十大新闻，开创了小农户联合认证的“临沂模式”。

通过几年的创建实践，得出四点体会：一是创建国家森林城市是对发展理念的升华。森林城市创建既是林业工作领域的一大理论创新，也是林业产业发展的重大实践创新，实现了林业自然功能和社会功能的有机结合、人与自然生态系统的高度融合，是推进两型社会建设、打造美丽城市的重大战略举措。二是创建国家森林城市是对干部队伍的锤炼。创建工作“一盘棋”，必须依靠坚强的组织领导、完善的运行体系、灵活的创建机制和有力的工作措施。各级各层面明确责任、强化落实，说了干、定了办，在创建中锻炼了干部队伍，激发了内生动力。三是创建国家森林城市是对民心民力的凝聚。优良的绿化传统、强大的舆论宣传、广泛的群众基础和良好的创建氛围，让植绿、爱绿、护绿、兴绿成为市民的自觉行动，聚合了巨大的智慧和力量。四是创建国家森林城市是对发展脉络的传承。创建工作非一日之功，是一个动态长期的过程，必须有历史的基业、文化的积淀和持之以恒的建设。

森林城市创建工作只有起点、没有终点，只有更好、没有最好。下一步，临沂市将以森林城市建设为载体和平台，坚持生态林业和民生林业发展理念，全面实施《临沂市国家森林城市建设总体规划（2011～2020）》，大力开展三年大造林活动，突出荒山、水系、干线公路、城镇绿化四大重点，三年完成新造林78万亩，全市有林地面积达到776万亩，森林覆盖率达到35%以上，林业产业总产值达到1500亿元，努力在更高层次上健全长效机制，在更广领域内延伸创建成果，在更高水平上提升城市形象，把临沂建设成为森林环抱、产业发达、环境优美、生态宜居的森林城市，让绿色铺满整个沂蒙大地，让春天永驻千万人民心间！

美丽乡村，森林郑州最“美”的图景

《中国绿色时报》　吴兆喆　厉天斌　毛训甲　王珠娜

2014 年 2 月 7 日

鸟鸣把徐庄唤醒了。

早起的人们开始在街心游园晨练，红的长廊、绿的植物、黄的座椅，在朝霞的怀抱中，渐渐清晰起来。远处的山峦也露出了绿色的妆容，穿过如纱的云雾，舒展开来。

在河南省郑州市，与徐庄一起变绿、变美的共有495个村庄和34个乡镇。这些林业生态村、镇的建设，是郑州市创建国家森林城市的重要载体，目的就是要把森林城市的美，从中心城市延伸到广袤乡村，让更多人民群众享受到美好生态带来的福祉。

生态村镇怎么建？
大手笔规划　没有规矩不成方圆

“你看，环绕村子四周的山上，都是杨树、麻栎和刺槐，如果是夏天，根本看不到裸露的岩石。”2013年11月25日，河南省登封市唐庄乡王河村委委员刘华振带着《中国绿色时报》记者在村里采访时，指着四周遍布山体的落叶树略显遗憾，“不过，村民的房前屋后可都是玉兰、海桐、女贞等常绿树种，景色可美。”

“绿叶的是女贞，黄叶的是银杏，红叶的是石楠。”11月26日，新密市来集镇王堂村大学生村官马海军站在村民住宅楼群前的游园里，满面春风，“我们严格按照多种树、少种草、多绿化、少硬化的杠杠绿化村庄，就是要达到三季有花、四季常绿的效果，实现村在林中、家在花中、人在画中的目标。”

营造环村林带、绿化村内街道、建设村级游园……这一切都是郑州市委、市政府对建设林业生态村、镇的硬性要求，目的就是为了通过林业生态建设，改善村容、村貌，壮大林业产业，提升群众生态意识，为社会主义新农村建设注入新鲜血液，进而探索城乡一体化发展最佳路径，增强全市人民最普惠的民生福祉。

那么，郑州市的农村和乡镇要经过怎样的建设，才能达到林业生态村、镇的标准要求呢？

郑州市林业局负责此项工作的负责人刘跃峰介绍，两者均有硬性指标要求，对村庄，主要强调了居住区绿化、营造环村防护林带或生态片林、村间干道绿化、村内街道和庭院绿化、田林路渠综合治理、宜林四荒绿化6项；对乡镇，除此之外，还明确要求了作业设计单位和施工单位的资质，均不能低于二级园林绿化工程设计资格。

根据林业生态村、镇的检查验收评分细则可知，在总分为100分的分值中，如果林业生态村的绿化覆盖率低于45%，每低一个百分点扣0.5分，最高扣5分；新建环村防护林带或生态片林有断档扣0.5分，苗木成活率低于40%不计分；村间干道内侧没有常绿树或花灌木最高扣0.5分，新栽苗木造林成活率、保存率低于70%不计分；村内街道树种配置不合理最高扣1.5分，村民房前屋后没有见缝插绿扣1分；农田林网网格不完整最高扣1.5分，林网控制率低于90%最高扣2分；宜林四荒绿化率低于90%最高扣3分，25度以上坡耕地没有退耕还林最高扣5分；没有配备护林队伍、没有落实管护责任、林业特色经济成效不明显等，均不计分。

相对于农村绿化，乡镇所在地的要求更为苛刻。如果乡镇所在地绿化覆盖率低于45%，不计分；没有建设环乡镇所在地防护林带，或防护林带栽植宽度低于15米或少于5排，不计分；乡镇政府、企业、学校等单位庭院绿化率低于35%，每一处扣0.5分，直至单项分数扣完；村民知晓率低于80%，不计分；没有实施工程招标、没有接受监理公司全程监理，不计分；没有落实管护责任制或没有配备专职管护人员，不计分。

在种种严苛的条款中，最令村民在意的，是在村庄居住区绿化单项中，特别设计了村级小游园。这一茶余饭后的生态休闲场所，被大家誉为村里的绿化“掌上明珠”。

按照林业生态村、镇建设要求，每个村庄都要在居住区内或村庄附近建设村级小游园3处以上，每处小游园面积不低于1亩，其中应有一个超过2亩，游园内大乔木与花灌木配置比例为6∶4，当年苗木成活率不低于95%；每个乡镇所在地要建有公园或小游园2处以上，每处公园或游园面积不低于2亩，其中应有一个超过5亩，游园必须建在主要居住区内或附近，以方便居民娱乐、游玩。否则，依旧是扣分，直至单项分数扣完。

“没有规矩不成方圆。”郑州市林业局局长崔正明坦言，“不管是造林绿化，还是产业发展，凡涉及林业都是民生工程，我们必须坚持规划高起点、建设高标准、管理严要求，只有这样，才能打造出精品工程、放心工程。”

地从哪里来？
填沟整地　思路一变天地宽

土地是农民的根。新中国成立以来，历届党和国家领导人都深入论述过土地与农民的关系。习近平总书记在基层调研中多次强调，“要保障基本农田和粮食安全”。

然而，面对林业生态村、镇建设的大量用地需求，郑州市的执政者们究竟通过怎样的方式，才能既确保不撞耕地红线，又实现生态良好的发展蓝图呢？

“生态乡村不是一个文化符号，它是生态文明与乡村文明的有机结合，是一群人甚至一个民族的精神家园和归宿。”郑州市委相关负责人认为，林业生态村、镇建设，一定要找准保护与发展的平衡点，无愧于时代赋予的重任。

传统村落，要见缝插绿，加强生态修复。

黄固寺村位于新密市超化镇东南部，全村560户人，1327亩耕地。2013

年11月26日午后，记者在村里采访发现，面积超过1亩的游园有6个，除村内街道绿化外，家家户户门前只要有空地肯定是绿地，小叶黄杨、白玉兰、百日红等绿植随处可见。

记者走进位于村中心面积约7亩的游园看到，绿树、游亭、假山、石凳，伴着潺潺流水颇有春夏之韵，不少村民在健身器材上锻炼身体。“这里原来是一片荒沟，在林业生态村建设中，村里为了不占用耕地，投入大量人力、物力把荒沟填平进行整体绿化，建成了这个风景如画的生态游园。”超化镇林业站职工张宏亮深有感触。

采矿沉陷区，要整体搬迁，并对老宅基地整地复耕。

桧树亭社区位于新密市来集镇东北部，社区内建有15栋5层-6层的板楼、43栋精品小洋楼。11月26日上午，记者一进入社区，瞬间被眼前的景象震惊：和煦的阳光下，高大的雪松、女贞将住宅团团围住，楼间空地，乔灌草层次鲜明、颜色亮丽。

“新社区占地130亩，绿化覆盖率超过50%。”桧树亭社区会计对小区环境甚是满意，对于占用耕地新建小区一事，他解释说，“以前村民的老宅，户均占有7分地，全村400多户占有300多亩地，现在我们已对老宅基地进行了土壤改良，复耕后的产量并不比脚下的这块地产量低，这样一来，不仅没占耕地，还多出200多亩呢。”

新建城郊社区，要科学规划，一步建设到位。

长兴苑社区位于惠济区古荥镇正北部，建成社区之前叫孙庄村，是郑州市典型的城郊农村。在郑州市城镇化建设整体规划的蓝图下，平房改楼房后，有大量土地可用，于是完善了林业生态村设计。11月27日上午，记者在社区采访中发现，这里比传统农村少了些田园格调，但又比农村社区多了点精雕细琢，颇有一种阅尽繁华之后的淡定与从容。

惠济区林业局生态村办公室主任指着社区幼儿园楼前盛开的菊花说，城郊的农村社区更注重现代都市人群对森林景观的需求，更注重植物单体效果，对植物的姿态、色彩、高度都有要求，除生态价值、景观价值之外，还体现了设计人员对小区格调的定位，衬出了居住者的生活态度。

记者了解到，在郑州市的林业生态村、镇建设中，除了这3种主要模式之外，既能增绿又不占耕地的方法还很多，如登封市大冶镇周山村，就是将林业生态村建设与森林公园建设合而为一，融村庄与公园为一体，人在村中便置身于景中；新密市超化镇河西村，则是传统农村与新型社区建设相结合的典范，该村秉承“荒地全绿化、空地建游园”的原则，用廊道和游园将两者串为一体。

“当土地不再是发展的问题时，林业生态乡村建设必将引领社会主义新农村发展步伐，使城乡要素平等交换和公共资源均衡配置的问题迎刃而解。”刘跃峰将造林绿化空间拓展的落足点又一次放在了民生上。

钱从哪里来？
群策群力　办法总比困难多

一片片环村林带，一条条村道绿化，一个个游园美化……郑州市数以百万计的农民享受到美好生态带来的福祉。那么，在林业生态村、镇建设中，巨额的资金又从哪里来呢？

“市政府连续多年将创建林业生态村、镇作为为广大群众办的实事之一，对每建成一个生态村奖补30万元、生态镇奖补60万元，目前累计投入资金1.7亿元。”崔正明说，“政府投入虽多，但面对500多个生态村镇，仍显得杯水车薪。”

为了让林业生态乡村遍地开花，郑州不得不摸索多种融资投资渠道。目前，全市已经摸索了5种方式：村镇条件好的，自己筹备大部分资金；县、乡建立帮扶机制，先由政府垫付；整合各类支农资金，与扶贫开发等项目结合；外包绿化工程，待获得政府奖补后再兑付资金；与旅游公司共同筹建。

事实上，通过这几种投资模式的分析，可以将建设林业生态村的村庄归为两类：一类是村里有钱，或者有人愿意为其无偿投资；另一类是村里没钱，而且没有人愿意为其无偿投资。

王堂村属于第一类，即村里有钱。在建设林业生态村的过程中，村里的投资就超过了1000万元。村官马海军说：“村里有各类企业5家，2011年全村工农业总产值1.6亿元，上缴税金900万元，对于建设林业生态村这样的好事，全体村民都大力支持，所以对于我们来说，钱不算什么事，让老百姓满意才是最重要的”。

正是有了巨额的资金支撑，王堂村才完成社区广场绿化4609平方米，栽植各类苗木2.79万株；完成社区道路绿化4公里，栽植各类苗木16.56万株；在社区周围新发展苗圃500亩，形成森林围村的格局，并购置了1辆绿化专用车。

对于王堂村的雄厚实力，新密市林业局局长魏映洋认为，这种模式可以学习，但未必能复制，“新密市有很多村庄都有企业，企业家赚钱后都会反哺村庄，动辄几百万元、上千万元，对于其他地区而言，首先要考虑的是村里是否有企业，企业家是否愿意投资，或者说村干部是否有能力吸引社会资金无条件注入”。

王河村属于第二类，即村里没钱。为建成林业生态村，村里只能将部分工程外包，并将工程费用严格控制在30万元之内，待生态村通过市政府验收合格，并拿到奖补后，方才兑付给施工方。

“30万元，够苗木费用就行。”虽然没钱，但村委委员刘华振却照样笑逐颜开，在他看来，“我们号召村民用自己的双手建设美好家园，集体投工投劳，更能体会生态村建设的不易，会更加珍惜劳动成果；人人动手、户户参与的氛围，不仅提高了群众的创建知晓率，还学会了保护古树名木、林木管理、林业有害生物防治等知识，使生态文明建设蔚然成风。”

“相比王堂村，王河村的经验更具有普遍性。”登封市林业局副局长范顺阳说，林业生态村建设之前，王河村有大面积的“四旁”资源闲置，沟、河、路、渠的林相参差不齐，全民动手创建生态村之后，许多群众不仅更注重自己的生活环境，主动参与到生态建设中，就连生活习惯也有所改变，更喜欢在村里的游园娱乐、健身了，邻里关系更融洽了。

郑州市政府有关负责人认为，在创建林业生态村、镇的过程中，不管是投资金还是投人力，其核心问题是解决了所有人“为了谁”“依靠谁”“我是谁”的问题，“不管是各级党政干部们，还是在党的政策下致富的企业家们，或是生活在社会主义新农村的农民们，大家的目的都一样，调动自身的积极性和创造性，满足更广大人民群众的精神需求和文化需求”。

生活质量有否改变？
多措并举　产业工人露头角

“林业生态村、镇建设，为全市推进新型城镇化建设奠定了坚实基础。

在这一进程中，农民看到了城市生活的图景，地方政府看到了新的发展机遇。”崔正明描绘了一幅美好的田园生活蓝图。

放眼全国，在一些地方，城镇化被简化为农民上楼，结果许多农民“被上楼”。那么，郑州市是如何冲破这一樊笼，既让农民心甘情愿上楼，又让农民生活上台阶呢？

“一定要形成合理的城镇体系，合理的产业布局，合理的人口分布，合理的就业结构。”河南省委常委、郑州市委书记吴天君说，“只有形成‘四个合理’，最终才能实现以新型农村社区和城镇产业集聚区为载体的农民居住环境的城市化、公共服务的城市化、就业结构的城市化和消费方式的城市化，构建起一个新型的工农、城乡关系。”

“突出城乡一体化，更要注重郊区、农村绿化广覆盖，在规划、措施、保障等方面都要做到统筹考虑，协调推进。”郑州市市长马懿说，“生态环境是无形的资产，要善于抓亮点，重点打造精品工程和民生工程。”

郑州市正市长级干部王林贺说：“建设生态村、镇一定要坚持高标准，做到村外绿化，村内美化，道路彩化，突出乡村文化。按照‘产城融合、城乡一体、廊道连接、田园隔离、保护优先、生态宜居’的理念，首先搞好规划设计，再分期分批逐步实施。同时还要把生态建设与产业富民结合起来，积极发展壮大林业产业，让林农充分就业，逐年增收”。

11月26日，王堂村祥林苗圃种植专业合作社的管理人员王占营告诉记者，“上楼后比上楼前的生活成本确实高了不少，水、电、粮、菜都需要钱，但总体算下来，家庭年收入还是增加了1万多元，更关键的是环境好是无价的”。

生活成本高了，收入却反而增加了？面对记者的疑惑，年过50的老王算了这样一笔账：

林业生态村建设前，老王家在山里，有3间平房。他在煤矿打工，月收入1500元，妻子经营4亩农田，除去种子、肥料、农药等花销，亩平均收入600元，加起来年收入刚刚超过2万元。开销不多，水费基本不花，月均电费不足100元，粮和菜基本靠自给自足。

林业生态村建成后，老王住上了220平方米的新楼房，还带40平方米的车库，2012年花4万元买了一辆小汽车。在林业生态村建设的带动下，村里成立了专业合作社，将农民的土地流转后集约经营，他家的4亩地年收入流转费3200元，他月薪2500元，妻子与其他本村妇女一样在合作社打工，每天收入40元。这样一来，他家年收入达4.76万元。除去水、电费每月共250元，粮、菜每月共700元之后，比以前年增收1.2万元。

事实上，农民增加的并不只是收入，还有无形的幸福。面对农民上楼后的污水、垃圾等处理，王堂村也制订了相应的措施。记者在村里看到，依据地形起伏，建有运行费用为零的人工湿地污水处理系统，日处理量达500吨；建有垃圾收集设施15个、填埋场1处；综合服务中心、卫生院、幼儿园、学校等基础设施均已竣工。

王堂村的发展模式在郑州市绝不是个案，也许农民增收致富的载体不同，但结果是相同的，那就是幸福指数的攀升。

新密市来集镇杨家门村会计杨春杰告诉记者，林业生态村建设后，村里有一半土地在不改变性质和用途的前提下，实行了流转并集约经营。他承包的199亩地一半种萝卜、一半种红薯。“今年，100亩萝卜能产25万公斤，一公斤卖1元，收入25万元，除去流转土地、工人工资、水费等，能落下10万元。红薯嘛，只要亩产1500公斤就能保本。”尽管老杨比较低调，始终没说红薯的收入，但在场的其他农民透露，正常年份红薯的亩产都在3000公斤以上。

在登封市大冶镇周山村农民谢春芳看来，林业生态村建设的意义远不止生活的富裕，还提升了妇女的地位。48岁的谢大姐告诉记者，她以前只是普通农村妇女，生态村建设带动了产业发展，她现在成了村里妇女手工艺品开发协会的刺绣工人。“我们绣的绣花衣、鸳鸯枕、电脑包等，主要卖到了美国、韩国、澳大利亚”。到周山村调研的中央党校妇女研究中心教授梁军总结说，这份工作“让农村妇女动了脑筋、开了眼界、勤了手脚”；德国米索尔基金会驻华联络处主任施露丝说：“我深深地被这里妇女权益活动推广而感动。”

记得有学者在《人民日报》撰文称，美丽中国有3个层次的美：第一个层次的美是指自然环境之美、人工之美和格局之美，第二个层次的美是指科技与文化之美、制度之美、人的心灵与行为之美，第三个层次的美是指人与自然、环境与经济、人与社会的和谐之美。

郑州市林业生态村、镇的建设，保护了传统农村、美化了新型农村社区、提升了农村土地价值、促进了规模化农业发展、增加了农民收入、促进了社会主义新农村建设，并为加快构建新型农业经营体系、推进城乡要素平等交换和公共资源均衡配置探索了道路，不正体现了这3个层次的美吗？

“实现城乡一体化，建设美丽乡村，是要给乡亲们造福。”诚如习近平总书记所言，“即使将来城镇化达到70%以上，还有四五亿人在农村。农村绝不能成为荒芜的农村、留守的农村、记忆中的故园。城镇化要发展，农业现代化和新农村建设也要发展，同步发展才能相得益彰。”

洛阳创建森林城市让城市夏日更清凉

洛阳新闻网　赫　敏

2009 年 4 月 29 日

炎炎夏日，一片绿阴，会带给人们多少的快乐和遐想？

天气渐热。双休日里，越来越多的洛阳市民来到周山、龙门山等城郊森林公园避暑休闲，尽享阴凉中的山林野趣。

连续多年的绿化建设，让洛阳市民深切感受到：森林正一步步走近城市；我们的城市正拥抱着越来越多的森林。而正在加快进行的全市创森工作，将让市民在夏日里享受到更多清凉。

森林城市，现代城市的绿色名片

步入21世纪以来，生态环境建设受到世界各国的重视。2004年，国家林业局和经济日报社倡导创建国家森林城市的活动。

国家森林城市是指城市生态系统以森林植被为主体，城市生态建设实现城乡一体化发展，各项建设指标达到标准，并经国家林业主管部门批准授牌的城市。

创森的宗旨是：让森林走进城市，让城市拥抱森林。

森林城市是一个城市的绿色名片，对于提升城市形象、改善投资环境、提高人居环境质量意义重大。对于普通市民而言，创建国家森林城市的意义在于：通过提高城市森林覆盖率，改善城市气候条件，减少极端天气影响，减少粉尘和降尘，改善空气质量，增加地下水储量，美化城市环境，提高居民生活水平，保障市民身体健康。

国家森林城市的评价指标包括：森林覆盖率，建成区绿化覆盖率，建成区绿地率，人均公共绿地面积，乡土树种，城市森林自然度等。

2004年以来，我国已有贵阳、沈阳、长沙、成都、包头、许昌、临安、新乡、广州、阿克苏10个城市被授予国家森林城市称号。

多年努力，成就斐然

1999年以来，洛阳市把生态建设摆上重要议事日程，大力加快城市绿化建设。从绿化的硬件指标上说，森林城市38项评价指标，洛阳市有37项符合。

洛阳市是河南省山区林业重点市之一。近年来，围绕建设中西部最佳人居城市的目标，洛阳市先后实施了荒山绿化、退耕还林、通道绿化、绿色新农村建设、城郊森林公园建设、城市园林绿地建设等绿化工程，目前，洛阳市有国家和省级自然保护区3处，各级森林公园16处。

全市森林覆盖率达42.82%，城市建成区绿化覆盖总面积5290.8公顷，绿地面积4409.8公顷，公共绿地1283.45公顷，绿化覆盖率45.6%，绿地率38%，人均公共绿地达12.1平方米。

“洛阳创建森林城市，最大的优势就是城市生态建设成效突出，通道绿化、城郊四大森林公园建设得非常好，每个县（市）都有一个森林公园，让市民有休闲娱乐的去处。”洛阳市创森办专家说。

2001年，洛阳市启动生态城市建设，从2001年到2004年，先后实施周山绿化工程、龙门山绿化工程、小浪底绿化工程、上清宫绿化工程。四大绿化工程面积1.67万亩，投资4000万元。2005年，投资启动了面积25万亩的北邙绿化工程，2006年启动了青山工程。经过近几年的发展，洛阳市基本形成森林围成的绿化格局，生态城市的蓝图已清晰可见。

洛阳市从1984年起成功举办27届牡丹花会，每年还举办汝阳杜鹃花节、洛宁苹果节、洛宁绿竹风情节、新安樱桃节、孟津荷花节、白云山红叶节等节会，并不定期组织湿地观鸟、森林风光摄影比赛等活动，展示林业建设成效。城市区的洛浦公园、隋唐城植物园也是森林城市建设的亮点。洛阳良好的城市森林和人居环境，受到很多外地人的艳羡和好评。

创森步伐加快，细微处有不足

洛阳市创建森林城市工作于2008年启动。

2008年2月15日，洛阳市政府常务会议提出洛阳市创建国家森林城市的目标和具体任务；2008年5月31日，洛阳市政府向国家林业局提出创建森林城市的申请，获得同意和正式批复，洛阳市创森指挥部成立。

2008年7月27日，洛阳市政府印发《洛阳市创建国家森林城市实施方案》，确定洛阳市创建国家森林城市的总体目标：用2年时间，进一步提高荒山绿化、村庄绿化、城市绿化、道路绿化、河道绿化、社区绿化、庭院绿化水平、提高森林资源保护能力，加快城市水网建设，普及生态知识，发展生态文化，力争2009年达到国家森林城市标准。

2008年7月31日，洛阳市政府召开动员大会，创森活动快速展开。

今年3月1日，洛阳市再次召开创森动员大会，强调认真查找薄弱环节，突出工作重点，全力打好攻坚战，确保今年通过国家森林城市验收。

3月6日，洛阳市长郭洪昌在《政府工作报告》中明确提出：加强生态环境建设。积极创建国家森林城市，力争通过国家验收。

洛阳市林业生态和城市绿化建设步伐继续加快。截至4月14日，全市共造林75.73万亩，占总任务57.7万亩的131.17%。

以二广高速伊河大桥西侧河道绿化、开元大道东延长线互通区、洛浦公园东方今典段、洛浦公园南堤东段、洛阳博物馆新馆周边工程为重点的城市绿化建设任务全面完成，市区新栽树木13万株。

"尽管硬件建设基本到位，但因为洛阳市创森工作启动得比较晚，创森总体规划还不完善，宣传不到位，很多人并不知道创森的概念，在目前各个城市踊跃申报的激烈竞争面前，洛阳市要成功通过国家验收，任务还十分艰巨，还有许多工作要做。"洛阳市创森办负责人称。

国家森林城市评价指标有一项：洛阳市民对创建国家森林城市的知晓率达90%以上，支持率达80%以上。目前，洛阳市距此项指标还有一定差距。

2008年，漯河市和洛阳市都申报创建国家森林城市，而漯河的申报比洛阳市早了几个月，这使同属河南的洛阳市和漯河形成了竞争。据悉，漯河市已完成了创建工作规划，实际工作也非常努力有效。

对此，洛阳市委领导表示："我们必须以积极有为的姿态投入到创建当中，全力以赴，尽最大努力做好工作，力争验收一次成功!"

完善规划，打造"牡丹山水林城，生态宜居洛阳"

针对存在的不足，今年以来，洛阳市逐项进行弥补和完善。

制定并完善创森工作规划。目前，由市创森指挥部委托中国林科院王成等7位博士起草编制的《洛阳市创建森林城市总体规划》已完成初稿，正等待接受国家林业部门的评审。《总体规划》提出洛阳市创建森林城市的终极目标是："牡丹山水林城，生态宜居洛阳"。

采取多项措施，扩大宣传，提高洛阳市民对创森的知晓率。3月15日，洛阳市在周王城广场和青年宫广场开展创森宣传活动，展出版面近600块，瀍河回族区、伊川县等县区也采用群众歌舞、摄影赛等形式宣传创森知识。

目前，在市区各单位的门口、大厅和醒目位置，创森成为版面宣传的主题。创森的标语、口号，悬挂在街头，喷涂在公交车的车厢上。

《洛阳日报》在一版开设"创建国家森林城市"专栏，及时刊发创森的相关报道。洛阳新闻网创建了"创建国家森林城市，打造生态宜居洛阳"的专题网页，在"22楼会客厅"节目中专期介绍创森；在涧西区重庆路中信重工集团家属院等处，居民自发设置创森宣传栏；涧西区天津路小学开展"小手拉大手"宣传活动，2000多名小学生把老师交给他们的创森知识告诉家长，每个人写一篇创森日记。一名小学生在日记里写道："我们的城市周围是茂密的树林，里面有高大的树木，有各种各样的小动物，美丽得就像花园……"

城市创森亮点更加突显。洛阳西工区凯瑞君临广场、黎明化工研究院、中铁十五局集团公司等单位大力实施墙体立体绿化，使环境面貌更加亮丽。

按照即将通过评审的创森《总体规划》，洛阳市的城市绿化布局、分布将更加清晰，功能将更加明确，树种、绿化格局将更加突出洛阳地域特色和实际要求。创森达标后的洛阳，城市绿化将总体上一个大台阶。

森林城市，让洛阳人期待，也将带给人们更多的惊喜！

平顶山市全力以赴创建国家森林城市

《平顶山日报》　刘晓雷

2012 年 3 月 23 日

3月18日，卫东区焦赞山南坡人头攒动，1500多名群众自带工具植绿栽树，当天共栽植女贞、侧柏等树木8000余株。

“进入冬春造林季节以来，各县（市、区）、各责任单位围绕平顶山市创建国家森林城市的目标，迅速掀起植树造林热潮。”市林业局局长、市创建国家森林城市工作指挥部办公室副主任王清河说。

“让森林走进城市，让城市拥抱森林。”这是鹰城人的一个美好向往。继成功创建中国优秀旅游城市、国家园林城市后，平顶山市以建设生态、宜居鹰城为目标，大力推进国家森林城市建设。

2010年下半年，平顶山市启动创建国家森林城市工作，并邀请中南林业调查规划院编制《平顶山市创建国家森林城市总体规划》。一年多来，市委、市政府高度重视，统一部署，大力实施创森系列生态工程。市政府把创森工作纳入政府目标考评体系，实行行政首长负责制，市、县、乡三级层层签订目标责任书，明确创森建设任务和责任，保证了创森工作的顺利开展。

目前，全市森林覆盖率增至30.6%，城市绿化覆盖率提高到38.4%，绿地率达到33.6%，人均公共绿地面积为9.3平方米。10个县（市、区）全部建成省级林业生态县（市、区）。

在规划布局上，平顶山市按照城市、森林、园林“三者融合”，城区、近郊、远郊“三位一体”，水网、路网、林网“三网合一”，乔木、灌木、地被植物“三头并举”，生态林、产业林和城市景观林“三林共建”的总体规划，坚持因地制宜、适地适树的原则，大力营造以乡土乔木树种为主的防护林、风景林及用材林。城市绿化以生态效益和景观效益为主，努力增加城市森林面积，增加乔木种植数量；农村在重点部位、重点区域营造围村林、防护林的同时，积极发展速生丰产林和特种经济林。

此外，平顶山市依靠机制引导，实行政府投资和社会参与相结合，多形式、多渠道吸引社会资金投资林业，逐步形成政府引导、社会各界参与的投入机制，为林业生态建设及创森工作提供了有力保障。去年以来，市、县两级财政每年拿出1亿多元资金用于创森工作，并积极调动社会力量参与。

两年来，平顶山市共发展非公有制造林32万亩，涌现出千亩以上造林大户116个，发展林下种植5万余亩；吸引私营企业造林项目300多个，造林23万亩，吸引社会造林资金1.8亿元。

鹤壁新区打造
生态活力幸福之城

大公网　李　景
2013 年 5 月 27 日

鹤壁新区生机勃勃、活力迸发，带动鹤壁城市建设如凤凰涅槃般在浴火中重生，先后荣获全国平安建设先进区、全国科普示范区，河南省十佳开发区、外商投资眼中最佳投资园区、省级文明城区、省级园林城区、省级林业生态区等多项荣誉。“路在花草间，城在森林中”的欧式风格，以及洋溢在市民脸上发自内心的笑容，成为人们对这座城市最真切的感受。

镜头一：生态之城

由煤而立的鹤壁，早已不是原先那种灰蒙一片、高低不平、破烂落后的“煤城形象”。2013年年初河南省环保厅发布的数据显示，鹤壁的水质、空气质量在全省排名前列。近年来，鹤壁市单位GDP能耗下降幅度连续两年在5%左右，名列全省第一。喜获中国优秀旅游城市、中国人居环境范例奖等称号。

鹤壁的生态之美，是实实在在的

——树之绿。现在的鹤壁，是三季有花，四季常青，人在花中行，楼在绿中坐。漫步新区街头，仿佛置身于一个大花园，花团锦簇，移步换景，使人目不暇接。2012年年底，鹤壁市森林覆盖率、林木覆盖率分别达到26.8%和29.2%。城市绿地率为41%，绿化覆盖率达到44%，人均城市公共绿地面积达到14.1平方米。鹤壁市在道路绿化工作中确立了"一街一景，一路一貌"的绿化思路，以树造景，因景配绿，见缝插绿，市区主干道基本形成了"路路树不同，街街有特色"的绿化长廊。

——水之清。淇河是鹤壁的主要水源，被称为"母亲河"，水质长期保持一至二类水质，是中国北方唯一未被工业污染的河流。为保护淇河沿岸生态环境，2012年2月，鹤壁市成立了淇河生态保护建设领导小组，沿河各个村庄选派了淇河保护管理员，构建起了市、县、乡、村四级淇河生态保护建设管理体系，健全了淇河生态保护的体制机制。去年8月份鹤壁市还开展了新区淇河段集中整治活动，对商贩摊位实行市场化经营管理，设立25个临时经营区域；将淇水诗苑、淇水乐园由开放式管理过渡到封闭式管理，使淇河管理更加精细化。

——气之新。鹤壁市城区空气质量优良天数常年保持在330天以上。每天早上，当东方刚刚露出一抹晨曦的时候，家住新区华夏小区的赵建华老人便早早起床，与老伙计们一起散步、遛鸟。呼吸着清新的空气，行走在宽阔的街道上，满眼的翠绿，醉人的花香，这一切都让赵建华感到心旷神怡。

以上都得益于近年来鹤壁市以建设国家级森林城市、生态宜居城市和豫北有特色的区域性中心城市为目标，大力度推进生态建设，形成了"点成景，线成荫，面成林，环成带"的绿化格局。其中，沿淇河新区段建设城市开放性"一河五园"工程，总投资达9.45亿元，总建设面积9700亩。目前淇河森林公园、淇水诗苑、淇水乐园已建成投入使用，其中淇水诗苑被评为河南省"十佳城市滨河景观"，淇河湿地公园被列入国家级湿地公园试点。

镜头二：活力之城

鹤壁一部城市南迁史，谱写了产业不断转型优化升级的壮丽篇章。从单一的煤电产业到煤电化材、食品加工、汽车零部件等特色主导产业和金属镁精深加工、电子信息等新兴先导产业规模不断壮大，产业转型、发展、提升之旅荡气回肠、振奋人心。2012年，五大产业占工业经济比重达到76.2%。鹤壁始终把创新作为加快产业转型的不竭动力，高新技术产业增加值已经占全市工业增加值的23.8%。2012年一年时间，就新增市级以上工程技术研究中心22家，仕佳光电子集成技术国家地方联合工程实验室通过国家评审、成为全省仅有的5家之一，中科院院士在鹤壁设立了河南省光电子技术院士工作站、全省仅有一家。

作为连接新区、淇县的产业纽带，鹤淇产业带集聚效应逐渐显现：2012年，鹤淇产业集聚区新开工和续建基础设施项目32个，累计完成投资24.93亿元；新引进和续建工业项目33个，累计完成投资23.81亿元，形成了以汽车及零部件和金属镁精深加工两大产业为主导，兼顾发展纺织服装、食品加工等多个产业。

淇滨区是鹤壁市“首善之区”，大力发展现代服务业，是更好地服务工业化的内在要求，也是完善城市功能、缓解能耗环境压力的现实选择。市、区两级政府从比较优势出发，明确提出要重点发展职业教育、文化、旅游、商贸物流、金融、商务、文博会展、科技服务、专科医疗等十大特色服务产业。从2008年行政区划以来短短不到5年的时间，淇滨区三产服务业快速发展，比重达到38.5%，超过全省、全市平均水平，财政收入总量跃居全市第一，城镇居民可支配收入年均增长13%。苏宁电器、沃尔玛超市、国美电器、东方银座、重庆颐和泊邸、速八酒店、建业森林半岛等一大批国际、国内知名企业入驻，形成了综合性、辐射性非常强的现代城市商业圈。2012年年底刚开通的高铁客运站日均来往客流量达到4000人次以上。“中凯国际商业街作为一站式体验式商业街区，不仅为市民提供了便利，还传达了一种新的生活理念与价值——多业态、多功能，集购物、餐饮、娱乐、休闲、社区和商务服务为一体的综合性、体验式消费。日后必将为鹤城市民带来更强的幸福感。”经销商刘梅接受采访时说。

产业的发展离不开城市的支撑。截至目前，鹤壁的新区基础设施建设总投资达到100多亿元，建成区面积32平方公里。仅2010年以来，就完成新建城市道路61条段60余公里、道路绿化84万平方米，整个城市道路宽阔整洁、笔直畅达，街边绿树成荫、花草相间，城市建筑特色鲜明、中西辉映。南部片区高楼耸立，产业综合功能服务区被确定为全省30个服务业特色园区之一，全市中心商务区雏形显现，城市市区经济社会发展评价指数位居全省第24位，上升幅度保持在全省前列。

短短几年的时间，昔日淇水之滨的一片旷野，正在发展成为一座规划合理、功能完善、环境优美、产业先进的现代化新城区，成为豫北地区新的人流、物流、资金流和信息流的聚集区。在这方面，淇滨区商务局局长杨万洪感触颇深："以前我搞招商，成年累月在外面跑也见不了几个大的客商，而现在我不用出去，每周都要接待十几拨客商，这真是栽下梧桐树、自有凤凰来呀!"受到了上级领导和社会各界的广泛关注，每年都吸引数十万周边市民到此参观游玩。来自濮阳市的周先生告诉记者："自打淇水诗苑、淇水乐园建成后，就成了我节假日休闲游玩首选之地。带着爱人、孩子到这里个一两天，真的很惬意、很舒服。"

镜头三：幸福之城

中国社会科学院发布的《2011年中国城市竞争力蓝皮书：中国城市竞争力报告》中，在首次尝试对全国294个城市进行幸福感调查后结果显示，鹤壁市居民幸福感排名第七。

去年建成的淇河沙滩里，如诗如画的淇水诗苑里，游人如织。鹤壁市淇河国家湿地公园位于淇河中下游河段，总面积为4988亩，湿地面积为4065亩，已被批准开展国家级湿地公园试点建设工作。这里灰鹤、白鹭、野鸭等时时可见，成为全市乃至豫北群众观光休闲的好去处。

仙鹤之舞体育馆，艺术馆，图书馆，群众艺术馆，一个个建了起来……人们看到了从来没有在鹤壁看到过的全国拳王争霸赛、武林风，中国、美国、立陶宛、黑山四国篮球对抗赛在即……

淇滨区崔庄村村改居后，新社区天然气、太阳能、宽带、健身广场等设施一应俱全，全村780多名适龄劳动力基本实现就业，村民们称现如今的日子甜如蜜。淇滨区坚持精品、精细、精致的要求，对城市规划区内的所有城中村全部进行新型社区改造。目前，王升屯、打柴口、崔庄、小辛庄、桃园等9个城中村已改造完成，村民入驻城市社区变为真正的市民。按照淇滨区新型社区建设整体规划，今年在建的4个新型社区将全部完成建设开始搬迁入驻，并再新启动4个新型社区建设项目。

按照城市标准规划建设新型社区，让农民享受到与城市居民一样的基础设施和公共服务，实现农民对美好生活的期待，是鹤壁市坚持城市建设本质在于惠民的最终体现。

适度的人口密度让人们感受到的是这座城市的敞亮、休闲与轻松。全市人口160多万人，新区40万人，平均每平方公里1万人左右。按照鹤壁的城市规划，新区建设的人口密度就是要控制在每平方公里1万人左右。这个标准是国际普遍认可的舒适密度，大于这个密度，人口过多，就会觉得城市很拥挤，感到有压力。小于这个密度，就会缺乏生气。

社会的和谐也让这里居民生活得悠然自得。2012年，在全省公众法治环境满意度调查中鹤壁市总得分连续两年保持全省第一；赴京非正常上访全年为零，被评为全国、全省信访工作先进；行政诉讼案件立案同比下降20%以上。鹤壁还是全国社会治安综合治理优秀市。淇滨区实现了“网格全覆盖、工作无缝隙、服务零距离、管理无漏洞”的城市社区管理新格局，公众安全感不断提升。

鹤壁的新区建设，基本定位是差异化发展，不搞千城一面，不走同质化路子，要走高层次、有特色、人性化的生态之路、活力之路、幸福之路，这是市委、市政府牢牢把握的原则。

1992年新区开始建设至2011年的20年间，全市生产总值年均增长13.8%，财政一般预算收入年均增长17%，规模以上工业增加值年均增长17.6%，城镇居民人均可支配收入年均增长13.6%，农民人均纯收入年均增长14.1%，增幅均在全省平均水平之上。

创建国家森林城市
建设生态文明新乡

《人民日报》 吴天君 李庆贵

2008年11月14日

新乡市位于河南省北部，南临黄河，北依太行，为中原城市群及“十字”核心区重要城市之一，在河南省经济和社会发展中占有重要地位。现辖两市、六县、四区以及高新技术产业开发区、工业园区和西工区。总面积8169平方公里，总人口560万，城市建成区面积90平方公里，人口100万。曾先后荣获中国优秀旅游城市、国家园林城市、全国义务植树先进城市、中国最佳商业城市、中部最佳投资城市等。

近年来，新乡市委、市政府以创建国家森林城市为载体，积极开展以林业生态体系、林业产业体系和生态文化体系为主的现代林业建设，进一步改善生态环境，探索和开创黄河流域创建国家森林城市的新路子。截至目前，全市林业用地面积21.53万公顷，林地面积14.28万公顷，活立木蓄积量841.1万立方米，林木覆盖率25.30%，城市建成区绿地率达到33.64%，城市绿化覆盖率达到36.05%，人均公共绿地面积9.35平方米，城市中心人均公共绿地7.33平方米。全市形成了城区园林化、郊区森林化、通道（水系）林荫化、农田林网化、乡村林果化的城乡绿化一体化新格局。

突出森林支撑，建设现代化城市生态系统

新乡积极发展现代城市林业，着力建设现代化城市生态系统。

按照《新乡市城市绿地系统规划》，全市坚持改、扩、建齐头并进，以500米为服务半径大力实施公园、广场和街头游园绿地建设。实施了城市公园改扩建工程、沿街沿水扩绿工程、精品绿地建设工程等，建设城市公共绿地。同时集中对主次干道进行绿化改造。全市新建和更新改造了34条主次干道绿化带，道路绿化普及率100%。市区19条主干道被命名为河南省城市绿化达标道路。

新乡还以单位小区为重点，提高城市绿化总量。通过开展“园林单位”“园林小区”增量、达标活动以及拆墙透绿、拆违还绿等活动，将单位绿地与道路绿地连为一体。

抓好重点工程，构筑覆盖城乡的生态防护体系

新乡大力推进林业重点工程建设，生态建设步伐明显加快，造林绿化质量不断提高，覆盖城乡的生态防护体系初步形成。

以成片造林为基础，夯实林业在生态环境建设中的主体地位。多年来，市委、市政府坚持把治理山区水土流失和沙区风沙危害作为改善生态环境、提高人民生活质量的重要工作进行安排部署，特别是2003年以来，依托国家、省重点林业工程项目，大力发展成片造林，先后完成退耕还林4.66万公顷，太行山绿化7500公顷，防沙治沙7300公顷，水土保持生物治理700公顷，日本政府贷款造林项目1万公顷，速生丰产林4万公顷，有效地改善了山区和沙区的生态环境。

以“三网”绿化为框架，构建平原农区综合生态防护体系。发展水系林网、道路林网和农田林网，建设“三网合一”的森林生态网络体系。目前全市支渠以上水系已绿化2042.3公里，绿化率95%；县乡级以上道路已绿化1970公里，绿化率95.2%；农田林网已建设面积32.1万公顷，控制率93.8%。

以生态村建设为突破口，大力改善农村人居环境。从2008年开始，在全市开展生态文明村建设活动，目前全市已有1474个村庄完成了造林绿化任务，占年度任务1361个村庄的108%。

推进林权改革，增强林业生态建设的活力

新乡市积极探索集体林权制度改革，目前全市已完成林改3485个村，占总任务的97.6%，林改面积达到9.6万公顷，回笼资金9585万元。通过林改，解决了长期以来制约新乡林业发展的体制问题、机制问题、投入问题、管理问题，实现了“林农增收、林地增效、社会安定、多方共赢”的目的，林业发展充满了生机和活力。

发挥地域优势，打造林业“6655”工程

新乡市拥有太行山区、黄河故道区和黄河滩区，在实施林业生态建设中充分发挥地域优势，打造特色林业，强力推动林业“6655”工程（即六大经济林基地、六大生态园区、五大防护林带、五条绿色长廊）。同时，以贯穿市境、纵横交错的铁路、高速公路、国道、省道为主体，建成了十纵十一横的通道防护林生态体系。

坚持依法治林，加大森林资源保护力度

新乡先后制订了《新乡市城市绿化实施细则》等规章，通过强化管护，落实责任，实现建管并重，保持城市绿地稳步增长。目前全市建立各级森林公安机构14个，木材检查站4个，森林专业消防队3个，森林病虫害防治检疫站7个，通过严格执法，确保森林资源安全。为依法保护古树名木，新乡制订了《新乡市古树名木保护管理办法》，对古树名木进行登记、编号、建立档案，明确责任单位和责任人，落实管护措施，使古树名木得到有效保护。

弘扬生态文化，建设新乡生态文明

新乡积极探索当地人文文化、历史文化、自然文化与生态文化的有机结合。在此基础上建设完善了太行山国家级猕猴自然保护区、黄河湿地自然保护区和现有森林公园，在全市建立了10个生态科普教育基地、5个生态文化

知识教育基地、4个生态文化展览馆，以此加强生态文化的基础建设。

新乡积极倡导植绿、护绿、爱绿、兴绿的社会风气，广泛开展栽植纪念林活动，大力发展生态游、乡村游和山水游，充分挖掘黄河文化、太行山文化、森林文化、花文化、湿地文化、野生动物文化、旅游文化、园林文化等生态文化潜力，发展生态文化产业。

采取有力措施，确保创森工作顺利开展

新乡市委、市政府把创建国家森林城市列入重要工作日程，成立了以市委书记吴天君为政委、以市长李庆贵为指挥长的新乡市创建国家森林城市建设指挥部，形成了创森工作强有力的组织保障，确保了创森工作的顺利进行。

新乡市通过各种媒体，进行形式多样的创森宣传，深入普及森林和生态知识，在全市上下形成了植绿、护绿、爱绿、兴绿的新风尚，市民对创建国家森林城市的知晓率达90％以上，支持率达95％以上。

在森林城市建设中，先后制定了《新乡生态市林业发展规划》《新乡市林业产业发展规划》等林业发展规划。在此基础上，聘请专家编制了《新乡市创建国家森林城市暨现代林业发展总体规划》，为开展国家森林城市创建工作提供了科学依据。

新乡市将创森任务分解到各个单位和部门，明确责任，强化督察，抓好落实。目前，创建活动取得了阶段性成果，下一步，新乡市将以更加完善的措施推动工作，以更加超常的力度抓好造林绿化，为建设生态新乡、幸福家园而不懈努力。

争创国家森林城市
建设生态和谐许昌

《农民日报》

2007 年 3 月 26 日

许昌古称“许地”，历史悠久。早在远古时期，炎帝后裔部落酋长许由率众耕于此，故称许地。西周初期，被封为许国。秦朝改称许县。公元196年，曹操迎汉献帝迁都于许，使之成为当时中国北方的政治、经济和文化中心。公元221年，曹丕建立魏国，因“魏基昌于许”而得名许昌。这里有众多的“三国”胜迹轶事，丰富的人文资源和自然景观。2005年、2006年被分别命名为“中国优秀旅游城市”“国家园林城市”“中国三国文化之乡”“中国蜡梅文化之乡”和“中国钧瓷文化之乡”。

许昌市历届党委、政府非常重视造林绿化事业。1984年，禹州市一举完成农桐间作5.3万公顷、农田林网1.3万公顷的辉煌业绩，国务院总理致信赞扬，在全国引起轰动，河南省委、省政府嘉奖表彰；1989年，鄢陵县被原国家林业部授予“全国绿化先进县”称号。近年来，市委、市政府坚持科学发展观，始终把造林绿化作为改善许昌生态环境、构建和谐社会的发展战略。目前，全市林业用地绿化率86.6%，农田林网控制率91.5%，林木覆盖率26%，市区林木覆盖率33.5%，绿化覆盖率42.6%，绿地率37.8%，人均公共绿地9.3平方米，城市中心区人均公共绿地6.5平方米；乡镇所在地、小集镇和村庄绿化覆盖率分别达到33.5%和41%，所辖6个县（市、区）平原绿化全部达到省定高级标准。全市花卉苗木面积60万亩，已成为我国最大的花卉苗木生产销售基地，被国家林业局、中国花协命名为“中国花木之乡”。许昌先后获得“河南人居环境奖”“中国优秀旅游城市”和“国家园林城市”荣誉称号，并两度入选“中国特色魅力城市200强”。2000年2月和2003年4月，国务院总理温家宝、副总理回良玉先后视察许昌的花卉产业。2005年9月，全国政协副主席、关注森林活动组委会主任张思卿来许昌视察，也都高度赞扬了这里的城乡造林绿化。

2005年，许昌市委、市政府确立了“创建森林城市，打造生态许昌”的工作目标，提出把许昌至长葛103平方公里的“城乡一体化推进区”生态建设和157个林业生态示范村作为创建森林城市的重要内容。市创建国家森林城市指挥部明确了统筹城乡发展的体制，建立了组织领导体系和督察考评制度，做到了科学规划，合理布局，加大投入，全民参与，全力推进城乡一体化绿化和创建国家森林城市工作进程。

长期造林的积淀，使许昌绿满大地，山川秀美。如今的许昌，林网、水网交错有致，荒山野岭披上绿装，公园、广场、道路、河流、社区、庭院绿地和郊区林带相互交融，城区园林化、郊区森林化、通道林阴化、农田林网化、乡村林果化……许昌的大街小巷、村村落落，满目青翠，绿树成荫。那绿色，是健康的颜色，是希望的颜色，是和谐的颜色，如同跳动的音符，正走进许昌人的生活，而宜居的国家森林城市也正悄悄地向我们走来……

壮大林业特色产业，促进农业增效、农民增收

花卉苗木业是许昌的林业特色产业。近年来，许昌市委、市政府紧紧围绕产业结构调整这一主题，以促进农业增效、农民增收为目标，以市场为导向，以科技为依托，按照“市场牵龙头，龙头带基地，基地连农户”的花木产业开发模式，立足资源优势，形成区域特色，实现了许昌花木产业健康、持续、稳定发展。全市花卉苗木面积达到4万公顷（“十一五”规划全市花卉苗木6.7万公顷），已成为全国最大的花卉苗木生产销售集散地。全市拥有以北方花卉集团等为龙头的各类花木企业781家，专业户、重点户1.18万户，从业人员22万人，花卉经纪人8600多人，年产各类花木17.4亿株（盆），产品涵盖了绿化苗木、盆景盆花、鲜花切花、草皮草毯四大系列，

品种达2400多个，产品行销我国27个省、市、自治区，亩均效益达5000～7000元，年产值达到17亿元。鄢陵县已成为全国最大的县级花木生产、销售基地，先后被国家林业局、中国花协命名为“全国花卉生产示范基地”“全国重点花卉市场”和“中国花木之乡”，并于2000年建成100公顷大的国家花木博览园。从2001年起，许昌成功举办了6届“中原花木交易博览会”，构建了当地花农与外地花商合作、交易的平台，花博会累计签订购销合同金额32亿元。花木产业已成为许昌的一张“名片”和农村经济发展的一个支柱产业，对调整农业结构，振兴地方经济，增加农民收入，满足市场需求起到了很大作用。

河南漯河市
积极创建国家森林城市
全力打造宜居漯河

国家林业局　河南省林业厅

2009 年 9 月 18 日

河南漯河，一个森林环抱的城市，正以其让人迷恋的绿色魅力展示着食品之都的蓬勃朝气。

“漯河是一座可以呼吸到绿色的城市，是一座让人来了就不想走的城市。站在沙澧长堤上，望不断的绿色，闻不尽的花香，真爽啊！”初来漯河的外地人感叹。“抬头见绿，起步闻香，树越来越多，景越来越美，整天像生活在画里一样。如今，漯河的早晨是被鸟儿叫醒的！”久居沙澧之滨的漯河人感叹。

作为我国北方难得的一座滨河城市，因沙河、澧河交汇于此，状如海螺，古名为螺湾渡、螺湾河，后演变为漯河。“漯河，因水得名，依水而兴。沙澧东去，通江达海；天赐螺湾，两水相融。流淌千载不息，恩泽四岸生灵。傲处中原之中，四方辐辏；汇集南北之萃，物阜民丰……”一曲脍炙人口的《漯河赋》引出了水韵绿城的灵气和神韵。在历史的沧桑岁月里，这片土地文化厚重，星光灿烂。贾湖遗址出土的国宝七音骨笛，将中国的音乐文化史向前推进了3000年；东汉文字学家、经学家许慎编撰的《说文解字》是中国乃至世界上第一部字典，被誉为“文宗字祖”。漯河区位优越，交通便捷，京广、漯阜铁路，京珠、宁洛高速，107国道在此纵横交错，是中原地区重要的交通枢纽。漯河产业特色突出，培育出了亚洲最大的肉类加工企业双汇集团、蜚声海内外的南街村集团，是全国首家中国食品名城、中西部地区最大的造纸基地和重要的盐化工基地。

近年来，漯河市以创建国家森林城市为契机，充分发挥沙、澧二河穿城而过的资源优势，以国际化视野大手笔规划绿色家园，倾力打造林水相依的森林城市，把“水”的文章做到极致，把“绿”的蓝图绘至完美，形成了一城春色半城水、两河四岸皆美景的秀美风光。这是一串令人欣喜的数字：漯河市城区园林绿地总面积达到1833.1万平方米，公园绿地面积664.5万平方米，城市绿化覆盖率41.7%、绿地率35.5%，人均公共绿地面积14平方米，全市森林覆盖率达到26.2%；漯河形成了以城市为中心，以通道绿化为纽带，以森林公园、游园、小城镇绿化为亮点的城乡绿化新格局。绿色给这座青春的城市增添着魅力和荣耀：近年来漯河先后获得国家园林城市、全国绿化模范城市、中国人居环境范例奖、中国特色魅力城市、中国最佳生态旅游城市、中国品牌城市和中部最佳投资城市等称号。

呼唤天人合一的“森林家园”

走进绿色，走进森林，营造天人合一的生态城市，是全球化时代城市发展的新潮流，绿色文明正在成为现代城市文明的重要标志。近年来，漯河市委、市政府把营造天人合一的森林家园提升到城市品牌战略层面来考量，以世界眼光和前卫理念来规划设计一个城市的绿色未来。

站在城市发展战略的高度，漯河市委书记靳克文有着更为深刻的思考。他认为，作为食品名城的漯河，需要创造一个安全、放心、环保的好环境，一个绿色的食品之都才更有竞争力。从某种意义上讲，21世纪城市之间的竞争将会提升为一种生态的竞争、绿色的竞争。漯河作为一座年轻的城市，要建设具有号召力的中国食品名城，就必须创建一座富有魅力的森林城市，打造城市的绿色竞争力。这也是落实科学发展观的具体体现。漯河市市长祁金立说，如果经济发展上不去，就是现实的庸人；但如果环境遭到破坏，就是历史的罪人。我们不能做现实的庸人，更不能做历史的罪人。必须对城市森林生态系统在可持续发展中的作用给予最大的认同，对城市森林建设在城市现代化进程中的基础地位给予最大的重视。

2005年，漯河市把建设生态宜居滨河城市纳入“十一五”规划，把环境优美作为漯河快速崛起的战略重点之一。2006年，漯河市五次党代会确立了打造中原地区富有魅力的生态宜居名城的发展定位。2007年8月，漯河市做出了深入开展“创建国家森林城市”活动的决定，根据市情，确立了“突出滨河城市特色、培育绿色文化景观、统筹城乡一体绿化、建设生态宜居名城”的工作思路，着力打造林水相依、林水相连、依水建林、以林涵水的特色滨河森林城市。创建森林城市，打造决胜未来的绿色竞争力，漯河人开始了任重而道远的上下求索。

构建食品之都的“绿色名片”

绿色是人类永恒的追求，森林是人类理想的家园。食品之都呼唤走向世界的绿色名片。“以人为本、生态优先、放眼未来、高位起步是我们制订森林城市总体规划的原则。”漯河市林业园艺局局长宋孟欣说，“近年来，我们聘请国内知名专家学者，科学、系统地编制了森林城市建设总体规划和城市绿地系统规划；始终坚持生态建设、生态安全和生态文明的林业建设指导思想。”

在具体运作中，漯河市提出建立“三绿、三林、三网、三园”的结构布局体系。“三绿”：即面上绿化、河路绿化、特色绿化。“三林”：即水源涵养林、水土保持林、风景休憩林。“三网”：即水系林网、道路林网、农田林网。“三园”：即郊野公园、绿色田园、生态果园。独具匠心的设计形成了健康、稳定的城市森林环境体系，实现了城区园林化、郊区森林化、通道林阴化、农田林网化、乡村林果化等城乡一体化的森林城市建设格局。高起点的规划、高标准的设计、高质量的建设，使漯河市城区绿化亮点纷呈：城市主干道均体现出生态景观道路特色，呈现出一路多景的风格。黄河路法桐高大舒展，紫薇花开五彩缤纷；天山路馒头柳相偎相依、金桂花开香气怡人；金山大道乔、灌、花、草层层叠叠；嵩山路一路不同景，千树万树花争艳，人面繁花相映情。

近年来，漯河市还大力开展了果树进城和桃花工程，种植观花挂果的柿、梨、桃、石榴、枇杷等优质果树，形成了四季有花、三季有果、花果飘香的美丽景观，勾画出森林城市的秀美风光。

绿树掩映的道路恰似一条条绿色的飘带，大大小小的公园、游园、广场宛如一颗颗璀璨的宝石镶嵌在绿色的大地上，成为城市的“绿肺”。漯河市城区按500米的服务半径规划建设了中银广场、老虎滩公园等多处游园绿地达87个。自2006年以来，漯河市加快了城乡绿化一体化建设步伐。建成了环绕全城的36公里长、100多米宽的环城防护林带，将整座城市揽入怀中，通过对东、东北、西南、西北四个城市入口进行绿化美化综合改造，沿路布园造景，营造乔、灌、花、草相结合，展现出了林茂花艳的优美景致。城市周边的开源森林公园、淞江植物园、香陈湾游乐园、许慎文化园、龙江生态园等，形成了城市周边五大绿色主题板块。“创绿色家园，建富裕新村”，催动着漯河人用绿色装点新农村的步伐。全市263万亩农田，林成网，田成方，遍地呈绿色，处处是氧吧的生态林业格局已经展现。漯河市按照新农村建设的总体规划，在各村镇主干道路、庭院内外进行绿化，建设乡村小游园、小果园以及环村镇防护林带，积极引进园林绿化树种，进村入院；如今，漫步在绿阴如云的城乡大道上，或置身于葱郁如画的村庄小镇上，都能感受到村在林中、院在绿中的田园风光。

打造魅力四射的“水韵绿城”

在辽阔的中原大地，漯河是唯一两条河流穿城而过的城市，清流映碧，天地造化，沙澧河成为城市之魂。漯河市把位于城市中轴线的沙澧河作为城市的重要生态廊道，注重“水”与“绿”的完美结合，倾力打造魅力四射的“水韵绿城”。“漯河美景，集于水上。放眼望去，玉带缓流，桨动鱼跃，莺啼燕鸣。野鸭时隐时现，沙鸥频频飞翔。在春和景明之日，乘扁舟，徜徉于清波之间，汲澧水，烹新茶，把酒向微风。赏长堤黄花，看鸭凫嬉水，听渔歌互答。有扬鞭放牧者，有垂竿静钓者。不由心旷神怡，游于物外，虽处闹市，仍享田园之乐，更似身处仙境！”一曲行云流水的《漯河赋》生动地展现了现代版水韵绿城的盛世图景。

怎样利用“水”打造一个城市的绿色个性？漯河市围绕“水”和“绿”

这两大森林城市建设主题，用遍布全城的绿来美化水，以穿城而过的水来提升绿。按照林网化、水网化的城市建设思路，致力于把漯河建成林在水中、水在城中、人在画中的北方森林水城。2007年7月，沙澧河开发建设拉开帷幕。通过国际化招标和全力实施推进，投资26.5亿元的沙澧河开发澧河段一期工程已经精彩呈现，沙河段一期工程正在抓紧实施。目前以自然景观为主的沙澧河风景游览区与市区内不同类型的休憩公园和游园绿地遥相呼应，构成了较为完整的绿地系统，沙澧河沿岸已成为风景长廊、生态长廊、文化长廊和休闲长廊。城市核心区以沙澧河生态景观带建设为中心，精心实施以沿河布绿、围桥造景、设景建园、开辟绿洲为主要形式的绿化美化工程，达到林园结合，丰富内涵，完善功能，提升品位。增设雕塑、画廊、文化设施、健身器材等硬件设施和植物景观。同时，扩大延伸滨河景观带，增加游园绿地面积和数量。在长长的滨河林带中，秀木葱茏的合欢园、青藤蜿蜒的紫薇园、万紫千红的迎春园、暗香浮动的梅花园、竹影婆娑的翠竹园等几十个特色园林，装扮出青春城市的缤纷亮色，形成以滨水绿化为主体的城市绿地系统框架，让广大市民拥有了更多休闲娱乐的好去处。穿越城郊的颍河、唐河、蜈蚣渠、黑河、汾河等17条主要河渠与沙澧河遥相呼应，构成滋润漯河大地的特色水系。为加大美化、绿化力度，漯河市在河流两侧建设了20米宽、540公里长的防护林带，形成林水结合的城市生态系统。

探索森林建设的“保证机制”

“森林城市建设是关乎城市未来的一项发展战略，必须建立一种保证机制。”漯河市委副书记、市创森办主任张社魁说，“这是一项造福子孙后代的德政工程，是一项涉及广、投入大、见效慢的长期工程，是一项需要社会各界广泛参与的系统工程。”在工作实践中，漯河市建立了三项机制，确保城市森林建设顺利进行。生态优先的政府决策机制在决定城市和社会经济发展的决策中，漯河市始终坚持把项目的生态影响评价放到第一位，凡是影响城市生态环境的项目一律不准立项建设。为此，他们制订出台了《城市绿化实施细则》《城市绿线管理办法》《古树名木管理办法》。市绿化委员会组织开展了绿地树木认养冠名活动，引导群众、企业和政府共同参与生态建设，形成以尊重自然、关爱自然，人与自然和谐相处的生态管护制度。在城区内，放眼郁郁葱葱的公园、游园，景石上刻有以企业冠名的标识，许多树上挂着刻有人名的牌子，认建认养绿地、冠名游园、栽植纪念树成为青春漯河的绿色时尚。漯河市委、市政府出台了《漯河市全民义务植树实施办法》，将每年的3月份定为全市义务植树活动月，市领导率先垂范，带领全市机关干部积极参加义务植树劳动。2008年，漯河市总工会、共青团、妇联联合组织开展了“相约碧水蓝天、共建绿色家园”及“百日护绿”等专项行动，动员在校大学生积极参与树木养护。

多元化的资金投入机制

建设城市森林不仅是一项生态环境大战略，而且也是一项受益无穷的大产业。为保证城乡绿化健康快速发展的建设资金，漯河市出台了《漯河市国家森林城市和林业生态城市建设奖惩办法》，积极探索建立起以政府投入为主、社会投入为辅的城乡绿化建设投入机制。漯河市在全省率先提出“不栽无主树，不造无主林”的理念，鼓励社会各界参与造林绿化，以承包造林、合作造林、公司造林为主要模式的造林新机制带动了绿化事业的健康发展。近几年，漯河市共吸引社会资金16亿元用于农村造林绿化，实现了造林数量和质量的双增长。

城乡一体化的管理机制

生态系统是没有城乡界限的，搞城市森林建设必须把城乡放在一起，统筹考虑。一是规划一体。在规划中给乡村以城市待遇，把农田生态系统、新农村建设中的生态环境建设纳入城市森林总体规划。二是投资一体，把城市、乡镇的森林建设投资统一纳入市政投资考虑。三是管理一体。2001年，市委、市政府将农村造林绿化和城市园林绿化管理职能合并，组建了漯河市林业园艺局，统筹城乡绿化工作。

为依法治林，漯河市组建成立了漯河市森林公安局和漯河市园林绿化监察大队，对农村和城市所有的林木资源进行了严格监管，相继组织开展了

“绿剑行动”“绿盾行动”“春蕾护花保果行动”等专项活动，有效地维护了漯河市的生态安全。

绿是城市的衣裳，树是回家的方向。在创建国家森林城市的道路上，漯河人民种下的是花草树木，改善的是城市生态环境，促进的是居民身心健康，收获的是人与自然和谐相处的宜居环境。260万漯河人民正用华彩之笔描绘出一幅更加和谐美好的画卷，一个天更蓝、地更绿、水更清的美丽家园将以更加绚丽的姿态展现在中原大地。

漯河市森林城市创建模式引起了专家学者的关注。中科院院士蒋有绪评价道：“这是一个生动的案例，漯河的森林城市建设很有特色！作为平原地区与山区丘陵相比，缺少地势变化。漯河人民发挥聪明才智，克服困难，改变不利条件，围绕沙、澧二河穿城而过的水系优势和暖温带向亚热带过渡的气候条件，在乔木、灌木、花草、色彩、结构的设计上独具匠心，不仅体现了物种的多样性、丰富性，而且与沙澧河开发建设等城市的长远发展战略结合起来，创出了一条平原森林城市建设的新路子！”

弯道超越
奇迹背后的三门峡速度

——河南省三门峡市创建国家森林城市纪实

《中国绿色时报》 吴兆喆 张建友 刘玉明

2011年10月25日

这里曾是夏商王朝统治的中心区域，历史厚重，经济繁荣；

这里有万里黄河第一坝——三门峡大坝，资源丰富，景色旖旎；

这里总会迎来西伯利亚的朋友——白天鹅，生态文明，自然和谐；

……

华夏的古老文明、祖国的今朝奇迹、南疆的湖光山色、北国的秀丽冰川，在三门峡市得到了巧妙的浓缩和展现。

三门峡市自2008年确立创建国家森林城市以来，倾全市之力、集全民之智，在全球化绿色发展的当今走出了一条经济发展与生态建设良性互动、人与自然和谐相处的科学发展之路，创造了黄河流域弯道超越、绿色崛起的奇迹。

目前，三门峡市城市森林覆盖率达50.72%，城市建成区绿化覆盖率43.7%，人均公园绿地面积12.6平方米，初步形成了“道路林荫化、河道林网化、乡村林果化、城市森林化”的城乡绿化格局。

勾勒宏伟蓝图 打造宜居城市

随着城市化进程的加快和城市居民生活水平的提高，“把森林建在城市、把绿色留在身边”已经成为城市生态建设的现实需要和广大人民群众的强烈诉求。

顺应这一趋势和需求，三门峡市在近年来的城市园林绿化建设中，积极推行“身边增绿、森林进城”行动，着力打造满目青翠、绿树成荫的生态宜居城市。

为了使“创森”活动落到实处，使生态宜居理念成为全社会共识，三门峡市一经确立“创森”目标，就成立了以市委书记、市长挂帅，各相关部门负责人为成员的创建指挥部，并科学整合农村造林绿化和城市园林绿化的管理职能，撤销原有的市园林局、市林业局，组建了三门峡市林业和园林局，形成了城乡绿化一体化的管理体制。

市委、市政府的高位推动为三门峡市“创森”活动注入了“强心剂”，全市各部门鼓干劲、出实招、动真格，在制订“创森”实施方案的基础上，各创建责任单位与市政府签订创建目标责任书，将年度目标任务纳入市委、市政府责任目标管理体系，全市形成了一级抓一级、层层抓落实的工作格局。

——以开展创建活动为平台，培育“绿色细胞”式的城市景观建设。三门峡市严格落实“绿色图章制度”，见缝播绿，依势造景，不仅规范改造和新建单位、居住区的建设审批程序，对工程建设和配套绿化进行跟踪监管，严格控制绿地指标，确保绿化达标，还对旧城区单位庭院、居住区因地制宜进行改造，广泛开展拆墙透绿和多种形式的立体绿化。目前，市区园林单位达72家，占单位庭院总数的63.2%；园林小区25个，占居住区总数的64.1%；市区90%以上的沿街单位实施了拆墙透绿；城区立体绿化面积达27万平方米，市农业局、市林业和园林局等单位还建成了高标准的楼顶花园。

——以林木植被为主体，建设城市公园绿地。三门峡市坚持新建、改造提升齐头并进，依据规划建设绿地、塑造精品的原则，大力实施公园、游园、广场等公园绿地建设。相继开工建设了涧河公园、涧河游园、上阳苑景区等公园绿地，总面积130公顷；建成了银桥沟游园、虢国苑等一批街头游园绿地，满足了居民出行500米就能进入公园绿地的需求。先后对陕州公园、人民公园、虢国公园、中日友好园、六峰游园等进行绿化建设和改造，增植乡土乔木树种，调整优化植物配置，景观质量显著提高，乡土树种占城市绿化树种比率达到86.7%。

——以乔灌结合为模式，搞好道路绿化美化。三门峡市坚持以乡土树种为主，景观效果和生态效益并重的原则，积极开展城区道路绿化美化建设。重点对陕州大道、崤山路、六峰路、甘棠路等新建或改造的10多条市区主次干道进行了绿化升级，采取补大苗增绿荫、栽常绿树增绿量、改草坪分车绿带为灌木分车绿带、变单一树种为多树种的措施，形成乔灌草搭配合理的多层次复合绿地。市区道路绿化普及率达98%，绿化达标率达85%，基本形成了多树种、多层次、多色彩的城市林荫路系统。

——以南山北岭为重点，构筑城市生态屏障。三门峡市严格按照林业生态建设规划和森林城市建设规划，依托独特的地形地貌，以南山北岭、三河（青龙涧河、苍龙涧河及黄河）两岸、沿黄滩涂，以及境内通道及其两侧可视范围的荒山荒坡为重点，在城市周边和功能分区之间，大力开展以环城防护林、城郊森林、通道绿化等为主要内容的大环境绿化建设，取得显著成效。城市规划区防护林面积达2230多公顷，有效地缓解了城市热岛效应，维护了城市生态安全。

绿化触角延伸　构筑防护体系

白天鹅洁白美丽，黄河水碧波荡漾，黄土塬深沉厚重，三门峡呈现给世界一幅人与自然和谐相处的优美画卷。

为了更好地保护远道而来的“贵客”，三门峡市依托黄河湿地资源，高标准规划建设了占地面积约590公顷的天鹅湖国家城市湿地公园。目前，投资1.5亿元的一期工程已建设完工，二期工程正在快速推进。

“以白天鹅资源为特色，以虢山岛为中心，以黄河、青龙湖、苍龙湖为主体，集生态、旅游、休闲、观光、科普为一体的自然山水景区已经脱颖而出。”面对湖光山色、林木葱茏的天鹅湖湿地公园，三门峡市林业和园林局相关负责人喜于言表。2011年，这里被国家旅游局授予4A级旅游景区称号。

如果说白天鹅和天鹅湖湿地公园是三门峡市的城市名片，那么和谐富饶的生态农村更是名副其实的宜居福地。

近年来，三门峡市按照社会主义新农村建设的要求，在全市开展林业生态县、乡（镇）、村“三级联创”活动。市绿化委员会先后下达了生态乡（镇）、村活动的实施通知和意见，突出了“以人为本，共建绿色家园”为主题。全市以培育和保护森林资源为重点，大力调整农村产业结构，改善生态环境，推进农村全面进步，实现人与自然和谐发展。3年来，全市6个县（市、区）已全部被省政府命名为林业生态县，并建成林业生态乡55个，林业生态村960个，完成村镇造林绿化面积达8.31万亩。

推出城市名片和走进宜居福地的必经之路其实也是三门峡市的绿色之路、和谐之路，发展河渠林网、道路林网，做到水网、路网、林网“三网合一”，是城市森林建设的重要内容。

近年来，在河渠、道路绿化建设中，三门峡市按照国家、省对通道绿化生态防护林建设的要求，依据生态廊道网络规划，大力推进道路、河渠生态防护林建设。特别是2008年以来，三门峡实施了以连霍高速公路、郑西高速铁路、陇海铁路、209国道、310国道等重要通道绿化和以黄河、洛河、青龙涧河、弘农涧河、苍龙涧河等水系为主的生态廊道网络建设工程，新增造林绿化面积24.44万亩，使道路、河流绿化率均达到92%。

绿化的强劲势头不仅为三门峡带来了宜居的幸福，也提高了全市人民“植绿、爱绿、护绿”的生态意识。据了解，三门峡市社会各界积极参与全民义务植树运动，“十一五”期间，全市共参加义务植树人数近640万人次，建立义务植树基地350余个，栽植树木4000余万株，义务植树尽责率达95%，成活率和保存率均达到90%以上。

以黄河湿地为依托，打造“城市名片”；以河渠、道路绿化为基础，编织城乡绿网；以“三级联创”为手段，改善农村人居环境。三门峡市“创森”以来，生态建设步伐明显加快，造林绿化质量不断提高，覆盖城乡的生态防护体系基本形成。

打造特色工程　实现兴林富民

三门峡市以创新森林城市为契机和发展平台，充分发挥地域优势，打造特色林业，加快发展和壮大林业产业，基本形成了以经济林基地—林果加工、速生林基地—木材加工、种苗花卉、食用菌生产、林药林草生产、森林生态旅游—生态文化等多种经营为一体的林业产业发展新格局，2010年全市林业总产值达到55亿元。

据了解，三门峡把经济林基地、速生丰产林基地、花木基地、生物质能源林基地建设作为森林城市建设和引导农民致富的重要产业来抓，相继出台了《关于加快林业产业化发展的意见》，明确了任务和工作重点，科学规划，精心实施，有力地推动各类基地建设。

目前全市已建成主要以苹果、核桃、大枣、板栗、花椒等为主的经济林面积约220万亩，年产果品量约120万吨；主要以杨树、刺槐、泡桐等速生树种面积约50万亩；建成以黄连木、文冠果为主的生物质能源林基地约50万亩；建成主要以蝴蝶兰、大花蕙兰等高档品种为主的种苗花卉基地3.5万亩；发展中药材种植基地约40万亩，年产食用菌约1亿袋。全市第二产业人造板加工能力约40万立方米；果汁年加工产量约40万吨。森林旅游约300万人次。

林业产业基地不断壮大，为提升城市质量和产业发展注入了新鲜活力。三门峡市采取“政府主导、企业主体、市场运作、部门服务”工作机制，示范带动、强力推进，重点发展以苹果、核桃、大枣为主的林果业，全市范围内基本形成“龙头企业+基地+农户”的核桃产业化经营体系，成为群众脱贫致富、增加收入新的增长点。

由民营企业投资建成的占地1.5万亩的“二仙坡绿色果业基地”成为一大亮点。主导产品红富士苹果于2005年获得国家级绿色食品证书，2006年首批通过了国家、国际双重GAP认证，取得了对英国、法国、德国、瑞典等61个国家的出口权，成为“河南一号”品牌，2009年荣获国家“金奖”，被认证为“中华名果”。

“兴林富民永远是林业建设的核心内容。”三门峡市林业和园林局相关负责人说，“尤其是林改开展以来，激发了全市群众的造林热情，‘把山当田耕，把树当菜种’已经成为农村的普遍现象了。”

按照“谁投资，谁受益”的原则，三门峡市大力推行大户承包造林、公司造林、股份制造林，拓宽了造林投资渠道。献民林业开发有限公司投资1000余万元在陕县、卢氏县承包宜林荒山40万余亩，现已种植生物质能源林25万余亩。

截至目前，三门峡市集体林权制度改革工作确权总面积853.93万亩，占集体林地总面积893.08万亩的95.6%，登记（办证）14万余份811.2万亩，登记（办证）率95%，实现了“山定权、树定根、人定心”，有力地推进了全市林业生态建设和森林城市建设，加快了林业产业发展，带动了生态旅游业蓬勃发展，促进了农民增收，维护了林区社会和谐稳定，林业发展充满了生机和活力。

创森和林改是相辅相成的，林改为农民找到一条脱贫致富的新路，富裕的农民将精力投入植树造林，又为宜居城市奠定了坚实基础。

建设生态文化　弘扬和谐价值

生态文化是国家森林城市建设的重要内容，更是生态文明、社会繁荣的重要标志。三门峡市将建设繁荣的生态文化体系纳入到现代林业建设之中，在大力发展林业生态和林业产业的同时，多方面、多角度在全社会广泛开展生态宣传教育活动，普及生态知识，弘扬生态道德，使全社会形成绿色文明、低碳生活的良好风气。

为切实加强林业生态文化基础建设，三门峡市高度重视自然保护区、森林公园、生态文化公园和教育基地等森林文化设施的建设。目前，已设立黄河湿地和小秦岭国家级自然保护区2处。其中黄河湿地国家级自然保护区被中国野生动物保护协会命名为“全国野生动物保护科普教育基地”。全市拥有亚武山、甘山、玉皇山、燕子山4处国家森林公园和省市级森林公园7处，建成天鹅湖国家城市湿地公园以及生态文化教育基地5处。并依托庙底沟古文化遗址的人文优势，于2011年投资2亿元建设了占地141.6公顷的城市文化公园，使古文化遗址在得到有效保护的同时，成为宣扬生态文化的又一重要基地。

此外，三门峡市对生态文化体系建设进行全面规划，注重利用自身优势，发展特色旅游业，并按“创森”规划要求逐步实施。

卢氏县以豫西大峡谷为重点，充分利用丰富森林资源，不断扩大森林旅游产业；灵宝市以亚武山国家森林公园、鼎湖湾湿地自然保护区等为重点，进一步完善生态旅游基础设施建设；陕县以发展扩大甘山国家森林公园红叶节为主，进而带动过村桃花节、店子乡连翘节等活动，不断丰富生态文化建设内容，突出生态文化建设对社会经济发展的推动作用；渑池县着力推进韶山旅游风景区建设步伐，为人民提供一个适宜的休闲娱乐场所；义马市生态文化体系建设的重点是利用有限的林业用地，扩建现有的生态公园、鸿庆公园等，并注重发展营造公园文化氛围；市直和湖滨区重点在抓好黄河游览区、虢国墓地、三门峡大坝等重点景区的生态建设的同时，探索实施了一些能体现景点文化建设特色的造林绿化模式。

景观养眼，文字沁心。通过文学、影视、戏剧、书画、美术、音乐等多种文化形式，大力宣传林业在加强生态建设、维护生态安全、弘扬生态文明、促进经济发展，是三门峡市建设生态文明的又一特色和亮点。

特别是《绿染崤函》电视专题片，《绿满崤函——前进中的三门峡林业》《春绿三门峡》两部大型画册，和《让森林回家》MTV的成功制作，让三门峡市生态文明建设的步伐越来越快、越来越好。

如今，围绕创建国家森林城市主题，三门峡先后举办国际森林年暨三门峡市创建国家森林城市义务植树和“创建国家森林城市万人徒步行”等系列活动，教育引导广大市民牢固树立创建主体意识、“建绿、爱绿、护绿”意识，激发了群众的积极性和主动性，使创建国家森林城市成为全市上下的共识和全体市民的自觉行动。

记者了解到，创建国家森林城市活动在三门峡家喻户晓、深入人心，创森知晓率和支持率分别达到96%和91%以上。

发展绿色经济、积累生态资本、推动和谐发展，今天的三门峡呈现出蓬勃生机，焕发出巨大活力，实现了保护与发展和谐共生，真正成为富民强市、青山绿水、黄河古韵、安居乐业的美好家园。

创建国家森林城市
打造美丽宜居济源

《济源日报》　何　雄　王宇燕

2013 年 3 月 13 日

春回大地，万象更新。沐浴着和煦的春光，我们迎来了第35个全民义务植树节。市委、市政府号召全市机关、学校、人民团体、企事业单位和全体市民踊跃投身播绿植绿的浪潮中来，为建设美丽家园、造福子孙后代，做出自己的努力和贡献。

党的十八大报告把生态文明建设纳入中国特色社会主义"五位一体"的总体布局，向全党全国人民发出了"建设美丽中国，实现中华民族永续发展"的响亮号召，向世界宣示了中国加强生态建设的坚强决心和坚定信心。济源处在中原经济区上风上水的位置，是南太行和沿黄生态屏障区建设的重要节点城市，肩负着中原经济区生态屏障的重任。创建国家森林城市、打造美丽宜居济源，不仅是推动全市经济社会持续健康发展的迫切需要，也是我市建设中原经济区新兴地区性中心城市、"三化"协调发展先行区的必然要求。

国家森林城市是目前我国最具权威性、最能反映生态建设整体水平的城市荣誉。创建国家森林城市，是提升城市品位、改善生态环境的重要举措，更是一项功在当代、利在长远、事关大局、造福后代的民心工程。2009年我市国家森林城市创建工作正式启动以来，在全市各级各部门的密切协作、通力配合下，在全市广大干部群众的大力支持、热情参与下，我们以绿色单位"八创"活动为载体，以增加绿量、改善环境为主线，连年组织开展各种形式的造林绿化活动，全力推进城乡绿化一体化建设，目前全市森林面积达到119.83万亩，活立木蓄积量达到384.8万立方米，森林覆盖率达到42.38%，多项指标达到或超过国家验收标准，今年创建工作已经到了最后冲刺阶段。全市各级各部门和广大干部群众要充分认识我市开展国家森林城市创建工作的重要性，充分认识创建工作取得的成绩、承担的任务以及面临的挑战，切实增强责任感、紧迫感和压力感，把思想和行动统一到市委、市政府的决策部署上来，汇全市之智，聚全市之力，迅速掀起创建国家森林城市的新热潮，确保创建目标任务的圆满完成。

“一年之计在于春”，春天是植树造林的黄金季节。我们要以创建国家森林城市为载体，以开展全民义务植树活动为契机，全民动手、造林绿化。全市各级各部门要围绕“三区两点一网络”布局，全力推进山区生态体系、村镇绿化、平原林网、通道绿化等12项重点工程，坚持高起点、高标准、高质量、全覆盖，力求点、线、面结合，确保点上有精品、线上有亮点、面上有效果，着力构建城乡生态网络。植树造林，绿化家园，是每个适龄公民应尽的义务。全市广大干部群众要不断增强“植绿、爱绿、护绿、兴绿”的意识，认真做好单位、社区、庭院、企业、校园、道路等绿化美化工作，积极参加各种形式的义务植树活动，踊跃种植纪念树，营造“共青林”“三八林”“读者林”“婚庆林”“志愿者林”，积极参与公共绿地或树木认建认养活动，主动为创建国家森林城市、建设美丽宜居济源贡献出自己的一份力量。

绿色孕育着希望，绿色承载着梦想。一座森林环抱、绿意盎然的城市，必定是充满生机和活力的城市。让我们积极行动起来，主动履行义务植树的责任，铭志于树，寄情于林，从每个单位做起，从每个家庭做起，从身边做起，主动植树增绿，用我们的汗水，浇灌出片片新绿，同心呵护济源的蓝天碧水，奋力争创国家森林城市，携手共建美丽宜居家园!

水乡林城　生态武汉

——武汉市发展城市森林成就综述

《中国绿色时报》　武汉市林业局

2010年4月23日

长江堤岸绿化

4月的江城，风拂柳娆，百花争艳，新芽吐翠。江滩、湿地公园、绿化广场，处处春机盎然。精神矍铄的老人悠闲散步，顽皮可爱的孩子穿梭嬉戏。从“百湖之市”嬗变为“水乡林城”的武汉，和谐生态的美景惹得游人流连忘返！如今，环城林带、九峰城市森林保护区，让武汉拥有了大型城市绿肺和天然氧吧。武汉市民足不出市，即可观满山红叶，赏遍地野花，品四季美果。

推进城市森林建设

武汉市从1999年开始大规模植树造林，2003年启动实施“绿色武汉·城在林中”行动计划，2004年确立以“水乡林城生态武汉”为目标，加快推进城市森林建设。2007年12月，国家正式批准武汉城市圈为全国资源节约型和环境友好型社会建设综合配套改革试验区。近几年来，武汉市坚持社会经济与生态建设协调发展，积极探索重工业城市生态建设的新模式，大力推进城市森林建设，着力构建“生态武汉、和谐武汉”。

近年来，武汉市发展城市森林步伐不断加快，建设的模式和思路更加清晰。2008年2月，武汉市委、市政府召开建设城市森林动员大会，同年7月又正式实施武汉市城市森林总体规划，实施十大工程除逐一分解38项建设指标外，还首次提出湿地覆盖率、生态用地比率、人均生态游憩地面积等城市森林建设三大亲民指标。根据规划，市民出门500米可见休闲绿地，出门1000米可见公园，出门2000米可见水。还按照“带园林下乡，引森林进城”思路，采取中心城区、两个开发区与远城区分别“结对”，推进城市森林建设，形成全民动员发展城市森林、共享生态文明的火热局面。2008年12月16日，国家林业局与湖北省人民政府签署了“武汉城市圈国家现代林业示范区合作建设备忘录”，优化配置整个城市圈生态资源、推进城市圈一体化绿化建设。由内向外，武汉市域被规划成低山丘陵生态圈、平原湿地产业圈和城近郊区景观圈3个生态圈层。

为调动全社会参与城市森林建设的热情，武汉市坚持以政府投入为主，鼓励社会参与。政府在基础设施、种苗等方面给予适当补助或以奖代补，不断放活产业开发政策，支持民营企业、个人等非公有经济主体投资林业产业。林业重点工程建设采取征地绿化，租地造林，工程施工，业主造林，以奖代补。近7年武汉市投入300多亿元打造城市森林。

2004年开始，武汉市高标准建设天河机场路景观林带，改以往的租地造林为征地造林，改义务植树为专业队造林，改栽后不管为分段招标公司养护。在环城森林景观林带建设中除了征地植绿，市政府针对沿线农民就业、子女入学等问题，专门出台了优惠政策。在农村绿色家园、村湾绿化建设中，政府提供资金补助，无偿提供种苗。谁栽谁有、谁管护谁受益，对不同地域的林木采取不同的造林和管护方式。

实施环城林带建设。从2004年起，征地近5万亩、投资近10亿元在全长188公里的外环路两侧实施百米宽的环城林带建设。为保持沿线的原生态，地形、地貌不做任何整平及其他处理，林带建设见山翻山、见水越水。3年建成环城林带5.8万亩，成为武汉市的大氧吧。大力实施采石场植被恢复和绿化改造，复绿改造面积2.7万亩。

大力实施显山透绿。从2004年开始，投资15亿元，实施“城中插绿、破墙透绿、围桥造景、绕城植树”工程，对贯穿市区的龟山、蛇山等20多座山体实施大规模拆迁透绿、腾地植绿和林相改造。2007年，投资2亿元改扩建汉阳琴台绿化广场，绿化面积达4万平方米，绿地率85.1%。2009年，中心城区大力实施拆迁建绿、拆墙透绿、见缝插绿、身边增绿，新增绿地面积300万平方米，植树50万株。

完善“三镇”绿岛布局。重点建设了九峰城市森林保护区，加快了东湖风景区及50多个城中公园新建改造。多数市民出门500米就能见到绿地，出门1000米就能见到公园，出门2000米就能见到水。2005年以来，投资20多亿元，实施了占地30.02平方公里的九峰城市森林保护区建设工程，将马鞍山森林公园、石门峰名人文化园、九峰森林公园和长山农业观光园联为一体，通过种大苗、拆迁、建设景区路网，原有森林被连成片，初步形成总面积超过27平方公里的都市森林，保护区森林覆盖率由40%提高到66.6%。

综合整治两江四岸。投入30多亿元对两江四岸进行环境综合整治，现已建成汉口、武昌、汉阳、青山江滩公园，80%的岸滩已被植绿，形成全长55公里的江滩景观带，两岸美景相互辉映。其中长6.2公里，宽150米，总面积达150万平方米的汉口江滩，栽种乔木5.3万株，铺草坪、花灌木75万平方米，绿化率达70%。

实施机场路绿化工程。从2005年1月底开始，一次性征地3000亩、投资过亿元，在18公里机场高速两侧建设各50米宽绿化林带，全市通道绿化率已达84%以上。

开展“创绿色家园 建富裕新村”行动。从2007年春开始，全市2087个村通过建设村湾风景林、庭院经济林和农田林网，新增林地25万多亩，使全市森林覆盖率提高2个百分点。

2008年春季启动了全国首批碳汇造林试点面积1万亩。2009年以长防林、血防林、低产林改造、林果产业基地开发为重点的植树造林全面提速，全市造林近13万亩。今年，全市投资1000多万元，完成环“一江两山”武汉段生态景观林带42公里，武汉城市圈生态网络一体化更加显现。

加强水生态和湿地保护。今年，实施百湖湿地保护工程，对远城区128个湖泊勘界立桩，建设国家级、省级湿地公园 3 个，湿地类型自然保护区6个，在武汉外环形成了湿地资源保护网络。中心城区打造了40个湖泊湿地公园，营造“一湖一景”的湖泊景观带，近百万市民坐享家门口的风光。实施武汉新区六湖连通生态修复工程，大东湖生态水网连通东湖、沙湖、杨春湖等6个主要湖泊，成为我国“最大的城中湖”，水网绵延400平方公里。同时，为加大湿地立法力度，强化依法保护，今年1月15日湖北省十一届人大常委会第十四次会议通过了《武汉市湿地自然保护区条例》，并于3月1日正式实施。

城市是人类文明发展的主要载体，而森林、湿地是城市生态环境的重要组成部分。发展城市森林是武汉市“两型”社会建设的新起点，未来的道路依然任重道远。武汉市全面推进城市森林建设，倡导低碳生活，描绘出一幅“林水相依、林水相连、依水建林、以林涵水，城在林中、林在城中、湖城交错”的美丽蓝图。

绿色之城映三峡

——湖北宜昌争创“国家森林城市”纪实

新华网　刘紫凌　冯国栋

2011年11月12日

半城树木半城楼，满城绿色满眼春。

时值初冬，位于长江三峡之首的湖北省宜昌市依然满目青翠。走在这座绿色之城，仿佛能听到这座约400万人口的城市迈向“国家森林城市”的坚定脚步声。

长江畔竖起生态安全屏障

在三峡坝上库首秭归县，近万亩刺槐和紫穗槐组成的绿色屏障，静静地矗立在江边。当地一位姓向的农民告诉记者：“过去一下雨，山坡上就被冲出一条条深沟。栽上树木后，再大的暴雨也不怕，真像给长江扎上了一道‘绿篱笆’，保证了三峡库区水质。”

由于地处三峡坝区和三峡库区接合部，宜昌把打造库区天然生态屏障摆在创建“国家森林城市”工作的重要位置。通过实施天然林保护、退耕还林等国家林业重点工程，构筑起三峡库区生态安全屏障，使库区水土流失面积近年大幅下降，境内长江输沙量下降约80%。

而宜昌市建设森林城市的努力远不止于此。

有这样一个故事：位于城区中心的一个湖心小岛的河心公园，曾被多个房地产老板相中。但当地政府不为所动，投资3000万元植树种草，为市民增添了一个享受自然的好去处。

近年来，宜昌先后投入60多亿元实施绿化、美化和亮化工程，对城市30多条主次干道实施提档升级综合改造，建成了一大批公园。一幅人与自然相和谐、高楼与森林相融合、文化与风景相映衬的优美画卷，正在长江之畔悄然延伸。

在森林城市建设上，宜昌交出的答卷是：森林覆盖率达58%，城区绿化覆盖率约41%，人均公园绿地面积10多平方米，年空气质量二级以上天数达到350天。宜昌曾先后荣获“中国优秀旅游城市”“国家园林城市”“中国十佳宜居城市”“国家环境模范城市”和“国家卫生城市”等荣誉。

城在林中，人在城中。“天天生活在天然氧吧里，感觉很好。”开了10多年出租车的王师傅的感受，透出了当地人的几分自豪。

山区兴林为农民送上“金饭碗”

绿色也是一种生产力。在宜昌市夷陵区龙泉镇雷家畈村，随处可见掩映在绿树中的“农家别墅”。正在柑橘园里忙碌的村民李国凤说：“靠着柑橘和猕猴桃这些‘金果果’，我们农民用上了网络、烧上了沼气、洗上了淋浴、开上了小车。”

过去，雷家畈村可是穷得“鸟不下蛋”的小山村。近年村里发展经济林，建起了4500多亩柑橘和750多亩猕猴桃基地，村民人均年收入节节攀高，今年预计可达8600多元。

2009年，国家贫困县长阳土家族自治县磨市镇建成了年出圃1000万株的油茶种苗繁育示范基地，目前油茶产品远销北京、上海、重庆等大中城市，出现在沃尔玛等数十家国际卖场的500多家门店，带动18000户以上农民稳定增收。

建基地，上规模，成板块。宜昌走出了“一县一业”“一乡一品”的林业产业发展新路。据统计，宜昌千亩以上的林业产业基地达到220个，500亩以上的基地达330多个。兴山核桃、五峰茶叶、秭归柑橘、长阳油茶等一批林业特色产品迅速崛起。“土老憨”林产品、“采花毛尖”及“萧氏茶”

茶叶成了响当当的“中国驰名商标”。

此外，宜昌还推广了林药、林菌、林菜、林牧、林禽等立体开发、循环利用模式，林下种养规模达到75万亩，林下经济年产值达40亿元，促进林农增收10亿元。

生态建设与产业发展并举，让广大林农从森林城市建设中得到了实惠。兴山县黄粮镇界牌垭村6组村民毛红艳喜滋滋地说：“今年在核桃林下套种了菊花，每亩能赚3000多元。”

全民参与擦亮城市“绿色名片”

“欢迎你游览金色三峡、银色大坝、绿色宜昌。”每天，宜昌城区上万辆出租车都用这句话问候来自世界各地的游客。

宜昌是“水电之都”，也是国际知名旅游城市，年接待国内外游客1500多万人。创建森林城市，保护青山绿水，无疑是向世界展示中国城市形象的一扇重要窗口。

今年9月，宜昌决定命名橘树、栾树为市树，命名宜昌百合、腊梅为市花。开展市树市花推选活动时，数以万计的干部、职工、专家、学者、市民及林农，通过各种方式推荐自己心中的最爱。一封封信件，一条条短信，表达出当地人对爱绿护绿的信念。

如今，宜昌人自觉保护生态环境的意识日益增强。在枝江、宜都沿江滩涂生长的大面积濒危植物疏花水柏枝，是市民发现并主动向林业部门报告，最后由专家鉴定的，一举打破了该植物只生在长江三峡的学术界定。

近年来宜昌先后派1000多名专业技术人员走村入组，开展“林业科普进万家”活动，技术示范培训1500场次、讲座480期次，累计培训近10万人次，为兴林创森、林农增收提供了有力支撑。

建设生态文明需要群众基础。现在，越来越多的城乡居民加入到义务植树的行列，2700多株古树名木已被市民挂牌认养，“绿色家庭”“绿色社区”“生态村庄”如雨后春笋般迅速涌现……

千畴绿色万轴画，远近高低各不同。宜昌人正张开臂膀，拥抱森林，拥抱绿色。

林在城中建城在山水间 且看高绿化的美丽襄阳

《襄阳日报》 韩 洁 王晶晶 安富斌

2014年6月12日

一江碧水穿城过，十里青山半入城。这里的山，峰峦叠嶂、郁郁葱葱；这里的水，清澈潺潺、奔流不息；这里的景，秀美宜人、如诗如画……这里，是拥有2800多年建城史的国家历史文化名城——襄阳。

漫步襄阳大地，处处绿色满园。

目前，全市林业用地面积1398万亩，森林覆盖率43.84%，活立木蓄积量2535万立方米，城区人均公园绿地面积11.2平方米。襄阳，先后荣获“全国造林绿化十佳城市”“国家园林城市”“全国绿化模范城市”“中国红嘴相思鸟之乡”“全国民生林业产业示范区”等称号。

面对一系列的荣誉，襄阳人并未放慢前进的脚步，而是快马加鞭，再上征程，在创建国家森林城市的集结号中奋勇当先，书写着襄阳生态建设的崭新篇章。

大手笔演绎“创森”经典

2009年11月，市委、市政府召开城市森林生态建设动员大会，做出建设国家森林城市的战略部署，要求全市人民积极行动起来，共同营造绿色家园。

2012年7月9日，市委、市政府隆重召开“创五城、迎节会”千人动员大会，提出创建国家森林城市是坚持民本为先、提高市民幸福指数的根本要求，是优化发展环境、增强城市要素聚集力的现实需要，是提升城市功能、增强城市辐射带动力的必然选择，是打造城市品牌、扩大城市影响力的有效路径，是转变发展方式、增强城市可持续发展能力的必由之路。会议提出将每年新增城市绿地100万平方米，新建公园、游园和建设绿道作为十件实事之一狠抓落实。

市委、市政府把“创森”列入重要议事日程，成立以省委常委、市委书记为顾问，市委副书记、市长为组长，28个市直部门、各县（市）区、开发区主要负责人为成员的市“创森”领导小组，负责统一领导、组织、协调、督导创建森林城市各项工作。同时，在市林业局设立领导小组办公室，负责具体创建工作。

2013年3月底，市人大常委会组织5个调研组，分赴各县（市、区）、开发区以及承担创建任务的10个市直部门，对国家森林城市创建工作进行调研，查找问题和差距；4月24日，召开专题询问会，督促各地各相关部门强化措施，加快推进创建工作；11月6日，市人大常委会对创建国家森林城市专题询问所提问题的整改落实情况开展“回头看”。

2013年6月，国家林业局宣传中心主任程红一行，对襄阳市创建国家森林城市工作进行调研，并对“创森”工作给予充分肯定和高度评价。

2013年12月4日，市委办公室、市政府办公室出台《关于开展“绿满襄阳”行动的实施意见》，提出“绿满襄阳”行动要围绕实现林业“双增”目标，以建设“绿色襄阳”为载体，以创建“国家森林城市”为抓手，大力推进城乡绿化统筹发展，不断增加森林资源总量和生态环境承载量。

2014年4月30日，中央纪委驻国家林业局纪检组长、国家林业局党组成员陈述贤一行8人，实地考察襄阳市国家森林城市创建工作。陈述贤对襄阳市在创建森林城市中取得的显著成效、工作的扎实进展给予充分肯定，并就进一步推进创森工作提出了具体要求和指导意见；希望襄阳市继续坚持高标准、严要求的工作作风，为“创森”工作提供扎实的保证，让市民最大限度地享受“创森”带来的实惠。

高标准规划"创森"格局

要更加自觉地珍爱自然，更加积极地保护生态，努力走向社会主义生态文明新时代。这是党的十八大的要求，也是创建国家森林城市的目标之一。

2011年11月，市委、市政府聘请国家林业局林产工业规划设计院，为森林城市建设量体裁衣，编制了《湖北省襄阳市国家森林城市建设总体规划》。以"山水森林城，宜居新襄阳"为理念，坚持城市、森林、园林"三者融合"，城区、近郊、远郊"三位一体"，林网、路网、水网"三网合一"，乔木、灌木、地被植物"三头并举"，生态林、产业林和城市景观林"三林共建"。

根据襄阳市的自然生态环境条件特征和资源利用的分异性，以及森林城市建设与发展对绿色空间的拓展性趋同存异要求，《湖北省襄阳市国家森林城市建设总体规划》提出，襄阳市国家森林城市建设空间布局为"一城、两带、三网、四区、七廊"。

"一城"，即创建襄阳市国家级森林城市。通过对山、水、城、洲的科学规划、保护、治理、建设，形成林在城中，城在林中，车在绿中，人在景中的森林生态网络。主要构筑六大生态景观体系：城市景观道路建设；城市沿江沿河森林生态建设；岘山森林公园、鹿门寺国家森林公园、邓城生态公园和隆中风景区景观森林和水土保持林建设；工业园区以防尘、防噪、防污染为主的防护林建设；机关、学校、医院、企业、社区等绿化提档升级建设；以襄阳城区为中心，向县、市城区辐射，带动县、市城区绿化及环城防护林建设。

"两带"，即汉江流域（襄阳段）林业生态建设带及骨干交通景观绿化带。汉江流域（襄阳段）林业生态建设带，包括汉江流经老河口、谷城、樊城、襄城、襄州和宜城共6县（市、区），总长195公里。根据两岸地形地貌特征和生态状况，把水源涵养、水土保持、防浪护岸、防沙治沙等生态林营造与高效经济林、速生丰产用材林建设结合起来，实行两岸沙洲地森林全覆盖，岸边可视范围内山头坡地森林全覆盖，沿岸城镇、村庄森林全覆盖，形成汉江襄阳段森林生态经济带和森林景观带。建设以意杨、楸树、优质桃、梨等为主的生态林、经济林，结合新农村建设，建设高标准湾子林，庭园经济林。骨干交通景观绿化带，则是以汉十、魏樊、襄荆、谷竹等高速公路，襄阳外环、内环线，国道、省道，汉江沿岸和景区公路为重点，在两侧以乡土树种为主，营造30～50米生态景观林带，重点地段实行乔灌草结合，形成季相变化，色彩丰富的景观效果。

“三网”，即水系林网，对境内汉江的主要支流，包括大中小型水库、县乡主要灌溉渠道，建设防护林带，形成多层次的综合水网防护林体系，发挥其涵养水源、净化水质、减少水土流失、护岸、护库、护渠的作用；道路林网，以国道、省道和高速公路为骨干，以县、乡和村级道路为重点，实施绿色通道建设工程，形成道路林网系统，发挥其遮阳降温、保护路基路面、减少污染、降噪防尘、美化景观的作用；农田林网，在基本农田周围以路、沟、渠、堤为骨架，营造农田防护林网，以改善农业生产条件，保障农作物丰产稳收。通过“三网”建设，形成林田相映、林水相依、林路相连的森林生态网络，为建设“绿色襄阳”提供生态保障。

“四区”，即山区生态公益林区，以封山育林和退耕还林为重点，实施国家天然林保护和生物多样性保护工程；营造水土保持林、水源涵养林等生态公益林，努力恢复和扩大森林植被，控制水土流失，降低地质灾害威胁。低山丘陵用材林经济林区，以营造速生丰产用材林和高效经济林为主，实施人工造林和低产林改造，发展经济林，为社会提供无公害绿色林特产品。鄂北岗地防护林区，努力增加森林植被，提高森林覆盖率，为鄂北干旱地区及周边广大地区提供生态屏障。湿地生态保护区，城区以汉江为主，打通城区七条河流，建成城区湿地生态保护系统，建设国家湿地公园和湿地自然保护区。“七廊”，即汉江、清河、唐白河、南渠、大李沟、滚河、淳河七条城市生态景观廊道建设工程。以水体为载体，以生态为主体，大力建设贯穿城市中心的七条城市生态景观廊道，形成林水相映、玉带环绕、鲜花盛开的景观长廊。

林果添香　夯实林业产业富民惠民

6月初，记者穿过南漳县绿色产业发展示范项目和湖北省重点项目——南漳县华中绿谷项目大门，只见宽阔平坦的路面两旁，种植着郁郁葱葱的树木。

项目负责人介绍，目前一期工程已完成投资3亿元，苗木交易大市场和根雕盆景加工销售大市场的中轴线道路已形成；苗木种植示范基地建设板块项目区内已开发2000亩土地，栽植各种树木140余万株，带动发展苗木种植专业合作社10家，种植苗木5000余亩。“未来，我们将以花木种植为产业基础，整合和储备鄂西北苗木资源，建立一个苗木期货和现货交易的大市场，建设鄂西北森林银行，实现‘公司+农户+金融+协会’的发展模式，把‘华中绿谷’建设成为华中地区花木产业的新地标和中国花木产业创新示范区！”采访中，项目建设负责人向记者介绍。

近年来，襄阳市紧紧围绕发展“生态林业、民生林业”战略目标，大力实施大基地、大招商、大园区、大龙头、大旅游“五大战略”，多措并举推进生态林业与民生林业建设，初步形成以速生丰产林、高效经济林、木本油料林、生物质能源林、中药材、茶叶和食用菌基地建设以及林下种植与养殖等为主的第一产业，以木材、干鲜果、森林食品、茶饮、木本油料、生物质能源等加工为主的第二产业，以森林旅游、林特产品销售和林业技术服务等为主的第三产业。

在市林业局的一组数据上，记者看到：2013年全市实现林业总产值374亿元，同比增长40%，保持连续五年快速增长态势，占全省林业总产值的四分之一，直接带动农民年人均增收310元，达到兴林与富民的有机统一。计划2014年全市林业产值达到500亿元，建设产业基地15.6万亩，发展苗木花卉2.67万亩。

今年4月，市政府出台的《襄阳市农产品加工业“三年倍增计划”行动方案》，明确提出打造千亿级林业产业。今年，市政府把中国襄阳花木绿谷、玫瑰文化产业园等46个涉林项目列为全市重大建设项目，实行市领导包保责任制和驻点项目秘书制，采取目标考核和路线图管理。

同时，襄阳市强化合作交流，扩大产业对外影响。协调组织有关企业参加“第十届中国（菏泽）林产品交易会”“第23届中国兰花博览会”“2013中国茶叶博览会”……

如何实施重点项目带动工程，夯实发展之基，是市委、市政府一直在思考的问题。答案是坚持国家、政府、企业和招商四位一体的投资策略，大力推进林业产业化支撑项目建设，引领产业做大做强。2013年，11个林业项目纳入襄阳市2013年重点文化旅游项目，总投资99.95亿元，当年完成投资14.4亿元。2014年，47个涉林项目纳入市政府重大项目投资路线图管理。“中华紫薇园”已开园迎宾，杜仲胶生产线和中底板生产线等林产品深加工项目顺利建成投产。

搭建企业集聚发展平台，促进企业逆势竞进。全市现有3个省级林业科技产业园，规划总投资45亿元，已入驻企业30家，全市培育林业产业化国家级和省级重点龙头企业36家。2013年，林业产业化省级重点龙头企业实现销售收入76.6亿元，建设自营基地65.2万亩。

林产品出口创汇取得新突破。全市现有出口创汇林业企业7家，2013年实现出口创汇5048万美元，其中食用菌企业3家，出口创汇4600万美元；水果和橡籽深加工企业各1家，出口创汇318万美元；柳编和中药材企业各1家，出口创汇130万美元。食用菌已成为宜城市和保康县出口创汇的当家产业。

创新体制机制，拓宽企业投融资渠道。襄阳市采取“金林搭桥、银企对接”、股权交易等措施，着力拓宽企业投融资平台，化解企业融资难。继2012年湖北华海纤维科技股份有限公司在天津股权交易所挂牌后，2013年6月，湖北永续植物科技股份有限公司成功在武汉股权托管交易中心挂牌。经市林业局多次与农行襄阳分行协调沟通，双方于2013年11月28日签署“共同推进林业产业建设发展战略合作协议”，该行承诺每年投放林业信贷规模递增20%以上，3年累计投放林业贷款不低于30亿元人民币，重点支持工业原料林基地、木本粮油和特色经济林基地、林下经济基地、林板及林纸等林产工业项目、森林旅游等林业主导产业建设。

宜居魅力　实施“绿满襄阳”行动

“目前湖北省内尚没有市州建设城市绿道系统，襄阳市作为重要的省域副中心城市，将绿道建设作为一项重要的公益性民生工程。”市林业局负责人说。为了建成宜居家园，襄阳市尊重自然、顺应自然、保护自然，实施“绿满襄阳”行动，实现城乡开发建设与生态文明建设双赢，人与自然和谐相处，既要金山银山，也要绿水青山，形成了最根本、最持久、最难替代的核心竞争优势。

加强生态环境保护，实施重大生态修复、生态园林景观、绿色建筑工程，加快修复岘首山、万山、团山等山体生态，精心建设鱼梁洲“城市生态绿心”，加快建设岘山国家森林公园等“城市生态绿肺”，进一步增强襄阳汉江、长寿岛等“城市生态绿肾”功能，保护好“一江两洲三山八河”等自然生态环境。实施“蓝天碧水”工程。深入推进“五城同创”，编制“九水润城”规划，引水入城、显山活水，提升城市防洪功能，打造优美水系景观；把庭院绿化和公共绿化融为一体，优化郊区、绿化园区、美化社区、靓化街区，充分彰显襄阳“山、水、城、洲、文”的城市特色。

据有关部门统计，经过多年建设全市城市绿地已经进入快速发展阶段，公园绿化、道路绿化形成一定的规模，各类绿化树种较为丰富，构建了全市绿化的大框架，建成了一批精品工程。目前全市绿地率35.02%，绿化覆盖率40.11%，人均公园绿地11.2平方米。

据了解，结合襄阳市地方自然特色和文化特色，按照一江（汉江）一洲（鱼梁洲）一环（环城）两河（唐白河、小清河）两山（岘山、鹿门山）四城（襄城、樊城、襄州、东津）十轴（乔营路——麒麟大道、汉江路——唐家巷路、三元路、襄一号路、东风汽车大道、交通路、新明路、邓城大道——义乌大道、江华路、闸口路）多点（多处城市公园、风景区、森林公园）的发展格局，以城区周边自然山体和丘陵、林地等自然绿地构成中心城区的外围绿化背景，以鱼梁洲为生态绿心，以沿江、沿河、沿路的带状绿地为联系组带，建设由各级公园绿地组成点、线、面结合的城市绿地网络化格局。

同时，在城市绿道建设工程方面，营造结构合理、衔接有序、连通便捷的襄阳市绿道网络体系。通过自行车道、步行道和配套基础设施规划，将居民区、城市道路、历史文化景观和郊野大型的自然保护区、森林公园、湿地公园等重要节点串联，并综合环保、运动、休闲、旅游等多种功能，为广大居民提供绿色开阔的城市休闲空间。

襄阳市现有自然保护区13个，自然保护小区15个，各类保护区保护了襄阳市重要的原始森林、天然次生林、古老植物群落、珍稀野生动植物物种、湿地资源和独特的人文及自然景观，其中包括大量的国家级重点保护野生动植物。

2010年3月16日，襄阳市被授予“中国红嘴相思鸟之乡”称号。

2013年6月3日，保康县被授予“中国紫薇之乡”称号。

今年4月2日，南漳县被授予“中国鸳鸯之乡”称号。

出门见绿，转身即景。如今在市区，无论是走在繁华的城市主要街道，还是小街小巷，很容易就能找到可供停留休憩、健身娱乐的公园、游园，让市民多了几分惬意。

这一切变化都要归功于“创森”工作的开展。近几年，市区共实施30多项生态环境建设，城区新增绿地面积达到2879公顷。目前，市区拥有公园9个，广场、游园43个，街头绿地100余处，基本实现了中心城区市民出门500米见绿的目标。

文化引领　彰显山水文化价值

襄阳是国家级历史文化名城，三国文化、楚文化、汉水文化在此交融，形成了独具特色的“山水襄阳城”。“利用得天独厚的自然条件，通过加强林业生态文化资源培育，将历史文化与当代文化相结合、都市文化与生态文化相融合，将‘文化襄阳’向着生态文明的更高层次提升。”在建设国家森林城市中，襄阳市依托文化底蕴，沉淀生态文化。

近年来，市政府通过加强森林公园、湿地公园、自然保护区建设，加强基础设施建设和管理，文化基础设施建设取得一定成效。

——森林文化场所建设。襄阳市坚持传承历史文化与文化创新发展互促共进，增强省域副中心城市文化软实力，在展现襄阳市秀美风光、历史文化名城的同时，强化森林文化产业载体建设，增强森林旅游特色。以襄阳市各类文化场馆、博物馆、风景名胜区、自然保护区、森林公园、湿地公园、植物园、动物园等为依托，以楚文化、汉水文化、三国文化等为主题，建设文化主题园与森林文化场馆。利用已有的各类文化场馆与主题园区进行扩建，以三国时期遗址最多的古隆中风景区为代表，展示三顾堂、草庐亭、梁父岩、半月溪等文化遗址；打造孟浩然文化主题园，彰显鹿门风景名胜区与众不同的历史人文气息和价值内涵；突出千年古刹白水寺为代表的宗教文化的魅力；利用亚洲规模最大的南漳古山寨，打造古山寨“世界品牌”。

——科普教育基地建设。襄阳市规划利用现有的森林公园、自然保护区、烈士陵园、战役纪念馆等场所，建设科普教育基地。以湖北省生态文明教育基地襄阳市林科所为核心，建设生态科普教育基地。围绕鄂西生态文化旅游圈，建设“三大生态科普教育基地”，即隆中植物园、兰科自然保护区和保康野生蜡梅、野生牡丹、野生紫薇保护区。以汉江风光带旅游总体规划为参照，规划崔家营科普教育基地。利用已挂牌的市级科普教育基地发展科普宣传。通过每年举办各类科普教育活动，号召市民共同行动，争创国家森林城市。

——义务植树基地建设。襄阳市发起“绿满岘山”活动，运用造林、森林抚育、补植补种、景观改造和植被恢复等技术措施，对盐井寺、习家池、扁山、汉丹卫东、虎头山、贾冲等六大重点片区进行整治改造、全面绿化，治理总面积达20950亩。为引导更多的市民加入“绿满岘山”行动，襄阳市把需要种植树木的地方分区划成“志愿者林”“企业家林”“共青林”等专业林。

——森林文化保护。据统计，襄阳市共有百年以上古树2291株，分属21科34属36种。其中500年以上的有168株。古树以银杏、马尾松、枫杨居多，皂荚、黄连木、麻栎等次之，此外还有细叶青冈、槲栎、朴树、青檀、枫香、槐树、紫薇、圆柏、女贞、重阳木、黑壳楠、毛丝桢楠、白玉兰、红豆杉等。树龄一般在100～500年左右，少数已逾千年。为更好地保护这些树种，襄阳市制定《襄阳市古树名木保护管理暂行办法》，并在全市开展保护古树名木专项行动，定期进行“大树古树”管理监督检查工作。

——森林文化传播。襄阳市结合林业资源的优势和特色，积极打造“老河口市梨花节”“枣阳市桃花节”“谷城县生态旅游节”等特色森林旅游品牌，把森林旅游与新农村建设、观光休闲旅游、民俗文化旅游等有机结合，增强森林文化节事的影响力。借助南漳县古山寨打造“古山寨文化旅游节”；结合宜城市楚文化特色，开展“楚文化旅游节”。利用“诸葛亮文化旅游节”等大型文化节事发扬中华民族传统文化，增强中华文化的认同感和归属感，使森林文化节事主体更鲜明，更具影响力，力争创办成为襄阳市的著名品牌，在湖北省乃至全国有广泛影响力。

神农故里绿之歌

——随州市创建国家森林城市纪实

《湖北日报》　刘自贤　黄河清

2014年9月26日

随州，神农故里、编钟之乡，孕育了灿烂的农耕文明和深厚的礼乐文化。近年来，该市以“神农故里，森林随州”为主题，气势磅礴、浓抹重彩地加强生态文明建设。2011年年底荣膺湖北省森林城市称号，去年4月获全国绿化模范城市称号。

在去年《中国城市竞争力报告》中，随州荣登全国城市生态竞争力指数排名榜第四。今年9月她又摘取了生态文明建设最高桂冠——“国家森林城市”称号。

生态立市　建设全新随州

金秋时节，徜徉在2公里长的白云湖绿化带下，置身于乔木、灌木和花草垒起的“立交林”中，但见水清岸绿，天空一尘不染，滨水高楼大厦映照其中，美景赏心悦目，让人流连忘返。

这个昔日长满芦苇的荒滩，已成为市民休闲观光的乐园。这一精心打造的“一河两岸”风光带，最近获得“中国人居环境范例奖”。

这是随州生态文明建设过程中的一个范例。

2006年环白云湖一河两岸绿化风光带开始建设，2007年，位于市中心占地17万平方米的神农公园对广大市民开放，2009年，随城山城市森林公园开建，2010年，文化公园动工……

2011年，该市发出强劲号召，再用三年时间创建国家森林城市。“国家森林城市，不仅是一个城市的品牌和名片，而且是对一个区域生活环境、生产环境和生态环境的综合评价。”刘晓鸣说。市里成立“创森”领导小组，市委书记任第一组长，市长任组长，其他常委任副组长，25个市直部门、5个县主要负责人为成员。

随城山位于城区中心位置，为建造一个健康的“绿肺”，随城山森林公园应运而生。市林业局对其进行了合理规划与改造，逐步加大景观绿化，提档升级。目前林相改造工程已经完成，林分从单一的绿色针叶林向多彩的景观阔叶林转变，实现了森林色彩化，生物多样性逐渐丰富，各种珍稀野鸟成群结队而来。公园各项基础设施建设正在推进，有望成为华中地区最大的城市森林公园。

主城区全方位实施立体绿化、房顶绿化和垂直绿化，结合旧城改造，建设自然保护区、森林公园和地质公园，以及生态文明教育基地。在纵横交错的河川上，在四通八达的公路、铁路沿线，一排排、一列列白杨树随之伸向远方。

三年来随州直接投入森林城市建设资金48亿元，以城镇绿化为点，以路网、水网、田网为线，以桐柏山、大洪山、中华山绿化屏障为面，重点实施城市森林建设工程、城市生态保护圈建设工程、绿色家园建设工程等十大主体工程，该市宜居宜旅宜业的城市发展环境和全市生态环境进一步优化。

如今的随州，已经形成了以城乡一体为统筹、以市域河流为主轴、以山体为屏障、以历史文化为特色，“山、水、绿、文”四脉合一的绿化网络。森林覆盖率达到51.52%，市民出门500米即可步入休闲绿地。古老的随州焕发出灵动秀美、生机盎然的风采。

护绿增绿　打造秀美山川

“绿树村边合，青山廓外斜。”来到随州，无论是城区郊区，无论是农村原野，都是苍翠欲滴，满目皆绿。

随州地处鄂豫两省交会地带，大洪市脉、中华山脉、桐柏山脉形成了其独特的气候环境，土地肥沃，气候温和，更适宜花草树木生长，炎帝神农氏在此“植五谷，尝百草”，我国农耕文明发源于此，绝非偶然。

绿色作为当地最大的禀赋资源，一定要好好呵护，实现可持续发展。“封山封死封三年”。2012年9月18日，随州出台政府令，决定从当年10月15日起，封山育林，期限三年。在全市辖区这样做，我省还是首次。

伴随这一政策的是开展林地占用、木材采伐、割松脂专项清理整顿和“楚天绿剑”“楚天剑兰”等专项行动。

全市森林采伐限额为33万立方米，而实际批准的额度仅为省核定的1/3，838万亩山场得到了休养生息，自然复苏。“像保护文物一样保护生态”。大洪山林场场长李成武，这个“林二代”二十年如一日，带领林场干部职工守护着7.7万亩山林，被人社部、国家林业局授予劳动模范称号。

该市古树名木众多，林业部门调查摸底，对1.8万株名贵古树一一登记造册，落实管护责任。同时建设银杏、兰花种类自然保护区（小区）、地质公园13处，建立了30处生态文化教育基地、林业科普基地和野生动植物保护科普基地，免费对市民开放。

着眼于青山长绿，更着眼于荒山披绿。去年年初，市委、市政府又开始了城乡绿化三年攻坚行动，提出在2015年之前消灭60万亩宜林荒山荒地，使全市森林覆盖率达到51.5%。

该市绿化委下通知，要求全市党员干部带头建百亩义务植树基地。市县区及直属单位要建立不少于100亩的义务植树基地，每个党员干部义务植树不少于20株，每个适龄公民不少于10株。组织部、机关工委和林业局检查验收，一年一通报，三年算总账。

种树的事关系着每个人的生活环境和生活品质，各单位不用督促，绝大多数完成得极为出色。

与此同时，市创森领导小组发布《致市民的一封信》，号召大家积极行动起来，争做绿色建设者、绿色保卫者和绿色传播者。“随州一片绿，有我一份力”成为大家共同的心声。全民参与，风生水响。据统计，去年该市完成植树造林20多万亩，同时飞播造林2.5万亩。

家有梧桐树，引来凤凰栖。良好的生态环境成为珍稀鸟类繁衍生息的天堂。去年6月，省观鸟协会会员、曾都区北郊办事处六草屋村农民陈小强在白云湖中一下子发现了几十只中华秋沙鸭，还首次观察到弯嘴滨鹬这种大江大河才能见到的鸟类，在高城镇他又发现了灰脸鹰的繁殖地。中华秋沙鸭是国家一级重点保护动物，被称为“鸟类中的大熊猫”。“这种鸟很‘挑剔’，对水质、环境要求特别高。”陈小强说。“创建国家森林城市，不光是在城区栽树，还要到乡村、荒山上植绿，城乡一体化绿化，才能实现创建目的，才能让随州绿起来。”市长郄英才多次指出。据了解，未来十年，该市将投资100.2亿元，实施兴绿计划，以突出生态文明建设为主题，以兴林惠民、兴林利民、兴林富民为发展理念，着力打造神农故里特色生态文化体系。

资本上山　发掘绿色财富

“前30年砍树，后30年种树”，湖北丰年农业开发公司总经理徐道恒自嘲完成了一个“轮回”。

淅河镇徐道恒、徐道明兄弟俩以前拿着斧头砍树，创立了兄弟家具公司。如今，他们拿起锄头栽树，流转了独山、大铁山、府君山、幸福村四个村荒山秃岭2.6万亩50年，种植油茶、核桃，套种中药材等近3千万株，建立木本油料基地，投资近亿元。

据徐道恒介绍，丰年农业公司在林下套种中药材当年就有了收益。公司的目标是今年建成国家级木本油料示范基地3万亩，初级产品5千万元、深加工产品过亿元的绿色企业，安排860人就业。“资本上山”成为随州热门产业话题。一大批企业和大户通过林地流转而成为新的“林场主”，近两年投向林业基地建设的投资累计达到3.34亿元。统计显示，去年全市流转林地26万亩，农民从中获得经营转让费16亿元，山场雇请农民从事劳务33万人次，支付工资1980万元。与此同时，催生出600多个业主投资林业基地建设，亩均投入超过800元，业主造林占总造林面积95%。2000多个新型林场经营着全市近1/3的林地。资本上山盘活林地资产，林地增值促成林业崛起。昔日的穷山恶水变身为青山绿水，青山绿水孕育出永不枯竭的财富。“全市最大的资源禀赋就在林业，经济社会发展的潜力也在林业。”分管林业多年的市委副书记彭明方说。

香菇是随州龙头林产品。1978年，华中农业大学教授杨新美来到三里岗镇杨家棚村，传授椴木香菇种植技术，点燃了该市食用菌产业的星星之火。1996年，该市开始全面普及袋料香菇。2001年实现了工业化生产，产品远销日韩欧美等地。2008年，以裕国、三友等公司为龙头的企业采取基地加农户的发展模式，形成产业规模，牢牢占据了中国香菇出口第一的地位，70%的当地农民走上了脱贫致富的康庄大道。

成立仅仅3年的湖北炎帝农业科技公司，去年就出口创汇5000万美元。公司采用工厂化恒温栽培金针菇、杏鲍菇，一年四季全天候生产。难能可贵的是公司只用45%到50%的栎树叶、树枝做原料，其他则采用玉米蕊、油糠等废弃物替代，对林业的消耗不大，并将剩余物转化为有机肥料，探索出了一条资源节约型发展之路。

据了解，香菇发展40年来，随州椴栎木林由原来的200多万亩，上升到330万亩，作为香菇原材料的椴栎木林不仅没有减少，反而得到了增加。

随州市政府安排资金扶持木本油料等林业特色产业发展。如今，全市千亩以上的基地达到112个。古银杏果、覆盆子酒、山茶油等深加工产品成功推向市场，并获得国际森林博览会金奖。

良好的生态环境引爆了生态旅游业。到随州拜始祖、听编钟、赏美景的游客去年达到1400万人次，旅游收入85亿元。

去年全市林业社会总产值达到109.65亿元，进入全省五个市州林业产值过百亿“俱乐部”。林业在农民致富中的比例由过去的30%左右提高到60%，绿色致富为农民增收提供了重要支撑。

长沙市建设森林城市纪实：让森林拥抱城市

《经济日报》 张 雅 刘 麟

2006 年 10 月 20 日

“独立寒秋，湘江北去，橘子洲头。看万山红遍，层林尽染，漫江碧透，百舸争流。”当年，毛泽东的一首《沁园春·长沙》，把山水洲城长沙的风貌生动地展示在人们面前。如今的长沙城充满“绿色”的活力，丛林掩映下的岳麓山，碧水共长天一色的湘江，四季不同景的橘子洲……城市与山水共生，美景尽收眼底。

让森林走进城市

长沙城以湘江为界，分为城东和城西两部分。

城西，岳麓山满目郁郁葱葱，高大挺拔的树木遮天蔽日，“碧嶂屏开，秀如琢珠”的美誉恰如其分。城东，包括湖南烈士公园和森林植物园等数十个大型公园、数百个区域小型公园和街头小游园，以及行道树、绿化隔离带在内的各个部分，构成了错落有致的城中林。

据悉，2001年至2005年，长沙市在城市绿化美化、改善生态环境方面共投入资金60亿元以上。目前，长沙市林业用地面积达到62万公顷，森林覆盖率达53.6%；市区森林覆盖率43.82%，绿地率39.42%，人均公共绿地面积11.36平方米；城市建成区绿化覆盖率42.41%，绿地率37.8%，人均公共绿地面积9.42平方米。近4年来，长沙兴建市民广场22个，新增街头小游园36个，道路绿化普及率已达到95.5%。一个以环城林带、生态隔离带、绿色通道及江河风光带、森林公园、生物多样性保护区、城郊生态公益林等为主体的城市林业生态圈正在形成。

湘江风光带是长沙城市林业生态圈建设的得意之作。以前的湘江沿线满是破旧落后的货运码头、沙场和低矮的棚户屋。而经过大规模改造，如今的湘江两岸绿意浓浓，成为长沙市民锻炼和娱乐休闲的好去处。

据了解，自2004年启动城市林业生态圈建设工程以来，到2005年，长沙一共新造林6397亩，今年又计划新造林1170亩。

森林建设产业化

波光潋滟的浏阳河沿岸百里，有一条风景如画的花卉苗木走廊，“家家种花、户户垂杨”的田园美景在这里随处可见。据悉，百里花木走廊的花木种植面积近14万亩，占长沙全市花木种植面积的70.4%，生产的花木品种达数百个，年总产值达7.8亿元，是中南地区最大的绿化苗木集散中心。长沙县的黄兴镇正是这百里花木产业带中的一段。被誉为“花木之乡”的黄兴镇以盛产行道树闻名，包括玉兰、桂花等绿化花木在内的品种畅销全国20多个大中城市。在产业带里，培育繁殖出的一些珍稀花卉品种甚至远销日、韩、欧美等国际市场。

在长沙县北部9个乡镇81个村，还贯穿着一条百里茶叶走廊。这绵延100余里的茶廊从金井一直通往高桥、春华一带，一路上层层叠叠的梯田被绿色掩映，起伏不断的丘陵被绿带缠绕，是一条集观光休闲旅游和茶产业于一体的绿色走廊。据悉，百里茶廊共有茶园面积5万亩，各类茶厂24个，年产量1万多吨，年产值过亿元。而百里茶廊的目标，是到2010年，年产干茶5.5万吨，茶叶加工产值30亿元。

在打造产业基地的同时，长沙市将旅游开发也紧紧融入其中。无论是百里花木走廊还是百里茶叶走廊，它们既是产业基地，也是深受人们欢迎的旅游风光带。通过推出森林公园、生态山庄等一些观光旅游精品，森林野营、狩猎、旅游等活动也日渐兴盛，城市森林正成为长沙旅游产业发展的强力助推器。

打造特色产业带，将“绿色”与产业化结合起来，是长沙在建设森林城市的过程中走出的新路。从此，长沙市实现了生态效益和经济效益的统一。

勾画林业生态圈

从2005年开始，长沙市就与10多个城市竞争2006中国城市森林论坛的举办权，而最终长沙市能够在竞争中胜出，依靠的正是这几年不断加大的林业建设步伐。

从拓城、通路、治污、治水、增绿、添景六大工程开始，以城区公共绿地、道路绿带、小区绿化为重点，长沙市近5年累计投入1000多亿元，建设了以“五一”绿化广场、湘江风光带、橘子洲生态绿岛等为代表的一批城市绿化项目。在城郊，长沙市铺开了以树木为主体的大规模、多层次的森林生态圈建设，能够为长沙增加绿地2362公顷，相当于市区原有量的56%，城市绿地率可达到48%。在远郊，长沙市实施了以退耕还林、生态公益林、长防林为主的林业重点生态工程，通过植树造林、封山育林、全民护林，全市有8个县(市)区通过国家生态示范区验收。目前，长沙市城郊森林环抱，已经形成了比较完备的城市森林生态系统。

2004年，长沙市根据编制完成的《长沙市城市林业生态圈规划》和《专项规划》，确定了长沙城市林业生态圈的建设目标，即：环绕长沙城市形成以林木为主体的大规模、宽厚的绿色生态圈；建设森林公园、各种生态主题公园、旅游观光园；重点突出“一环、两带、五廊、十二园、五组团”等生态工程建设，建设以环城林带为主体，青山、森林、绿岛、碧水相连的生态景观廊带；到2007年，新增林地及绿地2362公顷，人均公共绿地达到10平方米以上；到2020年，新增林地及绿地面积3377公顷，总面积达到13113公顷，林木及绿地覆盖率达到45.3%，人均公共绿地面积达到12平方米。

现在，爱林护绿已成为长沙市民的自觉行动。认养古木、义务植树……人人参与城市森林建设的行动正让长沙逐渐成为美丽的森林城市。

打造升级版　建设生态城

——株洲阔步向国家森林城市迈进系列报道之一

《湖南日报》　许望生　邹兰平　何　超

2014 年 6 月 23 日

这是一座充满律动的生命之都；

这是一座荟萃绿色的生态之城。

这是一座充满律动的生命之都；

这是一座荟萃绿色的生态之城。

走进今日株洲，扑面而来的是蓬勃的新绿。

看，株洲大道两侧绿树如盖，花草、灌木和绿色立体景观相映成趣，取代单调的树荫，形成了一条宜人的生态“画廊”；

看，被誉为华南地区的第一大文化广场的炎帝广场上，喷泉、乔木、花丛、绿地以巨型炎帝塑像为中心层层环绕，人类文明与自然景观在这里庄严交融，诉说着这座神农之城的前世今生；

一路走来，漫步在湘江风光带，映入眼帘的是蜿蜒巨龙般的绿树林带，一片片绿色的生态湿地，伴随着被风吹过起伏的芦苇荡和滔滔不息的湘江流水声，汇成了一首动人美妙的乐曲；阵阵清新的河风吹过，带来了花草芳香的清晰空气，男女老少、一对对结伴的情侣在走廊、碧波、绿荫间谈笑呢喃，幸福洋溢……

抬头见蓝天，低头望城边，立交桥上的“绿色花边”、房屋顶上的“空中草坪”、工业园里的“花草点睛”，处处是绿衣披身，时时可见山清水秀、鸟语花香……

此情此景，不得不让我们感叹、赞美，株洲是个好地方！

作为一座“火车拖来的城市”，株洲曾以工业基础雄厚、污染包袱重而闻名。为了甩掉沉重的城市污染包袱，近年来，株洲以两型社会建设为契机，向着“绿色城市”转型升级发展。他们将生态建设融入经济社会发展之中，走出了一条完全有别于传统工业城市的特色发展之路。

特别是2010年创建国家森林城市以来，随着城市绿化扩容提质的加快，绿化面积增大，森林资源猛增，初步建成了层次多样化、结构合理化、功能齐全化、集景观效率和生态受益于一体的绿色网络，森林覆盖率年年攀升，实现了城区绿化覆盖率41.59%；人均公共绿地面积11.69平方米；森林覆盖率达61.79%；活立木蓄积量达2050.56万立方米；林业总产值149.97亿元；城市主干道的绿化普及率达100%；株洲林业多项指标在全省排榜名列第一，先后荣获全国造林绿化十佳城市、全国卫生城市、国家园林城市、国家交通管理模范城市、中国十大最具投资价值城市等荣誉称号。

如今的株洲，城市的焕然一新，现代化的乡村美丽，这一切一切都凝聚了株洲人绿色攻坚奋斗努力的硕果。

革新理念，打造株洲升级版

“两型”春风拂过，绿色理念深刻影响着株洲。告别过去传统工业城市的道路，株洲在探索中逐步确定了打造“以现代工业文化为特征的生态宜居城市”的城市发展新定位。从创建全国卫生城市到创建全国园林城市……株洲一步一个脚印，城市面貌日新月异。2010年，株洲市委、市政府高瞻远瞩，进一步做出了创建国家森林城市的决定，打造“绿色株洲”升级版。

市里专门成立了以市长任组长，住建、交通、林业等部门负责人为成员的工作领导小组。抽调40多人组建创森专业工作办公室。他们与各县市区及创建任务单位层层签订责任状，进行了任务分解，从而构建了党政领导亲自抓、分管领导具体抓、主管部门全力抓、职能部门配合抓的工作格局。形成了强大的组织推动力和全市上下齐心协力建设森林城市的大好局面。

在省林业厅的大力支持和正确指导下，在市委、市政府的高度重视下，

"创森"工作强力推进。三年来，市委、市政府、市人大领导多次听取创建工作情况汇报并提供指导；市政府分阶段多次召开工作督导会议，总结成效，提出要求，细化方案，对工作进展不理想的单位点名批评，有效推动着创建各项工作的不断深入，推动着株洲向着"创森"目标开足马力、不断前进……

绿色驱动，全面升级助发展

2013年3月，《株洲晚报》上刊登了这样一则新闻：株洲成功争取到4个外资项目，推动创建国家森林城市。四个外资项目，包括世界银行对湖南森林恢复和发展项目给予的400万美金贷款支持，法国开发署对湖南省森林可持续经营项目给予的350万欧元贷款支持，还有欧洲投资银行贷款湖南油茶发展项目和中德财政合作南方森林可持续经营框架项目。

这是株洲以新举措，多渠道借八方力量创建国家森林城市的一个缩影。

创建国家森林城市，不是几个部门的事，而是全市的大事，需要各方面的保障支持。根据株洲市林业局公布的数据显示，仅2012年该局就以创建为契机，投入林业建设资金2.2亿元。而这对于实现"创森"的雄伟目标而言，还相差甚远。如何"集聚"资金流、人流、物流，撑起株洲"创森"的"底气"？

株洲一方面优化机制，开辟五大资金来源保障创建投入。

一是各级财政投入。将森林工程建设资金和创森办工作经费纳入年度财政预算。二是项目保障投入。按照"性质不变、优势互补、各负其责"的原则，积极争取各类项目资金，着力打造森林建设工程示范基地。三是金融信贷投入。通过市级融资平台为专项治理提供资金支持，积极开展林权抵押贷款，畅通资本多元化注入渠道。四是业主自主投入。以财政投入为引导，项目投入为载体，吸引各类社会资本投入花卉苗木、油茶种植、林下经济、特色基地等项目建设。五是依托成果投入。鼓励单位和个人捐资、认养、认购绿地、树苗，企业冠名绿化等多种方式筹措资金，而为创建工作提供了坚强的资金保障。通过政府支持、金融助力、业主出资、社会参与，共为创建工作筹措资金31亿余元。

广泛深入加大宣传力度，市里开展了多方位，多层次，多形式的宣传，以社区宣传栏、户外广告牌、工地围挡、公交车载电视等形式，极大地提高了市民的关注和知晓度，让更多民间力量纷纷参与到“创森”工作中来，成为株洲迈向“国家森林城市”的巨大推力。

绿色崛起，构建未来生态城

如今，放眼株洲各地，到处呈现出一片生机勃勃绿色发展景象。

“总体增绿”“见缝插绿”“项目添绿”……各种“绿化”措施不断升级，为美丽株洲添了一抹抹亮色。

增加造林总量，让森林走进城市。2008～2013年，全市共完成营造林876.14万亩，其中人工造林115.55万亩，封山育林护林271.77万亩，低产林改造216.3万亩，中幼林抚育管理272.52万亩。三年来，为加快国家森林城市创建工作，株洲市加大了造林绿化力度，每年人工造林面积都在20万亩以上。开展了市级绿色村庄（社区）创建工作，2012年有278个村庄（社区）达标。

提升城市绿化的质量、数量，让城市拥抱森林。按照“增花、增色、增空间和增文化”工作理念，株洲积极拓展城市森林的发展空间，2012年，完成了89个绿化提质建设项目，栽植乔灌木296834株，提质改造绿地面积137801平方米，新建绿地10111平方米。建设了多个屋顶花园、桥上花园，让绿色走进工厂、社区和校园，打造10条“一路一景、一街一品”道路景观，以立体绿化、科学绿化，打破了原有单调的绿化景观，四季花开怒放，常年色彩缤纷。

重点工程建设带动，实现城市与森林共舞。依托“一江四港”综合整治、神农城、云龙大道（长度15.8公里）、炎帝陵景观大道（6.9公里）建设等一批重点建设工程，新建绿地162公顷。在市重点工程“一江四港”（“一江”为湘江，“四港”为枫溪港、建宁港、白石港、霞湾港）综合整治工程中，景观建设与重金属治理、污水处理一道重点推进，枫溪港整治后还将建城市生态大峡谷、生态湿地水生园；在神农城规划蓝图中，近3000亩的规划面积绿地竟占了2400亩，所占比例达到惊人的80%以上……

一张张“绿色”景观名片呼之欲出，一座座“绿色村庄”“绿色学校”闪亮登场，一幅幅大美新城的山水画面款款浮现……在绿动的驱动下，工业株洲变身生态“绿洲”，向着森林城市的目标阔步迈进！

山水新城满眼春

——湖南省益阳市创建国家森林城市纪实

《中国绿色时报》　谭绍军　李文彬　罗建频

2011年10月14日

洞庭湖畔的银城湖南省益阳市，自古就有“背靠雪峰观湖浩，半成山色半成湖”的美誉。改革开放以来，益阳经济社会飞速发展，城市面貌日新月异。如今的益阳市，街道宽阔，绿荫蔽空，绿地广场多姿多彩，庭院小区鸟语花香，街头绿地、游园星罗棋布，山清水秀的生态环境已成为益阳经济社会发展最亮丽的名片和最具竞争力的指标，益阳因此成为环洞庭湖地区独具特色的山水新城。

将“创森”作为绿色发展的途径

地处亚热带季风湿润气候区，益阳市森林资源丰富，森林蓄积量、覆盖率等指标在湖南省排名前列，是国家林业局命名的“中国南竹之乡”“中国厚朴之乡”，享有“中国杨树之乡”的美誉。

2004年，益阳市委、市政府提出后发赶超、跻身湖南第二方阵的目标，并把“绿色发展”摆在突出位置。市委、市政府意识到，造林就是造福，植树就是致富；加强生态建设，建设生态文明，不仅仅展现现代型领导的水平，更惠及千千万万百姓的生活。从这一年开始，益阳市分别在山丘区和平湖区大力发展以南竹和南抗杨为主的“两南林业”，森林蓄积量和覆盖率大幅度增加。

2004年年底，益阳市委、市政府启动了创建国家森林城市活动，决定发展城市森林，打造生态宜居新城，让广大市民看到绿色、闻到花香、听到鸟鸣，提升益阳市民的幸福指数。

市委、市政府把创建国家森林城市活动列为“六大主题创建活动”之一，动员全市人民投身创建活动，“创森”活动在益阳全市迅速掀起高潮。从2004年开始，益阳连续3年每年完成人工造林100万亩，并先后建成农田、渠道、系沟港网格林带470多条，在环洞庭湖周边建成160多公里的防护林带。正因如此，2006年，益阳成为全国地级市中第一个国家现代林业建设示范市。

国家现代林业建设示范市建设成为益阳创建国家森林城市的强大动力。市委、市政府将“创森”纳入现代林业示范市建设总体规划和实施方案，一并规划，一同实施。

2008年上半年，益阳市人大常委会就创建国家森林城市展开专题调研，形成了颇具深度的调查报告和审议意见，全力推进“创森”活动。

2008年9月，益阳市委、市政府又出台了《建设绿色益阳行动纲要》，部署在全市全面实施?“坚持科学发展，奋力后发赶超，建设绿色益阳”的重大战略。

2011年初，市委、市政府做出了《加快创建国家森林城市的决定》，并以1号文件形式下达，同时成立了以市委书、市长等挂帅的“创森”领导小组。2月23日，市委、市政府召开全市“创森”动员大会，向全市人民表达了“创森”的坚定决心。随即，市内各大媒体都开辟专栏、播发专题，形成了强大的“创森”舆论声势。

统筹推进“创森”工程绿城乡

创建国家森林城市是一项系统工程，森林城市的规划水平和建设理念直接决定着建设水平，必须统筹规划、统筹建设。“创森”工作一开始，益阳市委、市政府便明确提出统筹推进的指导思想，即城乡一体统筹推进、生态建设与生态保护统筹推进、生态建设与经济发展统筹推进，把森林城市建设与新型工业化、新型城镇化和农业现代化有机结合起来，促进资源节约和环境友好，实现可持续发展。

正是在这一思想的指导下，森林城市建设始终不离“统筹”。

在益阳中心城区，重在提升档次，建设森林公园或广场，发展垂直绿化和屋顶绿化，全方位拓展绿化空间。在近郊农村，重在增加森林总量，建设城市生态屏障林，形成水系林网、道路林网和农田林网；在远郊农村，坚持生态建设与生态保护并举，重点建设水源涵养林、水土保持林、风景游憩林、产业原料林和经济果木林。与此同时，对于风景名胜区、自然保护区、森林公园永久性湿地等区域实行强制性保护，同时充分保护江河湖泊和山体林木、大树和古树名木，融城市于森林环境之中。

今年以来，益阳市委、市政府又在全市全面实施创森“六大工程”，即城市中心区造林绿化工程、城市郊区造林绿化工程、绿色村庄造林绿化工程、绿色通道造林绿化工程、庭院小区造林绿化工程和森林文化建设工程。与此同时，各县（市、区）创建国家森林城市活动大步推进。

“绿色乡镇”和“绿色村庄”达标建设竞赛活动高潮迭起，成为益阳创建国家森林城市的又一亮点。尤其今年以来，广大农民利用房前屋后、道路两边、水边、河边等地栽种树木，一大批生态经济型、生态景观型、生态园林型特色乡村、绿色乡镇、绿色村庄迅速涌现。

上下齐心奏响“创森”绿色乐章

为实现2012年成为国家森林城市的目标，6年来，益阳全市上下齐心协力，奏响了悦耳的绿色乐章。

市委、市政府要求各有关责任单位、部门高度重视创森工作，把创森工作摆上了重要议事日程，“一把手”切实履行“第一责任人”的职责，对创森任务亲自抓、亲自检查督促，分管领导和相关责任人集中精力具体抓，确保创森工作任务落到实处。

在此基础上，创森工作任务逐一分解到各地各部门单位，明确牵头单位、责任单位和完成时限，并以创建标准指导各地高标准、高起点抓好创森工作。各县（市、区）和各有关责任部门按照目标责任和相关标准，进一步细化工作方案，把任务层层分解，定人、定责、定标准、定进度、定时限，做到工作有计划安排、有目标要求、有奖惩办法，使益阳的创建工作真正做到了工作责任全覆盖、管理无真空、创建无死角，形成了一级抓一级，层层抓落实的工作格局。

市“四套班子”领导高度重视创建工作，多次率队对各县（市、区）、各单位创建工作情况进行督查。市委、政府明确把创建工作纳入各县（市、区）、各部门、各单位年终目标绩效考核，将考核结果作为考评县（市、区）、相关部门领导干部工作实绩的重要依据。益阳市还建立了创建工作奖惩制度，对超额完成工作任务的县（市、区）、部门和有关单位给予表扬和奖励；对推诿敷衍、工作不力、不能按时完成工作任务的通报批评、追究责任。6年来，全市先后共有138个先进单位、149名先进工作者因创建成绩突出受到表彰奖励；11个单位、21名工作人员因工作不力被通报批评或受到惩处。

6年来，益阳市完成项目造林120万亩，完成创森六大工程造林12.7万亩；累计投入创建资金55亿元；全市已建立2个省级环境优秀乡（镇）、20个省级生态示范村、10个省级绿色学校、97个省级园林式单位、108个市级花园式单位、2个全国绿化模范单位；桃江县被评为全国绿色小康县、沅江市被评为全国绿化模范县（市）、36户农户被评为全国绿色小康户、3个村被评为全国绿色模范小康村；南洞庭湖湿地纳入国际重要湿地，桃花江森林公园、柘溪森林公园升格为国家级森林公园，安化雪峰湖湿地公园升格为国家级湿地公园，安化六步溪自然保护区升格为国家级自然保护区。目前，全市有林地面积890万亩，森林覆盖率达54.38%，绿地率达到38.1%，城市建成区绿化覆盖率达到39.4%，人均绿地10.51平方米。全市已形成了较好的森林生态体系，有34项指标达到或超过国家森林城市评价指标。

郴州：
醉美在“绿色屏障”里

《经济日报》　刘　麟

2013年12月2日

山清水秀的“林中之城”湖南郴州是我国南方的生态屏障。望着这峰峦叠翠、林海茫茫的郴州，你怎么也不敢想象她在2008年初的那一场大雪被瞬间“冰封”的惨烈：数日之间，万千树木竞折腰，森林覆盖率从64.28%锐降到40%以下。

冰狂雪骤何所惧。顽强的郴州人民奋勇抗灾，恢复重建。市委市政府坚持绿色引领、低碳发展的理念，努力提高全市生态文明水平，把生态财富转化为生产力，生态文明建设成了郴州有效突破发展瓶颈，实现后发赶超的科学发展之路。

在如今的郴州大地上，绿城攻坚、打造绿色通道以及城区周边森林景观建设等重点工程开展得如火如荼，全市森林覆盖率达64.75%。全市的经济结构也告别了两烟（卷烟、烤烟）、两电（水电、火电）、两矿（有色金属矿、煤矿）独大的传统格局，目前七大战略性新兴产业占GDP比重12%，占规模以上工业增加值达18.7%，站稳湖南新型工业化发展“第一方阵”。

再造一个绿色葱茏的郴州

森林生态是郴州生态的主体，全市林业用地占国土总面积的71%。2008

年的冰灾，让郴州市的森林覆盖率锐减，不仅对郴州的生态环境造成了沉重打击，而且对湘南地区的生态安全造成了威胁。

郴州市委、市政府向全市人民发出“开展‘大造林’活动，再造‘林邑郴州’”的号召；2009年2月，时任郴州市市长的向力力在全市造林绿化动员大会上立下“军令状”：“城区周边山头三年内没有绿化达标就引咎辞职！”

“力争用3到5年，将郴州林业生产力回升到正常水平，力争用8到10年，再造一个绿色葱茏的郴州！”向力力的话铿锵有力。

在郴州的各个林区，基础设施修复工程、林木良种与苗木生产供应工程等，逐一开展。变“森林围城”为“森林进城”，一时间，绿色革命席卷郴州大地。城市、通道、水系、村镇、荒山等五大绿化工程全面发力。

在城区，种大苗、种好树，拆危建绿、拆墙现绿、见缝插绿、宜绿则绿。郴州规定，城市建筑拆迁后，要拿出一半以上的土地用于建绿地、建广场、建公园。

在郊区，围绕“三林并举”“森林围城”“十江十湖”建森林屏障。2009年以来，郴州市先后投入132.7亿元，完成造林绿化234.9万亩，种植各类苗木5.63亿株。

目前，郴州城区绿地率38.49%，城区绿化覆盖率40%，城区人均公园绿地面积11平方米，公路、铁路等主要通道和水岸绿化率达80%，全市上下绿意盎然。

如今，在郴州，市民们不仅能看得见绿，而且还可以亲近绿、走进绿、享受绿，形成了“城在林中、人在景中”的生态城市景观。

GDP从黑色向绿色转变

郴州是有色金属之乡，也是煤炭、石墨之乡，原矿经济一度是全市的支柱产业。

宜章县是全国100个重点产煤县之一，上寮村是重点产煤村。曾经非法小煤窑遍地开花，天空中弥漫着黑尘，所有的屋顶都是黑色的。十多年前，当地陆续关闭了170多个小煤窑，转而发展脐橙、茶园等。2012年，全村实现人均纯收入7000多元，比关闭小煤窑前还要多2000多元，成了远近闻名的文明村。

在郴州，像上寮村这样坚持发展绿色经济的地方越来越多，绿色引领、低碳发展的理念像春风般吹遍了郴州大地。

郴州是湖南省的重要产煤区，煤炭年产量占湖南省三分之一以上。但是，长期的无序开采导致生态环境日益恶劣，安全事故频发。痛定思痛，郴州做出了资源型产业逐步实现从多向少、从地下向地上、从国有向民营、从黑色向绿色、从传统向现代的“五个转变”的决定，并明确提出“汝城、桂东、安仁3县退出煤炭行业”。煤矿由整合前的576个减少到165个，非煤矿山由747个减少到128个，有色金属矿生产能力由整合前的1.8万吨/年提高到4.5万吨/年。

833平方公里的北湖区有800平方公里是山区。记者采访时，正碰上区委书记王周在月峰瑶族乡“过山瑶”绿色农产品公司现场指导“过山瑶文化博物馆”建设。王周说，过去的北湖以矿业农业为主，2010年关掉了所有的矿，围绕城区需求发展现代服务业，目前已经形成了“都市农业、生态休闲、庄园服务”三大特色现代服务业，服务业已占到全区GDP的55%以上，实现了从黑色GDP到绿色GDP的转变。

如今的郴州，山更青，水更美，城市更洁净了。“十一五”节能减排目标全面完成，城镇污水处理设施三年行动计划提前完成。

美丽郴州的更高追求

生态是郴州的优势。近年来，郴州坚定不移地推进生态建设，城市环境和城乡面貌发生了根本的变化。“未来发展，谁抢占了生态的高地，谁就抢占了发展的制高点。把生态优势打造成郴州最大的优势，从而在区域竞争和全球化发展中获得主动权。”郴州市委书记向力力说。

位于郴州市北湖区保和乡西北部的小埠村桃花园五组，村里通村公路干净整洁，路旁花草树木枝繁叶茂。村里成立了村容村貌整治小组，制定了环境卫生管理制度，有保洁队伍常年保洁，不但主要道路保持整洁，连背街小巷都很干净。

2009年，郴州市提出了创建“全国文明城市”，以城市卫生、宜居环境为基础，以全面提高市民文明素质为根本，大力加强城市基础设施建设和城市管理，切实改善城市生态环境、人文环境和生活环境。

“美丽郴州”应该是个更高层次的追求。今年，郴州入选全国45个水生态文明城市建设试点。郴州向全市人民发出了“发挥水优势，做好水文章，打造宜居利居乐居的山水名城”的号召，将分三步走推动水生态文明建设：第一步2012年至2014年为初步建设阶段，重点推进水源点建设以及水系绿化、水资源保护、水土保持等工作。第二步2014年至2017年为完善提高阶段，重点推进水环境治理与水景观建设，完善防洪、排水、供水、景观体系、水生态屏障建设。第三步2017年至2020年为目标基本完成阶段，全面完成规划内江河湖泊水景观建设，完善水生态体系，提升水文化内涵，把郴州建设成为国家级水生态文明城市。

森林之城　全民共享

——广州创建国家森林城市纪实

《人民日报》　李　刚
2008年11月13日

10月16日，国家林业局、广东省人民政府联合在北京举行新闻发布会，宣布第五届中国城市森林论坛将于11月17～18日在广州市举行。这标志着广州创建国家森林城市掀开了崭新的一页。

广州，在工业化带动城市化快速发展进程中，积极推进生态文明建设，通过建设城市森林、改善城市生态环境、提升城市形象、增强城市综合竞争力，走在了全国经济建设与生态保护统筹兼顾、协调发展的前列。

数年不懈"创森"　让千万百姓受益

几年来，通过政府和公众的努力，广州城市森林建设日新月异，生态环境逐日改善。

"出门见绿，树木越来越多，绿色越来越浓，如今广州的早晨是被鸟儿叫醒的"，市民用最朴实的语言，描述心中的广州森林城市之变。

"如同煲汤，细柴文火，火候到了，汤自然就成了。"爱喝汤的广州人用煲汤来比喻自己城市的创森历程。

广州在"创森"上可谓花了"大气力"。为给全市人民营造一个"适宜生活居住、适宜创业发展"的绿色家园，2003年，广州以"生态优先、以人为本、林水结合、城乡一体”的城市林业建设原则，启动了总投资400多亿元的“青山绿地、碧水蓝天”工程。一期工程建设绿地131平方公里，在中心城区、新建和改造33个绿化广场、55个城市公园，121条道路（河涌）绿化带，对105座立交桥、人行天桥实施立体绿化，形成了“四季常绿、三季有花”的景观长廊；在城乡结合部，建设16条城市主干道林带、13个近郊区森林片区、119个森林景观节点，对640个采石场实施关停并整治复绿，基本形成了点线面结合的城市森林景观体系。

2006年10月，广州再次启动了“青山绿地、碧水蓝天”二期工程，计划在2007年至2010年，城区再增绿地36平方公里；在604平方公里以外的市域范围内，再建设绿地100平方公里。

大工程带动城市森林建设大发展。目前，广州全市林木绿化率达44.4%，森林覆盖率达38.2%，建城区绿地率33.87%，建城区绿化覆盖率37.14%，人均公共绿地面积12.62平方米。

创新发展模式　促经济生态多赢

创新是发展的原动力。广州在推进森林城市建设中，结合当地农村产业结构调整，将空地绿化、租地绿化同引导农民发展花卉苗木产业相结合，积极探索出政府引导、企业投资、农民受益、城市增绿的“空地+租地+产业”的新模式，让农民既有金山银山又有绿水青山。

广州番禺区鱼窝头镇的细沥村、万洲村村民，以前种田时每年每亩地的收入不足500元。自2004年开始，政府引进大型的园林绿化公司，建成广州市一大型苗木基地。不但周边生态环境改善了，当地村民还通过在附近苗圃打工的办法，实现了经济大幅增长。

据了解，这种将空地绿化、租地绿化同引导农民发展花卉苗木产业相结合的做法，在我国出现尚属首次。目前，广州在新机场高速公路、南沙大道（鱼窝头段）规划建设了两个专用林区（苗木生产基地），总面积达7000多亩，储备苗木155万株。加上广从、广汕路和京珠、北二环、流溪河畔的苗木花卉近2万亩，实现了政府节资、农民增收、城市增绿的“三赢”局面。

通过“退二进三”战略改善生态环境质量。西焦公园位于广三铁路两侧原西焦煤场地段，20世纪末，该地是灰尘滚滚、污染严重的煤场。但2004年年底后，煤场改建生态公园，成为城市绿洲。2007年年底，广州原则通过了《关于广州市区产业“退二进三”工作实施意见》及《关于加快市属国有企业“退二进三”工作实施意见》，广州市将分别于2010年前和2015年前将279户工业企业和危化品企业分批搬迁或关停。

众所周知，广州城区建筑密集，寸土寸金之地绿化成本极高，但广州四季处处绿色逼人。目前，全市共有花园式、园林式小区585个，占全市小区的61.1%。花园式单位、园林式单位739个，占全市独立庭园单位的61.3%，广州市民出门可见赏心之绿。

营造绿色家园　市民绿色消费实惠多

越来越浓的绿色，让广州市民正在得到越来越多的绿色实惠。让广州人骄傲的绿色消费，主要包括森林公园、出门见绿、沿海湿地区候鸟翔集的海上森林……

目前，广州已批建森林公园和自然保护区50个，总面积112.7万亩，占广州国土总面积的10.1%，其数量、面积均居全国省会城市前列。根据规划，至2010年，全市森林公园和自然保护区的总数将达到57个，面积98554公顷，占广州国土面积的13.26%。市民足不出市，就可领略从高山到盆地，从丘陵到平原，从河流到海洋的森林美景。

联合国改善人居环境最佳范例奖、中国人居环境范例奖、国际花园城市、全国林业生态建设先进市、国家环保模范城市等“桂冠”纷至沓来。

历经数年的努力，一个森林绿群山、森林围珠水、森林绕名城、森林保良田、森林护碧海的森林城市格局基本形成。今日的广州，正日益舒展在绿意浓浓的生机中，森林公园的树影婆娑中、古树名木的围绕中……

瞄准新加坡、香港等国际先进城市，以建设宜居城市“首善之区”、文明城市、迎接2010年“绿色亚运”为指向，广州扬帆再起航！

梦里家园惠州寻

《经济日报》　杜　芳　黄俊毅
2014年9月24日

如果一座城市，森林覆盖率超过60%，生活在这里，会有什么样的感受呢？

广东惠州这座“天蓝、地绿、水净、景好”的绿色城市，先后被评为“国家园林城市”“国家环境保护模范城市”“中国人居环境范例奖”“中国十佳宜居城市”等。为亲身体验一下这座城市的魅力，8月末，记者来到广东惠州。

绿廊穿梭　让城变园林

惠州的大街上，绿荫无际，风清气爽。记者正行车时，一只青蛙从街边树丛蹦出，落在车窗玻璃上，跳进车里。如今即使在一些农村地区，由于生态环境破坏，青蛙已不易见到，更何况在经济发达的珠江三角洲城市群中。惠州大街上有青蛙，是因为整个城市就像一座大园林。

惠州市绿化委员会副主任张言扬告诉记者，近年来，当地实施“公园化战略”，以“一城三区”为中心，以生态景观林带、路网绿化隔离带为链接，辐射串联县、镇、村，构建成“山环水绿，绿廊穿梭，环境优美，生态优良”的城市森林生态体系。目前，惠州有26个林业自然保护区、43个森林公园，森林覆盖率达61.28%，人均有公园绿地16.8平方米，集城、山、湖、江、海、泉、瀑、林、涧、岛于一身，城区生态环境绝佳。青蛙跳进车，是惠州城区内环境良好的佐证。

就拿公园来说，最近几年，为升级城市环境格局，惠州市以城市增绿为载体，以实施“公园战略”为路径，大力推进城市综合性公园、专类公园和带状公园建设。特别是大规模大手笔地对穿绕城区的东江、西枝江“两江四岸”整治，成为惠州市升级城市格局和规模推进公园体系建设的成功范例。通过整治与建设，打造了东江公园、滨江公园、东江沙公园。紧接着又高起点、高标准规模化地推进建设了北湖公园、鹅潭公园、鹅岭公园，以及市区的奥林匹克体育公园和大亚湾体育公园等。

再说绿地。惠州城区处处是绿地。当地推进城市绿地和街道绿美工程，在路边、山边、水岸和城镇社区人群聚集区域，营造路堤林荫步道、滨水中心绿地广场。仅新建金榜路、四环路、惠州大道、惠民大道等道路绿化隔离带，就投入了3亿元。通过绿地系统和公园的建设，创建了一批“绿色单位”和“绿色社区”，实现了推窗见绿、出门见园。

为还路于民，还绿于民，惠州市依据规划指引，大力整治“两江四岸”环境，开展了城建史上规模最大的“城中村”拆迁工程。东江北岸的水北村全村动迁，拆迁人口6000人，涉迁户数1484户，拆迁面积达24万平方米。拆迁腾出的土地，不是用来搞地产开发，而是投入4320万元，采用近自然的路堤方式，建成36万平方米的东江公园。

除了城建史上最大规模的水北村全村动迁、拆违建绿工程外，惠州市还在市区“地王”标段地块，拆迁了一间大医院、一个公共汽车站和政府办事机构，并投入1700多万元，建成东平公园。如今，东江公园、东平公园已成为市中心黄金地段供人们休闲的理想场所。

水系绿化　让水清岸绿

在城区怀抱里，有一片山林，这就是惠州森林公园。记者登上山顶的挂榜阁，从高空鸟瞰，惠州全城尽收眼底。令人称奇的是高楼之上，居然有无数蜻蜓，款款翻飞。“蜻蜓的多少是生态环境质量优劣的一项重要参考指标。只有在水质长期洁净、食物链完整的环境中，才会有蜻蜓出现。”惠州市林科所所长周纪刚说。水环境奇佳，是惠州魅力之所在。近年来，惠州市致力于水系绿化，着力构筑“两江四岸”“三湖”绿色水系。

自2008年以来，惠州市投入80亿元，综合整治淡水河、潼湖两河流域的水环境。作为重点工程的金山河小流域整治项目，投资结算为9.26亿元。整治后，金山河流域区间形成八大景观，不仅为创建国家森林城市增绿添彩，也为市民休闲游憩提供了良好的环境。

杭州西湖名扬四海，惠州市中心区也有个西湖。在惠州西湖中心岛上，栖息着成百上千只白鹭。为美化环境，从2002年起，惠州市投入3亿多元，实施了截污、清淤、引清等整治工程，建成了面积1.1万平方米的生态修复示范工程和面积12万平方米的南湖中试工程。2007年起，惠州再次启动西湖美化工程，提升西湖的景观档次和文化品位。再看东江。东江是广东省重点保护的饮用水源。惠州长期以来始终把保护东江作为头等大事。2006至2011年，东江水源林工程共投入资金2801万元，完成造林15.5万亩；西枝江水源林工程投资1300万元，完成造林3.7万亩。在不遗余力的严格保护下，东江流域内的森林覆盖率和水源林的功能等级不断提升。

陆地水环境良好，沿海滩涂环境也未忽视。惠州市拥有海岸线长281.4公里。为使陆地森林向海上滩涂延伸，惠州市政府2000年出台了《惠州市红树林保护管理规定》，同年批准成立了惠东蟹洲湾市级红树林自然保护区，从此开始了沿海红树林湿地积极有序的恢复种植和保护工作。惠州市一方面派出人员到外地学习，请外面的专家来指导，提高种植成活率和保护效果，另一方面从外地引进无瓣海桑种植，采用引进树种与乡土树种相互混交造林，形成高中矮郁闭度较高的立体林层和多种类较为理想的生态群落结构。

外围添绿　让森林绕城

偌大惠州，就是一座森林公园。城市成了森林，“烦恼”也来了——在城区近郊，野猪不时光顾。“野猪属于国家保护的野生动物，不仅不能打，而且要保护。”惠州市公安局森林分局局长田裕东说。惠州城里像园林，水环境持续向好，也得益于城市外环境的维护。多年来，由于生态破坏，野猪在惠州山区几近绝迹，如今去而复返，正是惠州贯彻森林围城战略收获的意外之喜。

南昆山、罗浮山、象头山是惠州市城市外围的三大山系，“三山”能否形成森林围城的绿色屏障，是提升惠州城市生态的关键。为此，惠州实施“山上再造”战略，在城市外围大尺度规模化地进行植树造林、封山育林，低产低效林改造。首先，在规划功能结构的布局上，使山体森林资源形成山上乔木覆盖、山腰果木成林、林下种养并举的生态模式。其次，设置机构，落实管护。“三山”分别成立了两个省级自然保护区和一个国家级自然保护区。目前，“三山”保护区总面积达33.49万亩，孕育着30多万亩原始次生林。最后，在近山和远山区域，大力营造碳汇林。目前，已营造碳汇林25.84万亩。

路网绿化、景观林带建设、道路景观“画廊”，则是当地另一创举。比如路网绿化建设工程，惠州投入了7.4亿元，在8条高速路和6条道路主干线上，建成共14条800公里50万亩的生态景观林带，辅之以“增花、增色”的工程项目，打造成“彩色”生态景观廊道。驱车走在惠州，只见公路两侧，都种上了5至10行绿化树，在公路两侧几十米宽度上，形成多个层次的绿化景观带。目前，这样的生态景观林带已营造了447.4公里。自2010年以来，惠州市投入6.73亿元，建设总长334.5公里的3条省立绿道网。这3条省立绿道不仅与毗邻深圳、东莞的绿道相连接，而且有机串联起大亚湾、巽寮湾等重要安全生态资源和特色景区。在建设并完成3条省立绿道网的基础上，惠州在市域内又建成了345.2公里的市立城市绿道，实现了城市、森林、园林三者有机融合。

南宁："中国绿城"迈向"国家森林城市"

《中国绿色时报》　潘巧珍　韦荣华

2014年9月21日

无论春夏还是秋冬，不管时序如何演替，一直绿树成荫、花果飘香，散发着浓烈芳郁的南国亚热带风情。这就是广西首府南宁——声名远播的"中国绿城"。

联合国副秘书长安娜·蒂贝琼卡感叹，南宁是"一座充满活力、不断创新的绿色之城"，是"城市可持续发展的榜样"。

国家林业局局长贾治邦考察南宁城市生态建设工作时盛赞，南宁市"城在林中，林在城中""南宁是真正的森林城市"。

构筑以邕江主河道沿江森林风光带为主轴，以青秀山和五象岭森林公园为中心，以环城森林带、环城森林公园、生态主题园为重点，以自然保护区和公益林区为骨架的城乡一体的城市森林体系。

罗马非一日建成。"中国绿城""国家森林城市"的美名更非短期可以铸就。年纪大的南宁人都记得，昔日的南宁只有一些零星的路树。今日南宁满城葱茏，经过了南宁人多年的接力播绿。

最近10年，南宁拿出惊人的魄力来植树造林。2002年，南宁市将创建"中国绿城"作为政府行动纲领，庄严地写进了政府工作报告。2005年启动建设国家森林城市后，南宁市专门成立由市委书记、市长任组长的创建国家森林城市工作领导小组，先后出台有关文件25份，全市上下真抓实干，社会各界广泛关注，广大市民踊跃参加，创森工作一直保持着高位推进。

2008年后，南宁市创森步伐加快。南宁挪出大手笔，积极建设“一水”（邕江）、“二山”（青秀山和五象岭）、“二环”（城市快速环道和环城高速公路）、“二网”（城郊道路护路林网和水系防护林网）、“六保护区”（凤凰山金花茶自然保护区、苏圩石山苏铁保护区等）、“十森林公园”（良凤江、昆仑关森林公园等）、“二十生态主题园”（广西亚热带风情园、圣岭中国-东盟民族大观园、平阳大榕树广场等），构筑涵盖城乡的城市森林体系。

后来，南宁启动实施“百里环城生态圈工程”“五大森林工程”“绿满南宁”等十大工程。特别是2010年实施的城市森林工程、农村森林工程、通道森林工程、水系森林工程、生物多样性森林工程和“绿满南宁”工作，在建好城市广场绿地、游园绿地、公园绿地的同时，多种树、种大树，营造“森林公园”的景观效果，建成了一大批大型绿地、公园、街心社区花园，打造了南宁国际会展中心广场、南湖广场、民生广场、民歌广场、五象广场等绿化美化精品。

南宁市对创森投入决不含糊。2006年以来，南宁市各级财政共投入绿化资金80多亿元，同时通过鼓励多元投资、市场化运作，吸引了250亿元的社会资金投入到森林城市建设中，实施了生态公益林保护工程500万亩、绿色通道工程16万亩、珠江防护林工程3.4万亩、城市绿地工程1.8万亩，共新增造林168万亩。今年，南宁市财政投入“绿满南宁”专项绿化资金3.687亿元，全年将再完成造林绿化23.2万亩。

南宁市林业局的数据显示，2005年以来，南宁市区新种植绿化树2300多万株。2006年，南宁提出建成区每人每年种一株树，此后到2010年年底连续5年分别完成了150万株、170万株、200万株、210万株、260万株。今年，南宁市的城市森林建设种树株数将再创新高。

目前，南宁市已经建成了以邕江主河道沿江森林风光带为生态主轴，以青秀山和五象岭森林公园为中心，以环城森林带、环城森林公园、生态主题园为重点，以自然保护区和公益林区为骨架的城乡一体的城市森林体系，一个“城在绿中、林在城中、森林环抱、山水相映、四季飞花、处处绿荫”的森林城市强势崛起在南国大地。

强调“绿化”“彩化”“香化”“果化”，突出“绿树成荫”“果树上街”“花开四季”“绿中飘香”“棕榈婆娑”的亚热带城市森林风貌。

经过创森，南宁市既形成了热带雨林式的休闲绿地，又打造了层次丰富、造型美观的园林小景，真是移步换景，美不胜收。特别是民族大道、新民路、荔宾路、壮锦大道、机场高速路、白沙大道等城市主干道，都实现了“绿化”“彩化”和“香化”，令人目不暇接，流连忘返。

10公里长的民族大道被南宁市民亲切地称为“森林大道”。大道两旁种植了180多种500多万株树木，树冠宽大的扁桃树，攀爬垂挂的阴生植物和小叶榕、散尾葵、野芋等60多种乡土树种，撑起了具有亚热带雨林群落特色的浓密林带。炎炎夏日里，民族大道上却能感受到惬意的清凉；甚至下雨时候，这里也能起到遮风挡雨的作用。横贯南宁的民族大道成了“广西第一景观路”。

南宁吴圩机场进入南宁市区的机场高速路，可谓将“立体式彩化”发挥到了极致。这条高速路是中国面向东盟和世界的门脸，终年常绿，四季花开，每天都能看到五颜六色的烂漫山花。这里严格按照“树植成林、花开成片、绿化成景”的思路，科学规划，精心配植，立体式彩化的效果已经展现。

记者看到，南宁机场高速路由中间分车带、路肩、边坡组成。中间分车带绿化是机场高速路绿化的核心部分，以黄槐为基调树种，从头至尾贯穿整条绿化带，在一些节段大量栽植了大花紫薇开花乔木，丰富了上层植物的景观效果和色彩变化。在路肩，大型乔木组成两条防护林带，配植的低矮花灌木则强化了机场道路两侧的景观效果。在边坡上，鲜红的三角梅竞相怒放，五色梅、杜鹃等地被植物和大花紫薇等开花乔木融为一体，形成一道道优美的天际线。

南宁市林业局的同志说：“在南宁，像民族大道、机场高速路这样的‘森林大道’‘景观大道’还有很多，例如被冠以‘临江鲜花大道’的荔宾大道，以‘一段一景’绿化造型闻名的壮锦大道，‘香化’‘彩化’效果浓郁的江北大道，‘彩化’效果显著的白沙大道……南宁在创森中逐渐形成了‘一街一景’的特色，取得了‘绿化’‘彩化’‘香化’‘果化’的效果。”

在创森工作中，南宁建成了百里环城森林生态圈，把约100公里长的环城高速公路装扮成了美丽的森林通道。同时，重点打造了五象大道、银海大道、白沙大道、昆仑大道、安吉大道等8条城市主干道的城市生态景观，把全市高速公路、二级公路、铁路沿线两侧的绿化率都提高到了100%。

南宁的通道森林建设，不仅“绿化”，而且“彩化”“香化”“果化”，突出“绿树成荫”“果树上街”“花开四季”“绿中飘香”“棕榈婆娑”的亚热带特色。目前，南宁市已经建成了230公里的主干道森林景观，形成“木棉一条街”“芒果一条街”“扁桃一条街”“木菠萝一条街”“榕树一条街”等各具树种特色的景观街路，初步构建了系统完整、特色鲜明、景观丰富的城市干道森林生态系统。

在“中国绿城”的基础上进一步创建“国家森林城市”，就是要改善城市人居环境，让市民共享生态文明成果。

目前的大南宁，放眼望去，山青林美。人们明明是身在高度时尚的现代都市中，但享受的却是森林景观优美、富有诗情画意的山水田园风光。

南宁市东南方向的18座大小山岭，“山不高而秀，水不深而清”，山林浓翠森碧，绵延2.5万平方米——这就是青秀山风景区、南宁的“绿肺”。南宁南郊、距市区仅7公里的良凤江森林公园，面积7万多亩，林木繁茂，是南宁的“植物王国”“森林浴场”。南宁市北郊的大明山国家级自然保护区也是国家森林公园，森林植被原始完整，是“南宁的避暑山庄”“广西的庐山”。

南宁已经建成6处国家4A级风景区、1处国家森林公园、1处国家级自然保护区。每逢周末和节假日，南宁人最喜欢的休闲方式是到市郊的森林里徜徉。青秀山、五象岭、良凤江、龙虎山、大明山、凤凰山等都是人们走进森林、融入自然的热点去处。

对南宁人来说，森林就在身边，就在自己的城市里。在市区内，无处不在规模宏大的公园、广场、专类园，是广大南宁人最钟情、往返最便利的享受森林之乐的佳胜之地。

南宁人现在发现，南湖名树博览园、邕江两岸绿色长廊、快速环道和环城高速绿色生态圈、百里环城森林生态圈……多板块、多层次、群落式的城市森林景观在竞相展妍。市区内30多个公园各具特色，随处可见的游园、绿地、社区花园、街心园林小品，也都个个精致，堪可玩赏。

南宁市民覃女士说：“我近年来每晚都到南湖公园锻炼。这里森林茂密，空气清新，人群较多，气氛热闹！每个周末，我和家人都到市内不同的公园里去走走，金花茶公园、石门森林公园、狮山公园……每个公园的绿色风情都不一样，我们都想好好体验！”目前，南湖公园已经成为南宁市最大的免费开放的公益性公园，每晚有上万南宁市民到这里散步、游玩、健身、练歌、排舞。

今年65岁的老黄有个习惯——每天约上好朋友，步行六七分钟来到民族大道和新民路相交路口的凤凰林绿地一起健身。他说：“创森后，南宁增加了很多森林绿地，健身场所更多更美了。这里绿化美化很好，有专门活动空地，又在社区附近，可以说是家门口的公园景区，非常方便市民休闲健身。”

像老黄、覃女士这样的南宁市民是具有代表性的创森主体，他们积极参加创森活动，也骄傲地享受着创森成果。南宁的人民公园、青秀山、南湖名树博览园、药用植物园、扁桃公园……每一处都是市民蜂拥而至的“森林会所”。

南宁市民最满意的是创森工作的质量。例如，金花茶公园是中国首家以种植国家一级重点保护野生植物金花茶为主的茶花专类园，保存金花茶原种和变种28个，栽植金花茶3万多株。创森中，金花茶公园进一步建设完善并免费开放，每个市民都可入园，恣意欣赏那些迎风绽放的“茶族皇后”。

南宁市委、市政府认为，在“中国绿城”的基础上进一步创建“国家森林城市”，就是要改善城市人居环境，让市民共享生态文明成果。广西壮族自治区党委常委、南宁市委书记车荣福说：“今日南宁，已经是一座森林城市，各项创森指标均已经全部达标，具备了申请考评验收的条件。目前，南宁正在精益求精，更加扎实地开展工作，迎接国家林业局组织的考评验收！”

家园更美丽群众更满意

——柳州市成功创建“国家森林城市”奋斗历程综述

《柳州日报》 董 明

2012年8月4日

是工业城市，但却无烟囱林立，而是山清水秀地干净，树绿花红楼掩映。这便是“让森林走进城市、让城市拥抱森林”在柳州的生动表现。

7月9日，在第九届中国城市森林论坛上，柳州市正式被授予“国家森林城市”称号。这是柳州市继“全国双拥模范城”“国家园林城市”“中国人居环境范例奖”等荣誉之后的又一“国字号”金字招牌。

抚今追昔，喜看经济发展、社会进步、民生和谐。今日之柳州，坚持“三个同步”理念，正在科学发展大道上策马奔腾。

思路很清晰措施很给力

“领导重视，强力推进；理念先进，措施有力；特色鲜明，内涵丰富；动员广泛，发动充分。”这是今年3月，国家林业局创建国家森林城市考察组总结的柳州市创森工作的四大工作亮点。

自2009年，柳州市启动创森工作后，首先成立了以市委书记和市长为组长的高规格的创建国家森林城市工作领导小组，并下设创建国家森林城市工作办公室。此外，各县区、管委会及市直相关职能部门也相应成立了以主要领导为组长的“创森”工作领导小组及工作办公室。

此后，柳州市高位推进，全面开展创建国家森林城市工作。如在春节长假后上班第一天至植树节期间，全市多次组织开展大规模的义务植树活动，市领导每次都带领机关干部踊跃参与植树造林活动，极大地推动了全市创建国家森林城市工作。

紧盯“让森林走进城市、让城市拥抱森林”的目标，柳州市狠抓重点工程，着力构建柳州特色城市森林生态体系。

一是长抓青山绿地工程，夯实森林生态基础。目前，柳州市森林覆盖率已达到63.2%，远远超过35%的国家森林城市标准。二是打造百里柳江，营建百里森林生态画廊。目前，全市共有10.8万公顷的水源涵养林和2.5万公顷的水土保护林。三是实施城市林业生态圈工程，修筑森林生态长城。现在，柳州市城郊山区森林覆盖率达75.02%。

此外，开展城乡绿化工程，整体推进森林生态体系建设。强化保护体系建设，确保森林生态安全。

推进“绿满龙城”造林绿化工程，优化提升森林生态功能等措施，也进一步描绘了“山上增绿、环境增优、林农增收、企业增效、社会增福”的美好蓝图。

美丽家园，共同建设。经宣传发动，创建国家森林城市也成为全市人民的自觉行动。从2008年开始，柳州每年开展“百万人种百万棵树”“百万农户种千万棵树”“十万柳州青少年造林绿化行动”“村屯绿化美化工程”等造林绿化活动，营造了“人大代表林”“政协委员林”“双拥模范林”“劳动模范林”“离退休干部林”等绿化模范林。2008年至2011年，柳州市参加全民义务植树活动的人次达1142多万，植树数量达2269.1万株，市民义务植树尽责率达92.6%。

城市变花园　生态更宜居

现在，全市森林覆盖率为63.2%，城市建成区绿化覆盖率为40.5%。但绿色，不是柳州生态宜居环境的全部。

在“创森”的进程中，柳州市结合创建国家生态园林城市，全面推进

“绿满龙城”和“家园绿美工程”，以新加坡为样本绿化美化彩化城市，让龙城山清水秀、鸟语花香，努力建设“生态花园、五彩画廊”的花园城市。

如今，柳州在不同季节都有应景的花朵次第开放。2、3月间，如霞桃花城内城外争艳，而紫玉兰也在文昌路、静兰路等雍容亮相，4月，洋紫荆、杜鹃、红花继木渐次开放；随之，紫薇、鸡冠刺桐、吊钟、栀子花、象牙红陆续精彩亮相；8、9月轮到黄槐、红花夹竹桃唱主角。

而花季从6月延伸到11月的三角梅则在冬天里，与刺槐和红花羊蹄甲点亮冬季的柳州。红、黄、粉、紫……龙城的春、夏、秋、冬，皆以花为标识，四季节序分明。

“生态工业柳州，宜居创业城市”也在创森过程中进一步增加内涵，提升魅力。

——山更绿。全市森林覆盖率从2005年的59.7%提高到现在的63.2%，高于全国和全区的平均水平。

——水更清。全市7条主要江河的水质保持优良，市区柳江河饮用水源的水质均达到III类水质要求。

——天更蓝。2008～2011年城市优良天数均达97.3%以上。

——空气更清新。2008～2011年，市区二氧化硫的年平均值从每立方米0.072毫克减少到0.059毫克。空气质量达到国标环境空气质量二级标准。

——群众更满意。长长柳江畔，市民在垂柳下休闲垂钓；处处公园里，群众在音乐声中歌舞。政通人和，柳州人民用行动给山水宜居环境打了高分。

荣誉是新的起点。7月13日，市长郑俊康在“国家森林城市”接匾仪式上指出，我们将再接再厉，乘势而上，扎扎实实做好生态保护和建设工作，努力开创柳州市生态环境建设的新局面，努力建设“五美五好”柳州。

梧州森林城市
满城皆绿好景致

《广西日报》　谢彩文

2014年7月15日

已经退休的梧州市民王凌雁住在河东，每天早上总喜欢和老伴沿着河堤走上一段，再过鸳江大桥到河西去晨练，光路上就花去40多分钟。问老夫妻累不累，王凌雁一脸轻松笑着说："路边种满花草绿树，江边空气清清爽爽，舒畅!"

越来越多的梧州人发现，这座广西最绿的城市绿意一年比一年浓，景观一年比一年多、一年比一年美，闲下来时人们更愿意出到户外，放慢脚步，细细品味随季节变幻的"森林城市"魅力。

2011年6月，梧州在广西第一个获得国家森林城市称号，"功成名就"之后森林继续增加，质量不断提升，由此延伸出来的"绿色产业"更是"群雄并起"，越来越焕发出可持续发展的强大活力。

满城皆绿好景致

习惯了周末到白云山公园运动的赖军每次爬山都大呼过瘾：绿化景观赏心悦目、休闲景点特色分明，让人在"绿色海洋"中享受惬意生活。

白云山公园四恩寺入口道路两侧沿线的宝巾花长廊，已形成景观效果，还有约1万多株巴西野牡丹、大叶紫薇等多个品种的花卉树木交相辉映，与公园内的桃花园、茶花园形成风格迥异的主题特色。

如今，梧州市3/4土地上覆盖着森林，人均公园绿地面积8.44平方米，初步形成一路一品、一街一景的绿化格局。绕着市区走一圈，从城市出入口开始，一直到市区的主次干道、小街小巷，道路两边都有宝巾花、紫薇、七彩大红花等装点而成的绿化景观带；公共休闲场所和公园以绿造景、树木成荫、层次分明；市民徜徉在花草绿荫间，悠然自在，心旷神怡。

梧州市林业局局长谢善高介绍说，近年来，梧州市编制了环城山体林相改造规划，逐步对城区周边1.5万亩集体林地进行景观改造。目前已投入1900多万元，补植补造阔叶树种、珍贵树种、彩色树种和抚育追肥等。同时对高速公路两旁可视一面坡的马尾松疏残林进行改造，补植补造马占相思、荷木等阔叶树种，营造针阔混交林，提升景观功能。

生态宜人好居家

夏日炎炎，走在新闻路、梦之岛时代广场一带，感觉特别凉爽——前年种下的200多棵数米高的盆架子树和扁桃树形成了茂密的林荫带。市民刘振扬十分感慨："绿化让人赏心悦目，神清气爽，身心两利。"

近年来，梧州市对城市道路加大了绿化改造力度，进一步扩种乔木、灌木及草皮等，让居民出行三四百米就有500～1000平方米休闲绿地，出行500米以上有一个5000平方米以上绿地。

漫步市区，西堤路人行道和绿化带上，细叶榄仁、细叶榕等树木形成大方得体、层次丰富的绿化景观；新兴一、二、三路树冠高大的仁面子树是最好的遮阴绿化区域；河东阜民路树冠较小的红花紫荆、宫粉紫荆以及其中穿插着的石栗树，也在枝叶中透出一丝清凉。

一些外来客人也被这座森林城市吸引，纷纷在梧州买房置业。来自吉林的宝石商人周建业说，梧州的绿化和生态景观大方得体、主题鲜明，营造出一种舒适惬意的宜居环境。

产业群起经济活

进入21世纪以来，梧州市大做绿色文章、做大绿色文章，初步建成以森林资源培育、森林花卉、木材采运、木材加工、人造板、林产化工、森林食品、香料香油、竹藤加工、林果、林药、森林生态旅游等门类较多的林业产业体系。

继2009年出台《关于加快林业产业发展，打造林业强市的决定》后，2012年市委、市政府又出台《关于加快松脂产业发展的决定》，从森林资源培育、城乡绿化到林产林化工业发展都明确了具体的扶持政策，每年市县两级财政拿出2000万元以上资金用于林产林化原料林基地建设。

近3年来，利用财政资金，全市累计无偿赠送马尾松、油茶、珍贵树种等良种苗木3800多万株，调动了群众造林的积极性。

为了促进松脂产业的发展，2012～2013年，该市共投入4015万元，完成造林24万多亩、中幼林抚育61万多亩。全市建立高脂松苗圃2个、高脂松造林示范点12个。目前，全市杂交松造林面积超过1万亩，树高、胸径年生长量分别达1.7米、2.1厘米。

按照规划，到2020年，梧州市将建成以桉树为主的200万亩纸材林基地，以良种马尾松为主的500万亩采脂林基地，以大叶栎为主的100万亩人造板材林基地，以及100万亩八角、100万亩玉桂香料香精林基地，形成林板、林浆、林脂、香料药材油茶和森林生态文化5大产业群。

广西创建森林城市 打造美丽玉林

——广西玉林市创建国家森林城市工作纪实

《中国绿色画报》　刘艳丽

2012 年 11 月 26 日

玉林市地处北回归线以南，属典型的亚热带季风气候，阳光充足，雨量充沛，气候温和，土壤肥沃，境内山地、丘陵台地和平原相互交错，十分有利于亚热带植物生长。“天时、地利、人和”的优势，赋予玉林市创建国家森林城市良好条件。

高位推动创森工作

市委、市政府对创建国家森林城市工作高度重视，把创建国家森林城市作为贯彻落实科学发展观的重要内容，把创建森林城市作为重要的生态、惠民工作来抓，通过创建国家森林城市改善民生，以改善民生作为创建国家森林城市的主要目标，把生态和民生作为创建国家森林城市的两大任务来抓，高举生态和民生这两面大旗，把改善生态和改善民生放在同等重要的位置，协同推进，良性互动，通过改善生态更好地满足民生需求，通过改善民生更好地推动生态建设，从而积极应对气候变化、建设生态文明、实现绿色增长。

落实创森工作责任

本着“科学规划、统筹推进、明确目标、落实责任”方针，把创建国家森林城市纳入全市经济社会发展来谋划，作为城乡一体化工作来实施。按照“一轴带四极，二江并四廊，三园十六区，多点齐绽放”的森林城市规划，实施玉（玉林）—北（北流）—福（福绵）一体化、“建设宜居生态城市”的战略构想，围绕城市山、水、路、人文景观和植物资源特点，把城市作为一个大型森林公园进行规划和建设，坚持以水为魂，打造亮点，以绿为韵，推出精品，以建为主，完善功能，着力打造宜居环境。

形成创森浓厚氛围

为了发动广大干部职工和人民群众积极参加创建国家森林城市活动，继市委三届七次全会部署创森工作后，市委市政府于2010年3月召开全市林业工作会议，2011年3月召开全市创建国家森林城市推进大会，当年11月又召开全市创建国家森林城市攻坚大会，2012年1月，召开全市创建国家森林城市项目建设推进会，金湘军书记、韩元利市长亲自动员和部署创森工作，进一步统一思想、提高认识、落实责任。

推进创森工程建设

加大对创建国家森林城市的投入力度，积极发挥财政资金的主导作用，通过政府引导、市场运作、社会参与的措施，解决创建国家森林城市重点工程建设资金，确保各项创森项目建设顺利开展。“十一五”以来，全市累计投入造林绿化资金19.4亿多元，年均2.77亿元以上。近三年来，全市共投入创森资金15亿多元，其中山上绿化投入5亿多元，城镇、通道和村屯等绿化工程建设投入10亿多元；2011年开展创森攻坚战，山下绿化项目投入就近8亿元。今年将投资5亿元开展创森成效提升年活动，全面提高城乡绿化质量。

实施森林进城工程

投资2.53亿元把7.53公里的二环路改造成层次分明、色彩丰富、动感明显、季节变化的迎宾大道；北流市坚持“绿随路建、有路皆绿、绿美结合”的原则，建设了玉容一级公路北流荔枝景观大道等项目，使我市道路绿化率达95.55%。经过去冬今春的积极筹备，今年又建成28公里的通道绿化工程，按照美观大方、易于种植、实用为主的原则，把其打造成了绿色风景带。

实施村屯绿化工程

2009年来，全市新建农村户用沼气池69389座，适宜建池入户率达50.8%，建太阳能热水器1.3万多台，面积2.6万平方米，既改善了农村生活环境，又有效保护了森林资源，推动农家乐旅游热潮火爆全市。

实施河岸绿化工程相依

以河道小环境综合治理为载体，加强了南流江、北流河、九洲江、鉴江和郁江支流为主的河流河岸绿化建设，把城区两岸用地建设成为建筑风貌与环境相协调、公共服务功能与生态环境为一体、富有生机与活力的景观长廊，营造出河道通畅、水质洁净、环境优美、生态良好的高品质滨水空间，为市民提供更加休闲的公共活动场所。

实施山上绿化工程

2009年来，全市山上造林总面积80.99万亩，实施中幼林抚育面积163.3万亩，全民义务植树3007.3万株，建设了省级广西大容山、广西天堂山和广西博白那林自然保护区，以及一批市县级保护小区。

目前，全市森林面积达到1157万亩，森林覆盖率达60.08%，林地绿化率达96%以上。今年的山上绿化造林20.2万亩，我们坚信，在国家林业局、自治区林业厅的关心指导下，把现代林业建设全面推向科学发展的新阶段，为建设“美丽中国”做出更大贡献！

走进“森林之城”贺州城市森林化成绿化亮点

广西新闻网　毛俊连　叶焱焱　刘　清　苏　琳

2013 年 8 月 14 日

8月14日上午，“第二届全国网媒广西林业行”采访团抵达“森林之城”贺州市，开始对当地森林城市建设，尤其是城市绿色通道绿化亮点进行实地探访。

自贺州市高速路西出口途经在建的生态园林景观大道，再转入南环路、贺州大道、太白路到达下榻酒店，沿途路段，满眼皆绿。路旁多种乔木和灌木、花草搭配合理，生长得错落有致。这些乔灌木枝繁叶茂、青翠欲滴，有的则正花开鲜艳。贺州市区通道绿化最大看点是大量观花、观叶、观果植物聚集，四季都有花开，仅南环路绿化植物就包括栾树、红叶石楠、海棠、樱花、马褂木、银桦、广玉兰、含笑、合欢、紫荆等。而贺州市区最具城市特色的通道绿化亮点是认捐认种单位命名的绿化岛和道路，如贺州大道的“组工林”“平桂林”“大桂山林”“钟山林”等4个分流绿化岛，还有贺州高速公路东出口至平桂大道间的“30公里香樟大道”等。

在贺州，森林街道使得城市犹如置身森林中，而贺州获得“广西森林城”，凭借的是72.46%森林覆盖率，42.8%城区绿化覆盖率，11.9平方米城市人均公共绿地和一年当中有275天达到城市空气质量二级以上标准。在贺州，森林城市创建知晓率为93.5%，93.3%市民支持创建森林城市，这使得贺州市森林城市建设取得显著成效，到今年6月底止，贺州山上造林30万亩，植树750.多万株。通道绿化81公里，新绿化村屯253个，超过43万平方米的城镇被绿化，城区新栽胸径10厘米以上大规格树木750多株，千万珍贵树种送农家活动送出珍贵树种151万株。

针对城区绿化薄弱环节“山下绿化”，贺州以城区绿化、通道绿化和村屯绿化为重点，进行重点突破，把弱点、难点打造成绿化亮点。贺州城区绿化特点之一就是注重城区绿化与生态乡村建设相结合，以此促进城乡一体化发展。贺州既有崇山峻岭，又有秀丽山峰，城区绿化以改善宜居环境为目标，围绕耸山秀水、城区主干道、地面停车场进行绿化美化，构筑公园、绿色休闲场所和居民特色景观小区；近郊绿化则围绕出城道路连接路段、江河沿线、铁路、高速公路、国道线两侧进行植树绿化，构建环城风景林带和水、路绿色大通道；远郊主要是绿化美化旅游景区发展森林旅游业，建设林业产业基地发展绿色循环经济；而在乡村，重点建设“十镇百村百里绿色生态文明走廊”，改善农村的居住环境和生活习惯，促进乡村旅游业的发展，形成了城市森林化、乡村林果化、道路林荫化、农田林网化城乡绿化新格局。

贺州城区绿化另一特点就是依托喀斯特地貌以及环境特性等优势，打造贺州特色。贺州对具有喀斯特地貌特征的石山进行封山育林和绿化补植；对城区周边、江河两岸和道路、铁路沿线的山体进行重点保护，严禁开山取石、毁林开荒等破坏植被行为；在秀丽的山峰之间布局特色农业生产活动，使贺州每一处都成为园林景观，每一眼望去都有不同的景致。目前贺州共新改建城市公园17个，近郊20公顷以上公园9处。

为深度挖掘生态文化内涵，贺州通过广泛征集市民意见，将乡土树种樟树评定为市树，把在贺州桂岭出生的著名理学家周敦颐所著《爱莲说》之莲花评定为市花，应用于城市绿化美化之中。科学选择樟树、桂花、阴香、小叶榕、大叶榕、葛树榕、白兰、木棉、秋枫、杜英等乡土树种开展大规模的植树绿化，形成了布局错落有致、植物搭配多样的城市绿化新格局。经计算，贺州城市乡土树种数量占城市绿化树种使用数量80.9%。

此外，针对贺州传统文化中村屯布局背靠青山、前临江河或田陌，多种植有古树这一特性，贺州“后龙山”自然保护小区的建设和管护，做好古树名木保护工作，将“后龙山”保护列入村规民约之中，制定《贺州市古树名木保护办法》，对全市村屯风水林和2444株古树名木进行重点保护。同时重点开展“森林县城”“森林乡镇”“森林村庄”“森林单位”“森林街道”等系列绿化创建活动，实施了绿色家园、绿色田野建设，着力建设幸福美丽新乡村。目前，全市建设有村屯绿化示范点469个，村庄林木绿化率40.3%。

创森林城市　天更蓝水更清
重庆的空气越来越清新

《重庆日报》　王　翔

2012 年 1 月 20

让城市更加宜居，这是市委、市政府对所有重庆市民的承诺——2010年，市委三届七次全委会专题研究民生工作，决定用两年半时间，在解决全市群众最关心的十大民生问题上取得重大突破，其中一项重要内容就是创建国家森林城市、生态园林城市和环保模范城市。

随着三大创建工作的陆续开展，重庆市不仅栽种了大量的树木，还利用各种工程措施，治理污染源。虽然仅仅过了一年半的时间，人们却惊喜地发现，整个城市的生态环境越来越好，不仅天更蓝了，水更清了，空气也越来越好。

创国家森林城市　森林覆盖率每年增2个百分点

重庆将成为一个天然的“大氧吧”——这是2010年重庆市提出到2012年成功创建国家森林城市后，所有人对未来重庆的一种期盼。

“现在的重庆，不仅是公园里，在道路旁、小区内、屋顶上，凡是你看得到的地方都有绿色，跟几年前比，真的大不一样。”近日，在龙头寺森林公园，看着草坪上玩耍的孙女，已经64岁的陶真言大爷满脸的笑意。

“经过这几年的生态建设，可以说每个重庆人与陶大爷都有相同感受。”市林业局一负责人说，在城市，重庆市栽大树、栽好树，新建各类公园、小游园882个，316条城市干道、节点绿化升级，一些路段建成10～20米林带，种植10厘米以上大树630万株，城市环境大为改善。

“同时，重庆作为首个以省级单位整体创建国家森林城市的地方，在农村，重庆市也大力推进生态建设和相关产业的发展。”该负责人说，自2008年以来，全市建成生态镇100个、绿色村庄2000个，完成荒山绿化250多万亩，培育产业基地540万亩；各类苗木花卉基地总面积近40万亩，种苗生产能力达16亿株以上，在圃苗木价值超过116亿元。

目前，全市已累计完成森林工程1808万亩，占2200万亩总任务的82.2%，种植各类苗木16亿株。全市森林覆盖率以每年2个百分点的速度增加，从2008年的33%提高到了2011年的39%。2012年还将超过40%。

2011年11月25～30日，国家专家组对重庆市创建国家森林城市进行考察验收，38项考核全部达标，其中10多项指标远超国家标准，顺利通过验收，获得专家组高度评价。

创国家生态园林城市　出门500米就有公园

在重庆成功创建国家园林城市不久，2010年，市政府常务会议审议通过了《关于创建国家生态园林城市的决定》，提出到2012年，重庆市主城区城市建成区有关指标全部达到或部分超过国家生态园林城市标准，成为国家生态园林城市。经过一年多的努力，创国家生态园林城市已经到了最后的攻坚阶段。

“到处都是公园，到处都是新鲜空气，我们就像生活在天然氧吧中。”家住巴南区鱼洞的市民陈英说，她每天早上都要带着小孙孙去含笑公园遛个圈儿。而以前，这周边却是一片垃圾山。

为了改善该区域的居住环境，提升居民生活品质，巴南区投资2.3亿元，搬迁企业2家，居民866户1294人。拆除该地原有的7.17万平方米危旧房，加上鱼洞长江大桥下的废弃地、原来的垃圾山和臭水沟改造地等，建成了面积达5.37万平方米的含笑公园。

“公园的建设，是创建国家生态园林城市的重要组成部分。”市园林局一负责人说，自创建国家生态园林城市启动以来，主城区已完成各类园林绿化项目159个，栽植8厘米以上大苗130.57万株，其中20厘米以上的大苗25.37万株，一批亮点工程成为了市民娱乐休闲的好去处和城市靓丽的风景线。如渝北区龙头寺公园、渝中区李子坝公园、江北区儿童公园、南岸区同景石庙山公园、九龙坡区彩云湖湿地公园等，使市民出门不到500米就能进公园、进小游园。

目前，对照生态园林城市的74项指标（其中绿化指标43个，市政、环保、社会等指标31个），已完成73项，未完成仅1个。

创国家环保模范城市　主城空气质量优良天数创历史新高

2010年，重庆市正式向环保部提出创建国家环保模范城市申请，确定在主城九区（含北部新区）开展创模活动，2010～2011年为全面启动和攻坚阶段，2012年为全面达标和技术评估阶段，2013年为验收阶段。从那时起，重庆市就对环境污染发起了新一轮的挑战。

“最近即将投入使用的一个大型环保项目，就是丰盛垃圾焚烧发电厂，是国内最大垃圾发电厂。”市环保局一负责人介绍，这个大型环保项目位于巴南区丰盛镇双碑村上河坝，占地面积200亩，总投资金额达9亿元，在2010年7月开工建设。

目前，4条生产线即将全部建成投运，每日可处理3000吨垃圾，这些垃圾将化废为宝，全部转化为电能，可每日发电90万度，供20万户普通家庭用电。

“这仅仅是重庆市治理各类污染的一个缩影。”该负责人说，自启动创模以来，重庆市实施了包括环境保护优化发展系列工程、空气质量达标系列工程、水环境质量达标系列工程、基础设施建设系列工程等八大工程，花大力气治理各类污染。

通过实施控制扬尘污染、燃煤污染、机动车排气污染等系列工程措施，截至2011年12月26日，主城区空气质量优良天数已达324天，与去年相比增加15天。空气质量在全国47个重点城市中排名31位，比2010年上升6位，为历年最高。主城14条要求整治达标的河流中，已有9条基本达标，其余5条尚未达标的河流，水质也有了明显的改善。

同时，新改建主城区7座城市污水处理厂，建成主城排水管网338公里，主城区城市污水集中处理率达到94%。建成菜园坝垃圾中转站等垃圾转运设施43个，生活垃圾日处理能力达3600吨，主城区城市生活垃圾无害化处理率达97%。

截至2011年年底，26项创模考核指标已有22项达标，达标率为85%。尚未达标的4项指标有明显改善。通过努力，2012年6月各项创模工程有望全面完成，各项创模指标有望全面达标。

创建国家森林城市
成都演绎城乡和谐景象

——成都建设森林城市促进城乡统筹发展纪实

《中国城市经济》　韩建军　王海珠

2014 年 6 月 13 日

喝上干净水、呼吸到新鲜空气，是每一个老百姓最朴素的愿望。将森林引入城市、让城市坐落在森林中，生态家园与绿为邻已成为越来越多城市人追求的人居梦想。城市向森林化发展，实现绿化层面向生态层面的提升是当今城市建设的新课题和大趋势。如何在经济快速发展的前提下让老百姓在碧水蓝天和林水相依中生活，已成为社会各界共同关心的问题。

森林城市——生态家园与绿为邻成现实

城市规模扩大、人口增加、生态环境压力加大，是世界城市发展的一个共同特点。建设生态结构合理、生态服务功能高效的城市生态系统，大力发展城市森林，使城市与森林和谐共存，人与自然和谐相处，实现城市人追求的生态家园与绿为邻的人居梦想，推动生态化城市建设，已成为世界城市发展的新潮流。特别是进入21世纪以来，世界各国都把发展城市森林作为保障城市生态安全的主要措施、增强城市综合实力的重要手段和城市现代化建设的重要标志。

由于森林城市的发展历史不长，关于森林城市的创建国内外城市都处在不断的探索和实践之中。国外许多城市起步早，森林城市建设已取得了显著成效，其中特色鲜明的有城市森林与现代建筑群交相辉映的美国纽约；有庄园式建筑与四周的林地、水面和谐配置的“森林之都”澳大利亚首都堪培拉；有森林、花园、多瑙河与巴洛式风格建筑浑然一体的“音乐之都”维也纳；有林园一体化的日本城市等，他们的共同特点是都体现了城中有森林，森林包围城市的特点。这些城市虽然大多本身就坐落于原生森林之中，森林资源相对丰富，发展森林城市有自然优势，但是他们在城市发展中尊重自然和谐、重视科学规划和生态环境保护的先进理念是我们国内城市管理者和建设者们在城市科学发展中应该学习借鉴的。

我国森林城市的研究、实践和建设虽然起步较晚，但在各级政府和有关部门的积极推动下发展却很迅速。从长春第一个森林城的构建，到上海现代城市森林发展规划与实施，到绿色奥运、生态北京的打造，再到世界十大污染城市沈阳的环境面貌改观都体现了我国城市森林建设蓬勃兴起的发展势头。

积极发展城市森林、创建环保模范城市，创建森林城市，切实让人民群众喝上干净水、呼吸到新鲜空气，为子孙后代留下绿水青山……这些实际行动让我们看到，碧水蓝天，生态家园与绿为邻的和谐生活离我们将不再遥远了！“让森林走进城市，让城市拥抱森林”也成了提升城市形象与竞争力、提高城市居民生活质量的新理念。

随着党中央落实科学发展观全力推进构建和谐社会战略决策的贯彻落实，不仅全国各级政府的领导者、城市的管理者和建设者明确了科学管理、有序推进、统筹发展的建设实践，而且我们广大人民群众的认识水平和环境意识也有了显著提高，对于自己生活的城市环境也更加关爱，环保和维权意识也在许多时候变成了行动。近两年来这样的不和谐之景越来越少了，不少城市的创森工作都做到了以尊重自然、科学规划、统筹推进、和谐构建为前提，且各有特色、成效明显，实乃生态环境之幸、百姓之福啊！

2007新春之际，从国家森林城市考察组传来：成都一个“具有全国意义、甚至世界级典范的森林城市”即将诞生的消息，成都一下成为了世人关注的焦点。为此，我们最近又到这座位于我国西南地区的特大中心城市采访，感受了她的浓浓“绿意”，更感受到了人与自然和谐相处带给人们的那一份恬适，也真正领略了她被称为“来了就不想离开的城市”的独特魅力。

成都，天府之都，确有她独到的神韵与魅力，她地处四川盆地，土壤肥沃，气候温和，四季分明，无霜期长，雨量充沛，冬无严寒，夏无酷暑属中亚热带湿润季风气候十分有利于生物生存繁衍，自然资源、植物种类丰富，是长江上游的绿色生态屏障。据初步统计，全市动、植物有11纲，200科，764属，3000余种。其中种子植物2682种，特有和珍稀植物有银杏、珙桐、黄心树、香果树等。主要脊椎动物237种，有国家重点保护的珍稀动物大熊猫、小熊猫、金丝猴、牛羚等。国家级龙溪—虹口自然保护区是举世公认的"世界亚热带山地动植物保存较完整的地区之一"，是"不可多得的物种基因库"。在自然景观中有我国道教四大发祥地之一的，以"天下幽"著称的青城山，雄奇多姿的九峰山，高耸挺拔的西岭雪山，景色秀美的玉垒山等；有汹涌湍急的溪流，清澈明亮的水潭，飞珠溅玉的瀑布，秀美如画的湖泊等。市域范围内自然保护区、风景名胜区和森林公园总面积达3164.9平方公里，占全市国土面积的25.54%。

我们驱车由北至南穿过人民路，又在一环、二环路上各转了一圈，车窗外的绿意随处扑面而来。放眼望去，展现在眼前的是一幅秀美画卷：万木葱茏，浓荫如盖，好一座三江环抱、青山绿水、浓花瘦竹的生态园林花城啊！据市林业和园林管理局的同志介绍，成都全市森林覆盖率已达到36.15%，全市乡镇所在地，小集镇、农民集中居住区绿化覆盖率分别达到30%和25%；建成区绿地率达到35.12%，绿化覆盖率为36.46%，人均公共绿地面积9.22平方米。各项指标已达到或超过国家森林城市评价指标。今日成都的满目翠绿，并非是一朝一夕的短期行为，而是25年来坚持积极开展义务植树活动的结果。25年来成都共有1.8亿人次参加义务植树，建立了义务植树基地，开展了"母亲林""军人林""三八林""劳模林""青年林"等义务植树活动，全民绿化意识深入人心，"植绿、兴绿、爱绿、护绿"已在成都蔚然成风。去年年底成为了我国西部地区第一个被命名为"国家园林城市"的省会城市，但成都没有由此停步，而是全市上下又自觉地把城市生态环境保护和建设贯穿于构建和谐成都的全过程，目前正在全力组织实施好新一轮的城市生态建设规划，稳步推进成都的"国家森林城市"建设步伐。

我们穿行在蓉城的大街小巷，各色街道绿化精品、特色公园和小游园随处可见。当地同志告诉我们，自2005年年底，确定了2006年全面完成"创建国家森林城市”专项目标任务，2007年建设成为“国家森林城市”的奋斗目标后，市政府专门成立了创森办，科学地对全市创建国家森林城市专项目标任务进行了量化分解，逐步加大绿化美化力度，在市委副书记、市长葛红林亲自挂帅的创森领导小组带领下，通过全市各个区（市）县和市级相关部门全力以赴、相互配合，广大市民的共同努力，到去年年底圆满完成了创建国家森林城市专项目标任务，并立志将绿色森林城市打造成最靓的城市名片。

采访中，我们不仅时时处处可以感受到现代森林城市的魅力、呼吸着清新的空气，而且更为成都创森的“师法自然”与“和谐构建”而折服。成都城市森林建设的成功之处，就在于创森中深入贯彻了我国城市森林建设的基本思路，坚持了城乡统筹、政府主导的原则，坚持了生态优先、崇尚自然的原则，坚持了林水相依、乡土植物为主的原则，坚持了人与自然和谐相处的原则。推进城市森林建设中，切实做到了城市、森林、园林“三者融合”，城区、近郊、远郊“三位一体”，水网、路网、林网“三网合一”，乔木、灌木、地被植物“三头并举”，生态林、产业林和城市景观林“三林共建”，突出了生态建设、生态安全、生态文明的城市建设理念，以建设布局合理、功能完备、效益显著的城市森林生态系统为重点，科学规划、政府重视、全民参与的城市森林建设中充分演绎了自然和谐、城乡一体、统筹推进、科学发展的全新理念和成功实践，具体我们可以从以下6个方面得到诠释。

城市、森林、园林“三者融合”

将城市的生态需求、森林的自然功能和园林的生态、景观功能有机结合，将高大乔木自然之美与城市建筑的现代之美、园林景观的艺术之美有机结合，森林进城、园林下乡。创建国家森林城市，加快推进城乡生态建设，是成都全面建设“最佳人居环境”城市的重要举措。在创森工作中，高度重视科学规划，在修编《成都历史文化名城保护规划》和《城市总体规划》时，引入城市森林建设新理念，将城市森林建设纳入城市建设的重要内容之一。规划以中心城区“三片一带，五十五个节点”为主要内容，并突出文园同韵、祠园共融的传统园林特色，对城市原有自然风貌进行保护和建设。以锦江（府南河）、沙河为代表的滨河景观带相继建成，使“两江抱城”的城市格局更加显现，突出了清波绿林绕蓉城的水系风景特色。沙河工程的实施，既改善了沙河流域水环境，又让城市的文化脉络得到延伸和复苏，一期整治工程获得了“中国人居环境范例”奖。随着创森工作的深入开展，成都又编制新一轮的城市绿地系统规划，提出了“绿楔隔离、绿轴导风、绿网蓝带、五圈八片、多园棋布，楔、网、圈结合”的绿地格局，进一步深化城市生态建设。确立了“开敞空间优先，绿地建设优先”的规划思路，坚持规划建绿，实施了锦江环城绿地、“五路一桥”绿化、浣花溪公园、东湖公园、沙河带状公园、北郊风景区、十陵风景区以及近年来分布于城市中心区的小游园、小广场以及干道、水系、风景林地的绿化建设。严把规划关，实施了高压走廊绿化、代征绿地绿化、各类建设项目配套绿化等，使城市森林整体水平和质量显著提高。

成都按照建设生态园林特色城市的要求和创建森林城市的规划，城区建设开放式主题游园、近郊建设城市森林公园，还绿地于民实现与绿为邻的人居梦想。目前，在城区内逐步完成了卧龙园、君平园、茶文化园、蜀道园、东湖春天、古生物园、童叟园、龙泉山水园、太平盛世游园、状元府邸、新北小区健身游园等12个主题游园共7.47万平方米建设任务，同时完成了百个小游园的建绿增绿任务，即使城区的绿化面积大幅增加，又使市民的休闲场所也大大增加，人居环境明显改善。随着成都的城市生态环境和质量显著改善，目前主城区内公共绿地野生鸟类已达256种，较20年前增加了24种，广大市民在自己家门口就能听鸟语、闻花香，真正使创建国家森林城市活动惠及了普通市民生活。据初步测算，全市建成区城市森林每年可滞尘44.3万吨。吸收二氧化碳112.5万吨，释放氧气109万吨，吸收二氧化硫1200吨，降温1.2万亿大卡。开展城市森林建设以来，除继续完善并管护好活水公园、浣花溪公园、东湖公园以及幸福梅林、北湖公园、青龙湖公园、青羊绿舟等十大城市森林公园外，还大力进行了“城市生态屏障”建设。加快了北郊风景区森林建设，完善了两河城市森林公园设施，全力打造了“天回银杏园”，加快了花木生产和农家生态旅游发展，建设了花木生产基地、植物园区、城市森林生态园区。完成了饮马河生态绿化走廊建设和新桂湖公园改建为桂湖森林广场工程的任务和打造了新城区的枢纽道路（银杏大道），为主城区构筑了一道绿色屏障，同时在近郊“以绿地换效益”，大力发展花卉和休闲旅游产业，城市近郊的农民依托苗木、花卉及休闲旅游等产业的发展也获得明显的收益，生活水平获得显著提高。

城区、近郊、远郊“三位一体”

在规划、建设和发展上，实现城区、近郊、远郊三者统一兼顾；实现生态环境建设、林业产业发展和农民增收致富三者统一兼顾。“城乡一体，统筹发展”是成都市委、市政府做出的重大战略部署，在森林城市建设中，始终贯彻这一主题思想。首先，解决体制问题，将成都市林业局、市园林管理局合并组建成都市林业和园林管理局，各区（市）县完成相应的机构调整。在城乡一体的绿化管理新体制下，统一规划，统一实施，从而使创建国家森林城市工作有序推进。

——城区“以空间增绿地”。以高大乔木、森林为主体，以庞大的树冠换取宝贵的土地；以乡土速生乔木树种为主，建设乔木、灌木、地被植物相结合的复层植被群落，利用速生树种较快占领城市空间，最大限度提高城市绿化总体绿量；以立体绿化、屋顶绿化为手段，增加种植攀缘植物，提高空间生物量。

目前成都屋顶绿化达200公顷，形成了多类型、多景观、多功能、多效益，以单位、集体和私人住宅共同发展的屋顶绿化新格局。五城区（含高新区）范围内实现墙体垂直绿化146万平方米，绿墙建设6万平方米。三环路以内具有绿化条件的立交桥、人行天桥、公用设施构造物外立面等均已实现垂直绿化覆盖。

——近郊“以绿地促效益”。调整土地利用结构，变菜园、农作物等食品生产用地为非食品类生产的旅游休闲、景观绿地等生态用地。发展花卉、林木种苗产业、休闲观光产业，提高土地的综合经济效益，为城郊农民转变生产生活方式、增收致富提供新途径。

在三环路周边建设十大城市森林公园，并加强了对道路的绿化。在道路绿化建设中做到了景观丰富、绿地量大，同时还带动了周边地区的苗木、花卉及休闲旅游等产业的兴旺发展。各区（市）县结合创建国家森林城市工作，大力发展乡村旅游、生态旅游精品度假、生态农业观光旅游和各类的农家生态休闲景区都取得了巨大收益。目前建有农家乐5596家，被评为中国“农家乐”发源地，城市近郊被誉为“鲜花盛开的村庄，没有围墙的公园”。

——远郊“以森林聚人气”。以山区林地为主，开展森林旅游。建设各具特色的山区旅游度假集镇，新型居住社区，引导城市资金、信息和人流聚集，促进林区农民生产、生活和居住方式的转变。

围绕“三生态”（生态建设、生态安全、生态文明）的目标，加强生态示范区建设，已建和在建国家级生态示范区11个，如虹口景区和青城山景区，以其独特的资源优势，已成为人们休闲避暑，体验露营登山、漂流、野外探险等的好去处，从而促进了成都旅游业的发展。

发展森林旅游既促进了成都市旅游业的良性发展，又增加了地方经济收入，同时还解决了农民增收就业问题，实现了城乡一体协调发展的发展目标，把一般城市发展的“软肋”建成了城市绿化的亮点、和谐共建的创举。

水网、路网、林网“三网合一”

道路、水系均实现林网化利用，实现城市森林建设与城市水体保护和利用有机结合，城市森林建设与城市道路生态防护林有机结合。成都市的绿化建设均以水网化、路网化和林网化作为城市森林建设理念，布局合理、功能健全，并且取得了良好的效果。近年来，成都在五城区（含高新区）的二环路内及周边新增公共绿地15.67万平方米，完成了百条林荫大道的建绿增绿任务，城区绿化面积大幅增加，全市70%以上街道绿化覆盖率达到了41%。全市新建成了20个街心公共绿地、100条景观大道、100条林荫大道纵横交织，呈现出绿树成荫、四季常青、色彩丰富、层次分明的特色，一条条街道就像一道道风景线。同时，成都不断加强环境保护工作，使得城市环保基础设施建设得到很大发展，城乡生态环境和人居环境明显改善，城市综合功能快速提升。2004年4月，就正式启动了创建国家环境保护模范城市活动，全面打响了创模攻坚战，先后安排60多亿元资金，完成了1000多条街道雨污分流、管网改造，以及3个污水处理厂建设，新增污水处理能力80万吨/日。解决了城市建设和管理中突出的环境问题和大量的历史欠账，为改善流域水环境质量提供了有力保障。在城市森林建设过程中，坚决按照“师法自然”和

“林水相依”的规划原则，合理布局，充分发挥水体在城市功能中的重要作用，重点实施了锦江延伸段的绿化整治以及干河、西郊河、饮马河、桃花江、摸底河等滨河绿地建设，对中心城区的150余条中小河道进行了全面治理。新种植乔木1.5万株，灌木4000株(丛)，草坪15万平方米，建成长22公里的环城风光带。锦江（府南河）两岸滨河地带，绿地率达到85%，绿化覆盖率达到95%。滨河25公顷绿地与宽阔的水面自然融合，改变了繁华的城市中心区生态环境。实施沙河水环境综合整治工程，总投资33亿元，形成了沙河沿岸22.22公里防护林带，建成了3.45平方公里的绿地，并将原河道改造为方圆约150亩的人工湖，建成成都市西北部的大型开阔景观水面，沙河整治后以其良好的自然生态环境获得了“2006年国际舍斯河流奖”。水网、路网、林网“三网合一”突出了林水相依的风格，充分展示了成都“清波绿林抱重城”的城市风貌特色。

乔木、灌木、地被植物“三头并举”

尊重森林植物的自然地理分布、自然混交复层结构和丰富的生物多样性。大树全树冠移栽，不截头、少整枝。城市绿化建设以乡土植物为主，以巴蜀园林为特色，广泛采用廉价的乡土乔木、灌木和地被植物。成都市25年来坚持积极开展的义务植树活动，犹如一根红线贯穿了成都社会经济发展，唤醒了成都人对两千多年悠久植树历史的深刻反思，激发了全社会尊重自然、保护环境意识的觉醒，也为成都创建“国家森林城市”打下了良好的基础。成都的城市绿化建设始终坚持以乡土植物为主，以乔木为主的思路，建设“林荫型”城市绿地，以市树银杏、市花芙蓉为代表的各种乡土树木、花卉已经成为城市绿化的骨干，形成了地方特色鲜明、色彩变化明显的绿化景观。据查，成都市的园林植物栽培种类已达2798种，在中心城区内已栽植并生长良好的以乡土树种为主的乔木有40多种，垂直绿化植物种类近50多种，其他灌木、竹类、草本等常用的种类有上百种，所有这些都不开建设者们对园林植物应用研究的重视，坚持乡土树种的选优和外来优良绿化树种的引种、驯化和推广，既很好地利用花草树木的自然习性，又大大降低了投入和管护成本，确为明智及举。

25年来成都共有1.8亿人次参加义务植树，建立了义务植树基地，开展了“母亲林”“军人林”“三八林”“劳模林”“青年林”等义务植树活动，全民绿化意识深入人心，“植绿、兴绿、爱绿、护绿”已在成都蔚然成风。去年年底成为了我国西部地区第一个被命名为“国家园林城市”的省会城市，但成都没有由此停步，而是全市上下又自觉地把城市生态环境保护和建设贯穿于构建和谐成都的全过程，正在全力组织实施好新一轮的城市生态建设规划，稳步推进成都的“国家森林城市”建设步伐。成都在森林城市建设中坚持以乡土植物为主，乔木、灌木、地被植物“三头并举”既改变了城市钢筋水泥的冰冷外貌，又满足了城市人群与自然亲近的热烈渴望。在充分尊重自然规律植物习性的基础上，不仅绿化植物易于成活生长，而且城市森林的建设成本也极大地降低，这一点是其他城市发展城市森林十分值得借鉴的。

生态林、产业林和城市景观林“三林共建”

城市森林的规划、投资、建设和保护既要充分满足城市的生态需要，又要促进城市林业产业发展，同时要弘扬成都林木的历史文化内涵，体现城市的生态价值、经济价值和文化价值。成都在建设森林城市过程中，坚持生态建设和产业发展并举的原则，把林业园林产业发展放在更加突出的位置，以国家要生态、社会要效益、农民要致富为目标，以重点工程建设为抓手，努力推进林业园林产业发展反哺生态建设。近年来，成都为了加强庭院和住宅小区的绿化，通过拆除居住区，单位、庭院的违章建筑和乱搭棚屋，挤出土地见缝插绿，大力开展了庭院植树，深入开展“园林式居住区”“园林小区”和“生态住宅小区”建设活动，全力推进单位、居民区的普遍绿化。以乔灌木花草为主进行植物造景，配以园林景观设计，形成了独具特色的园林式居住小区，全市的园林式居住小区、单位多达1152个。学校、医院、公共文化设施、居住区和单位庭院的绿化覆盖率也绝大部分达到了41%。由于绿化水平显著提高，城市价值也因此得到了明显提升，城区的房地产价格大幅度提高。

成都各区（市）县都把林业园林产业发展放在更加突出的位置，以建设社会主义新农村为指导，结合本区域特色，以林业园林产业投入多元化为导向，大力推进林业园林产业建设。在不改变农民的土地使用权性质的情况下，采取政府推动、农民入股、企业参与运作的模式，实行了让农民的土地流转，发展乡村旅游，达到农民增收、企业赢利、政府减少投资、城市森林建设取得突出成绩的效果。成都成华区投资1.5亿资金建成面积近600亩的北湖景区，北湖周边区域农民采取土地入股、出租等方式流转土地，促进土地向规模经营集中，加快农业产业化。目前，北湖景区已流转土地3000亩，北湖周边地区流转土地达17000余亩并带动了房地产业精品化。同时，吸引民间资金，助推森林旅游。近年来，成都实施天保工程人工造林7.5万亩，点播造林0.84万亩，封山育林59.7万亩，常年管护森林面积572.3万亩。为稳定退耕还林成果，保护众多森林资源，发展后续产业，解决山区林农增收致富问题，成都以山区林地为主，开展森林旅游，建设各具特色的山区旅游度假集镇，新型居住社区，引导城市资金、信息和人流聚集，促进了林区农民持续增收和生活方式的转变。同时，促进工业原料林、竹木加工和家具产业链的形成，成都将用5年时间再造一个森林资源体系，以50万亩可持续利用的短期工业原料砍伐林，换取650万亩森林屏障体系的稳定，促进林业生态屏障体系、产业林体系、文化传承林体系的发展，推动社会主义新农村建设，实现林产品工业化、商品化、经济效益化。成都还积极实施“天然林保护”“退耕还林”和“野生动植物保护和自然保护区建设”等国家重点林业生态建设工程，全市森林生态资源建设成果得到有效巩固，为构建长江上游生态屏障做出了积极贡献。总之，成都的生态林、产业林和城市景观林“三林共建”使成都的经济、社会和生态效益全都实现了最大化，为成都构建和谐城市奠定坚实基础。

满目青翠醉酒城

——四川省泸州市城市森林建设纪实

《中国绿色时报》　简放鹏　罗庆文

2011年6月16日

泸州因美酒而闻名，因生态而宜居。通过城市森林建设，一城森林环两江，满目青翠醉酒城，形成了城市、集镇碧绿典雅，山野、田园交汇相融，村落、庭院绿树环绕，人与自然和谐共处的城乡绿化格局。

原始森林成为绿之源

黄荆、福宝两座原始森林是泸州的两件“珍宝”。上百万亩的黄荆原始森林，被誉为北纬28°线上最后的“处女地”；60万亩福宝原始森林是地球上同纬度仅存的保存最完好的亚热带原始常绿阔叶林带，堪称天然物种基因库。

森林泸州来源于源远流长的历史基业，也来源于坚持不懈的人工造林。肩负建设长江上游生态屏障和川渝与云贵高原之间重要生态屏障的职责。泸州市一方面通过主城区增绿添景、通道绿化扩建、县城绿化升级等工程，推进城区森林建设；另一方面实施天然林保护、退耕还林等林业重点工程抓全域生态建设。近10年来，全市共实施工程造林270万亩，石漠化治理40万亩，累计治理水土流失面积1300平方公里，全市生态环境得到极大改善。

如今，在这片1.22万平方公里的土地上，分布着近900万亩森林，生长着5900多种植物和210多种野生动物。来过泸州的客人都交口称赞：“泸州是一座非常美丽的城市，非常生态，非常宜居。”

多项荣誉彰显绿之韵

川流不息的长江、沱江，与生态屏障相依相伴，让依山傍水的泸州具有江城之韵、怡情之韵、宜居之韵。

走进泸州，江城之韵扑面而来。泸州具有2000多年的历史，自古就有“江城”之美誉，是“国家历史文化名城”，还拥有“国家卫生城市”“中国优秀旅游城市”等多项桂冠。

漫步泸州，怡情之韵油然而生。闲庭信步于绿树摇曳、花枝招展的滨江公园，这座被联合国人居中心授予“2000年迪拜国际改善居住环境最佳范例奖良好范例”殊荣，并且荣获“中国人居环境范例奖”的风水宝地，让人流连忘返。近年来，泸州市委、市政府不断实施滨江路延伸扩建工程，精心打造城市“绿腰带”。

置身泸州，宜居之韵触手可及。各类公园、广场、游园、小区绿树浓郁，花团锦簇，鸟雀欢鸣；钟爱绿色的市民更喜欢将城市绿化“立体”起来，大兴屋顶绿化、阳台绿化和垂直绿化，地面、半空、空中的立体绿化将酒城装扮得靓丽多姿、美不胜收。

如果说物质文明集聚一座城市的“形”，那么生态文明则折射一座城市的“魂”，魂到品自高。泸州在城市森林建设中，始终将名酒文化、红色文化、长江文化、川南民俗文化和城市森林景观融为一体，开展名酒、名园、名镇、名村建设。漫步于这座城市，可以感受到酒的芬芳、绿的弥漫、水的清灵、韵的悠长。

全城参与奏响绿之歌

在城市森林建设中，泸州人齐唱爱绿之歌、护绿之歌、兴绿之歌三部曲，从而演奏出优美的森林交响乐。

第一部曲，爱绿之歌。播放建设城市森林形象宣传片，举办新闻摄影大赛和图片展，大型电子显示屏公益展示，公交车、出租车张贴标语流动宣传，发送公益短信，报纸、电台、电视台长期给建设城市森林“鼓劲加油”，泸州形成了浓厚的宣传和舆论氛围，也大大提高了群众的爱绿护绿意识。

第二部曲，护绿之歌。江阳区况场镇楼房村有棵400多年的“龙眼王”，当地村民从小就受到告诫，不能损伤这棵大桂圆树。所以当地人都形成了保护大桂圆树的习惯，把它当成传家宝一样传下去，爱下去。

群众护绿意识强烈，林业职工更是倍加爱护。以全国优秀护林员李阳贵为代表的森林管护者扎根林区，日夜守护。加上泸州市预防森林火灾、资源林政管理、森林病虫害防治等措施有力，泸州的森林资源安全得到了有效保障。

第三部曲，兴绿之歌。泸州市注重公民生态文明意识的提升，广泛开展义务植树。通过领导的倡导作用和多种造林活动组织群众，带动全民积极参与城市森林建设。

长期以来，泸州市坚持春节后上班第一天全市党政领导带头参加义务植树制度，一直坚持了20年。市委书记、市人大常委会主任朱以庄说：“这在泸州相当于法定性的，雷打不动。”

20年来，泸州市各区县、各部门组织多层次、多时段、各具特色的义务植树活动。建立了“奥运冠军林”“双拥林”“青年林”“情侣林”等多种特色纪念林基地。全市参加义务植树已达5000万人次，植树3亿多株。

泸州市注重社会智慧力量的聚集。通过实施“绿色细胞”工程，雨后春笋般涌现出一批“全国造林绿化百佳县、百佳乡、千佳村”、国家、省市级“绿化模范单位”和300多个“园林式单位”“园林式小区”“绿化示范村”。城市森林“绿色细胞”工程建设，使广大泸州市民爱绿、护绿、兴绿的意识大为增强。以捐资、捐物、捐建工程、单位自建、认建认养、租地建绿等多种形式，全市1000余个单位、2万多名个人参与建设城市森林公益募捐活动，折合资金上亿元。

酒城百姓共享绿之果

在泸州生态建设成就汇展中，一位60多岁的老人指着一幅泸州城市全景图，感慨道：“我们简直就是生活在一个巨大的绿岛上。这些年，我们的物质生活上去了，环境发展也好了。”在泸州，建设城市森林被市民赞誉为民生工程、民心工程、德政工程和幸福工程。

“我家20亩石头山，现在光卖竹片和竹笋，每亩每年都能赚1000多元。”泸州市叙永县落卜镇草坝村4组的童祥荣大爷高兴地说，近20年不见的斑鸠、野鸡、野兔又出现了。叙永县向“地球皮肤癌”——石漠化宣战，治理“只长石头不长草”的不毛之地。7年时间，该县成功探索出了喀斯特岩溶地区石漠化治理与农民增收“双赢”模式，让38万亩光秃秃的石头山披上了绿装。

近年来，泸州积极建设城市森林，结出了一串串生态之果、惠民之果、发展之果。通过实施中心城区绿化、县城区绿化、城郊生态风景林、山地森林保育、绿色模范乡村人居林、林业产业等十大重点工程建设，目前全市各类森林面积达到59.7万公顷，森林覆盖率为48.8%，城市建成区人均公共绿地面积达18.7平方米，主城区环境空气质量优良天数达到330多天，水质达标率为100%。260多万亩的竹林基地，竹浆纸产业一体化强势推进，使泸州成为川南竹业经济带上的核心和龙头。去年，全市林业总产值首次突破60亿元大关，农民人均林业收入达到800元以上。

城市森林建设只有起点，没有终点。泸州将继续高举生态文明建设的大旗，让泸州的山更绿、水更清、天更蓝、空气更清新、人民生活得更加幸福。

德阳：一座工业城市的“绿色梦想”

《中国绿色时报》 德阳市林业局

2014 年 7 月 10 日

山水园林新旌城

四川省德阳市地处成都平原腹地，是中国重大技术装备制造业基地和四川重要工业城市。这张名片展示着德阳的“硬汉”形象。2004年，德阳启动“城市森林工程”建设，打造生态文化工业城市，诠释着“硬汉”也有柔情。

十年磨一剑，“森林城市”“观鸟胜地”，成了德阳名片上的新标签。旖旎的城市风景不仅吸引着人们纷至沓来，而且也让德阳收获了“中国优秀旅游城市”“国家园林城市”“四川省卫生城市”等荣誉称号，以森林为主体的旌湖两岸生态环境更是获得了“中国人居环境范例奖”。

如今，这座因工业而闻名的城市，背靠青山、怀揽秀水、面朝沃土，一个新的城市梦想正在拔节，一个关于森林与人类的永恒篇章正书写着她的现在与未来。

在多数人的印象里，四川省德阳市是一座工业城市。在多数人的印象里，工业城市的颜色应该是像钢铁一样的冷色。然而，德阳用10年时间打破了人们的惯性思维，打造了一座山水宜居的多彩德阳，为这座工业名城加上了“生态文化”的美丽前缀。在这里，工业文明和生态文明如今和谐交融，实现了一座城的“绿色梦想”。

工业是德阳立市之基，生态是德阳永续发展之本。德阳历届市委、市政府高度重视生态文明建设，早在2004年就启动了“城市森林工程”，进行城市森林景观带建设，打造城市绿肺，重点打造东山片区防护林带和旌湖两岸风景林带；2011年8月，德阳市委、市政府做出创建国家森林城市的决定，开启了德阳人民绿色梦想新篇章。

十年磨一剑，德阳森林城市建设取得了显著成果。截至今年6月，全市城乡森林生态工程建设实际完成13.6万公顷，为规划任务的129.6%。全市林业用地面积18.1万公顷，森林面积23.7万公顷，森林覆盖率40.1%；建成区绿地面积6362公顷、绿地率39%，绿化覆盖面积7100公顷、绿化覆盖率43.6%。“碧水穿城、林茂花艳、建筑精巧、环境秀美”的森林城市风貌基本形成。

提升理念——打造“山水宜居多彩德阳、生态文化工业名城”

这里是中国重大技术装备制造业基地，是国家新型工业化产业示范基地，是联合国清洁技术与新能源装备制造业国际示范城市，这里的机械制造行业甚至代表着中国机械制造行业的最高水平。德阳，这座年轻的工业城市因工业而腾飞，现如今他也因不断追求“绿色”之美变得更加动人起来。

2011年8月，德阳创建国家森林城市，成立以市委、市政府主要领导为组长的森林城市创建工作领导小组；制定了《德阳森林城市建设总体规划》，将创森工作列入各级政府任期目标管理考核内容，将森林覆盖率、森林资源增长率、建成区人均公共绿地面积、村镇绿化达标率等指标纳入各级政府行政首长任期考核内容；强化了“绿化委员会”的功能，形成统一的绿化林业投资体系、规范管理体系和综合执法体系。

山水宜居多彩德阳是指打造景色优美的休闲景观林带，形成德阳特色的山水相融、色彩丰富的多彩宜居德阳，提升城市的生活品质。那么，德阳是如何诠释山水、宜居、多彩这3个关键词的？山水德阳，就是重点打造境内的龙门山脉、龙泉山脉和东部深丘地区的森林景观，绵远河、石亭江、鸭子河等主要河流、人工渠两岸的护岸森林景观以及农田林网的田园景观，形成山水相依、林在城中、城在林中的森林城市风貌。宜居德阳，就是通过精心规划和设计，在景观结构和生态功能上实现森林、湿地等生态用地与各类建设用地的科学布局，使山、水、林、城交融，形成人居环境良好、生态景观和谐，适宜工作、生活和居住的幸福家园。多彩德阳，就是在城市主干道、河流以及重要出口，市域水陆交通干线沿线保护和增加富于季相变化的彩叶树种、木本花卉，打造彩色河岸、彩色道路、彩色湿地、彩色山坡、彩色农家、彩色田园。

生态文化工业名城则主要体现在德阳城市特色和生态文化两个方面。德阳的城市特色就在于其是国家重要的工业城市，是国家和四川省重点规划的百万人口大城市之一，是“成德绵”经济带的重要组成部分。通过森林城市建设，大力发展森林生态、森林产业和森林文化体系，可以使之成为促进“成德绵”经济带政治、经济、文化发展的绿色银行。生态文化是创建生态村、生态家园、生态小区等“生态细胞”，深入挖掘工业文化、巴蜀文化、川西民俗文化和休闲游憩文化等体现地域特色的人文元素，将森林工程建设与生态文化相结合，营造景色优美、地方特色浓郁的森林游憩景观，将德阳打造成为生态文化内涵丰富的魅力之城。

追求和谐——营造人鸟同城美丽城市

在德阳市区的旌湖是“鸟的天堂”，红嘴鸥等水鸟已多年定期到旌湖越冬，且一年比一年多。

“人为灵，鸟为半灵。”一座城市的生态如何，鸟类有着自己的答案。在近年来园林城市、森林城市创建的共同打造下，穿城而过的旌湖使德阳的城市生态形象发生了巨大变化，德阳人不断改造着旌湖，美化着旌湖，鹭鸶、野鸭、红嘴鸥等水鸟次第飞进了城市的天空，越来越多的野生鸟类在这里安家。

据德阳市林业局野生动植物管理站观测和“德阳爱鸟者”拍摄的实物图片统计，德阳市境内有野生鸟类260余种，在市区可见的野生鸟类超过200种。在旌湖生活和越冬的野生水鸟有雁鸭类、滨鹬类、鸥类等50余种，野生鸟类数量上万只。如果运气好，在旌湖中说不定就会与有“水中大熊猫”之称的中华秋沙鸭邂逅。

中华秋沙鸭有两条冠羽，体形修长，非常漂亮。它们只生活在无污染的林区溪流中，对环境要求非常苛刻，数量极少，全球仅存1000只左右，比大熊猫还稀少，现已列入国际濒危物种红皮书和国际鸟类保护委员会濒危鸟类名录。而就是这样一种对生态环境要求严格的濒危鸟类，却时常出现在德阳上空。

德阳市境内的林鸟、水鸟品种，80%以上都能在市区见到。在中国的都市里喝着咖啡就能观看野鸟，这吸引了世界的目光。美国、英国、德国等十余个国家的爱鸟者都来德阳观鸟，国内各地观鸟者更是接踵而至。德阳已成为国内重要的观鸟城市。

中国鸟类学会会员、四川省野生动植保护协会理事沈尤认为旌湖的美在于人与鸟的相映成趣，这是文化生态之美。人与鸟能相距如此之近，不仅是空间上的、心理上的，更是文明上的。这三种层次上的近，让德阳人对自然之真实而深切。

曾在BBC广播公司工作20年的英国明星主持人、动物探险家奈杰尔·马文用生硬的汉语说：“德阳真漂亮！”他说，在中国一些城市很难看到清澈的湖水和野鸟的身影，观赏野鸟常常要深入野外。奈杰尔·马文以为只有在欧洲才能看到人与自然和谐相处的美好景象，没想到在四川的德阳城中却能观赏到如此多的野鸟。

如今，走进德阳，你会在小区窗前、园林绿树间、路灯杆上看到“德阳鸟巢”和为鸟儿投食的竹匾。只要说起鸟儿，几乎每个德阳人都有和鸟儿之间的故事。从工业基地到观鸟胜地，10年的努力让德阳全市形成爱鸟护鸟共识，在市区内形成了以旌湖、石刻公园、东湖山公园等野鸟聚居带，爱鸟小区不断涌现，德阳因此成为观鸟爱鸟者们无比青睐的城市，是一座与鸟共生，人鸟同城的美丽城市。

精心布局——实现森林走进城市“绿色梦想”

来到德阳城边的东湖山时，清新的空气扑面而来，满眼的碧绿令人心醉，只见几只白鹤不时掠过东湖水面，不少市民在湖边漫步，而一条林荫大道通往山顶玉皇观，大道两边的树林遮天蔽日。

德阳创建“森林城市”的梦想，始于10年前的“城市森林工程”。当时，由于全市各级党委、政府高度重视林业建设，德阳山区和丘陵区荒山基本实现森林覆盖，全市生态面貌焕然一新。林业建设的巨大成就，突出展现在城市东郊的丘陵地区，德阳的广大市民更因为这里的绿色越来越喜爱东山，越来越亲近东山。

德阳工业的快速发展，带动了当地的经济。然而，伴随经济的增长，代表钢筋混凝土的灰色成为城市的主色调，但德阳市民却呼唤着森林进入城市，拥抱绿色的归来。为此，2004年2月，市政府决定每年拨出财政专项资金，进行城市森林景观带建设，用20年时间建设“一片两岸三线”，而作为德阳市区生态屏障的东山片区无疑是城市森林工程建设的焦点，在保护原有生态植被的基础上，增加富于季相变化的彩叶树种、木本花卉。至今已累计投资1540万元，实施景观林新建和改造857.5公顷。

2004～2005年，在东山林带实施天然林保护工程和退耕还林工程，累计造林146.7公顷，总投资360万元。2008～2010年，实施成绵高速公路迎面坡“馒头山”绿化攻坚项目，3年期间总共完成造林作业小班48个，栽植各种色彩丰富的大规格苗木14494株，实际总投资480万元。2011年以来，投资700余万元的成绵高速公路迎面坡“馒头山”生态景观改造工程一期二期已相继实施并竣工，栽植栾树、枫香、银杏等秋色叶树种共两万余株。

2011年，德阳市委、市政府启动创建国家森林城市工作，“森林城市”的建设便在已实施7年的城市森林工程的基础之上厚积薄发，并开始新的腾飞，就此德阳吹响了绿色建设的冲锋号。

2011～2014年，德阳城郊生态风景林建设新增林地2708.1公顷，初步建成了生态功能完备、防护效益显著、林相景观优美的城郊森林体系。近3年间，德阳五县城区新增绿化面积1593.6公顷，为规划任务的127.6%，绿地率达38.4%以上，绿化覆盖率达43.3%以上，人均公园绿地面积达13.8平方米以上。

在德阳辖区内的铁路、高速公路、国道、省道等道路两侧建设防护绿带、景观林带，将城市绿地系统与村镇和山地森林生态系统有机结合起来，形成城乡一体的森林生态系统。2011～2014年全市新建和改造道路景观林带2381.7公顷，累计建设水系景观林和生态林建设4033公顷，为规划任务的152.6%。

德阳在农田地区、农民聚居点和集镇，广泛开展场镇绿化、绿化示范村建设、乡村道路绿化和农田林网绿化，累计新增林木覆盖面积4144.4公顷，为规划任务的106.9%。同时，加强对15.33万公顷森林的管护，继续实施天然林资源保护二期工程，巩固退耕还林成果。2011～2014年，德阳市完成低产低效林改造、中幼林抚育、矿区和地震灾害地带植被恢复共计12万公顷。

2011～2014年，德阳市建设特色经济林果、特色中药材、短轮伐期原料林、珍贵用材林和种苗基地共计2.5万公顷，为规划数的106.9%。大力发展乡村特色生态旅游，以森林和花果为媒、以“画”“酒”会友，以节庆搭台，建成省级乡村旅游示范村8个。

10年来，德阳累计划拨2000余亩寸土寸金的城市用地，不断注入绿化资金，全市建成了一条绵延14公里、两岸平均宽度各50米的绿色森林长廊，基本实现了森林走进城市、城市拥抱森林的“绿色梦想”。森林城市的基础已然夯实，“山水宜居多彩德阳、生态文化工业名城”的森林城市蓝图也将呼之欲出。

把森林搬进城

——广元市成功创建国家森林城市纪实

《广元日报》　兰宜谦

2014 年 9 月 4 日

“国家森林城市”是一座城市生态文明建设的最高荣誉，也是对城市生态建设成就的最高评价。

2009年初，我市启动创建国家森林城市工作，经过四年的不懈努力，创建工作取得显著成效：全市城乡绿化面貌和生态质量大幅提升，2013年9月，我市被全国绿化委员会、国家林业局正式授予“国家森林城市”称号，再添一张“国字号”城市名片。

锲而不舍的创建之路

回顾过往，我市创建国家森林城市的过程并非一帆风顺，在艰辛和曲折面前，市林业和园林局以不屈不挠的顽强斗志和不胜不休的坚定决心，锁定目标，精心组织，奋力推进……

2009年3月开始的城区拆墙透绿工程，是城市园林绿化推进中面临的一个“坎”，前后持续两年多时间。市林业和园林局以高度的责任感，完成了巨大的工作量，取得了显著成效，让每一个林业人为之自豪。

工作伊始，该局组织20余名职工，分两个组，逐一对市城区所有单位进行拉网式调研排查，并建立了详细档案，为开展后期拆除围墙、填补绿色植物等工作的开展奠定了基础。

市财政局正北和正西面，以前有面积很大的实体围墙，很不美观。在推进拆墙透绿工程时，市财政局拆除了围墙，并对单位内绿化全部重新打造，整体上档升级。“好看多了，围墙太让人压抑了，现在又通透又美观。”市民周彦说。

除了城区拆墙透绿工程，园林绿化干部职工战酷暑、斗严寒，高标准高质量地完成了西滨道绿化改造、滨河带状公园等上百个城区绿化新建和改造工程，城区绿化水平上档升级，市民出门迎绿、推窗见绿。

十大工程凝聚创建亮点

在市城区，满眼皆绿、移步皆景。在全面升级打造主城区干道和重要节点绿化的基础上，香樟大道、梧桐大道、栾树大道等城市特色林荫大道，成为交替变幻的绿色风景；苴国路、人民路等6条鲜花大道盛装打扮，更为城市增添了妩媚风情。“广元是川北一颗绿色的璀璨明珠。”来自甘肃的游客许先生说。

驱车经绵广高速公路往市城区走，宽敞、美丽的西滨道让人印象深刻。2012年10月，西滨道绿化景观改造工程启动，全长5.2公里的绿化带经过改造，形成了临江和道路内侧两道风景，绿化景观改造面积达17万平方米。紫薇、樱花、红梅……姹紫嫣红的花朵把这条绿色丝带点缀得更加绚丽。

恢复林草植被125.22万亩，恢复自然保护区及野生动物栖息地16.5万亩，新建城区绿化面积121万平方米……市林业和园林局坚持把森林城市建设和地震灾后重建结合起来，全面实施了灾后生态修复、城市森林建设、城周森林建设、生态廊道建设、村镇绿化美化、山地森林保育、生物多样性保护、森林生态旅游、水源地生态保护、森林生态产业等十大创森工程。

借力创森促富民增收

一千多个日夜的呕心沥血、挥汗如雨，换来满眼皆绿、城周森林相拥、乡村庭院如画的广元新景象。该局在全面推进城乡绿化的同时，从不曾忘记生活在这里的老百姓。他们坚持生态建设产业化、产业发展生态化思路，深入实施山区林业综合开发，建立健全了以木本粮油、珍稀树种、森林蔬菜、林板加工、森林旅游、森林畜牧以及蚕桑、茶叶、中药材等为主的“6+3”林业特色产业体系。

在朝天区中子镇高车村，漫山遍野的核桃树果繁叶茂，一派丰收景象。近年来，朝天区通过规模化、标准化生产，充分利用科技支撑引领作用，核桃已真正成为当地群众增收致富的主导产业。“靠着种植核桃，日子是越过越红火。”村民陈海元说。

不仅是朝天核桃，我市依托“青川黑木耳”“米仓山茶叶”被纳入国家地理标志产品保护的机遇，大力发展林产加工业，提升产品附加值，实现了跨越发展。

数据表明，2013年，全市林业生产总值由2009年的47.2亿元增长为95亿元，同期农民人均从林业上获得收入由680元增长为2129元。广元走出了一条林业产业发展和农民增收致富良性互动的森林城市建设内涵发展之路。

广安：建设森林城市里的“幸福树”

《中国绿色时报》 王 山 李 海
2013 年 8 月 20 日

“植树造林，绿化祖国，是建设社会主义、造福子孙后代的伟大事业，要坚持20年，坚持100年，坚持1000年，要一代一代永远干下去……”这是伟人邓小平1983年3月12日在北京十三陵水库参加义务植树时的庄严宣示。

创建森林城市、实现生态理想、遍撒绿色福利，让老百姓自发参与城市的绿色建设、享受绿色空间带来的乐趣、留给后代更为宜居的环境……这是伟人家乡——四川省广安市对伟人诺言的一种回应，也是家乡父老对即将到来的2014年——邓小平诞辰110周年的一声问候。

如今的广安，绿意盎然，清新宜人。我们不禁好奇，植树造林的绿色种子是如何成长为一棵棵惠及千家万户的“幸福树”的？

生根 种下梦想为绿而战

“一定要把广安建设好！”伟人的希冀如同一颗种子，深深埋藏在广安美丽富饶的土地上。让城市拥有山清水秀，让市民获得绿色心情，是这座城市孜孜以求的愿望，也是这颗种子赖以生存的土壤。

2009年10月，广安市委、市政府做出创建国家森林城市的决定。创森，不仅是一句口号，更是对深植人们心底愿望的一声呼唤。此时，那颗种子已然苏醒。

广安市县两级政府庚即成立了创建国家森林城市工作领导小组和办公室，由市长任组长，五区市县和市级部门共10个单位主要领导向市委市政府做出承诺并将创森工作纳入议事日程，创森工作纳入各区市县和市级部门年度绩效考核，市委市政府督查办会同市创森办每半年对各区市县创森成效进行跟踪，奖优罚劣。

为明确方向、开阔视野，自创森工作开展以来，市委、市政府先后5次派考察组赴重庆、广东湛江、成都等地考察学习，及时研究出台《关于创建国家森林城市的决定》《广安市创建国家森林城市实施方案》。同时，市林业局委托中国林科院编制《广安森林城市建设总体规划》，市创森办制订并印发《广安市创建国家森林城市县级规划和专项规划指南》。

林业部门负责创森总体规划编制，牵头组织实施创建森林城市工作，并具体负责农村森林工程、种苗基地工程及城郊绿化的组织实施；住建部门负责城市森林工程的组织实施；农业部门负责水果、蚕桑基地的组织实施……各区市县政府也充分发挥乡镇、村组在实施森林工程中的基础作用，为实施森林工程的主体，成立了相应的工作机构，编制了具体的实施方案，全力推进国家森林城市建设。

全市各部门联盟作战，是因为市委、市政府的一声命令：各级各部门既要通力协作，又要各司其职、各负其责，而更多是为了描绘广安绿色蓝图走到了一起。这一刻，全市各个部门已成为了战友，为绿色而战。

破土　森林工程梦想保障

如果说“让森林走进城市，让城市拥抱森林”是广安“创森”的主题设计思想，那么五大森林工程的相继开展则是使理想成为现实的重要基础。城市森林工程、农村森林工程、通道森林工程、水系森林工程、种苗基地工程，五位一体，有机融合，全方位多层次地阐释了森林城市的内涵。五大森林工程如同广安森林城市建设的五大基石，让“幸福树”盘根抓牢。

城市森林工程以区（市、县）城区为重点，建设城市特色“森林公园”“森林小区”等，构建城市绿网、林网，加强环城林带建设，形成森林进城、绿环绕城、绿带穿城的城市景观。工程开展以来，已完成城区绿色福利空间建设面积2085.3公顷，环城生态风景林建设面积787.7公顷。如今漫步广安，随处可见郁郁葱葱的森林公园和风情各异的森林小区，即便行走在城市的边缘，依然会被风姿绰约的环城生态风景林吸引。

农村森林工程主要建设内容有新建生态林、发展速生林和特色经果林、低效林改造等，改善了农村生态环境，增加了农民收入。8791.4公顷的森林村镇建设绿化了乡村道路，扮靓了乡村生活；54240.5公顷的山地森林质量提升建设改造了低效林、抚育了中幼林、遏制了石漠化，也治理了矿区；13241.3公顷的特色经济林果建设既滋养了优质水果的生长，又丰富了优质干果的生产基地；山苍子油料林基地、花椒基地、笋用竹林基地，以及林区建成林下的种植养殖基地的建成，则大大促进了森林食品建设；3.9万公顷的工业原料林建设则实现了产业布局区域化、资源供给基地化的建设要求；小平故居生态文化旅游、环城农家乐生态休闲旅游、江河生态旅游更是将“创森”融入生态休闲产业建设中去，既播撒了绿色，又鼓足了腰包。

通道森林工程主要是在高速公路、国道、省道、县乡道以及铁路两侧建设防护林带和景观林带。以达渝、沪蓉、南合高速公路和国省干线广安境内段以及坛同至宝鼎、天池经石林至大峡谷等旅游公路为重点，结合道路沿线村庄林盘、景区景点、田园风光，在道路两侧和交通接点建设以乔木为主的防护林带和以花灌为主的景观带。目前，全市已完成建设面积4462.4公顷。其中，建成铁路防护林带34公顷，高速公路防护林带、景观林带1610公顷，国省县道景观林带2818.4公顷。

水系森林工程主要在江、河、渠两侧和湖泊、塘库堰四周营建护岸林、护坡林、水源涵养林，并且兼顾经济林建设。以嘉陵江、渠江、西溪河两岸和天池湖、大洪湖及水库周边绿化为重点，通过对水系水带景观林建设，增强其保持水土、涵养水源、防洪抗灾、保护堤岸能力，改善市域内主要河流、湖泊、塘库堰生态环境，融碧水、蓝天、绿树为一体，集生态效益、经济效益和社会效益为一体的原生态、近自然、亲市民的森林生态系统。目前，全市已完成渠江及其支流水系绿化景观林、防护带3487.2公顷，嘉陵江及其支流水系绿化景观林、防护带2150公顷，其他河流水系景观林、防护林、经济林921.1公顷；完成库区水源涵养林、防护林1463.3公顷，景观林、防护林2043.7公顷。

种苗基地工程主要以国有林场、苗圃为基础，注重选育适宜广安本地土壤和气候的优良品种，广泛采用组织培养、测土施肥、营养袋育苗等技术，建设了科技含量高、苗木质量好的林木良种基地。目前，全市已累计完成园林绿化树种基地、造林树种育苗基地、园林绿化（灌木苗）基地、经济林苗木基地711.6公顷。

抽枝　创新、合力华丽转身

创建国家森林城市是一项系统工程，涉及经济社会发展的各个方面，工作点多、面大、量广、时长是其主要特点。但是，短短几年，广安森林城市建设工作推进有序、成效显著、特色鲜明，使城更靓、地更绿、水更清、路更荫、产业更发达、农民更殷实，是什么样的“魔法”相助？广安市林业局局长刘健给出的答案是“创新、合力”，这也正是“创森”幼苗得以萌芽抽枝的内在动力。

创新机制，是一项工作加速的必要条件，因为只有机制创新才能让按部就班的工作有灵活质变的可能。5个创新机制，为广安的创森工作配备了强力“加速器”。

创新投入机制。从建立政府引导、市场运作、社会参与、良性互动的多元投入机制出发，充分利用政策杠杆，大力整合涉农项目资金投入“创森”建设，特别是城市建设、交通建设、农业开发等项目在规划建设时必须统筹考虑森林建设，落实造林资金和用地。

创新激励机制。对在非林地上营造的巨桉等速生商品林，及时办理林木所有权证和使用权证，允许经营者自主采伐；对农民个人在房前屋后营造的林木，允许继承和转让；各级林业部门要按规定简化审批手续，提高办事效率。

创新用地机制。各区市县政府相继出台土地租金补助政策，通道森林工程建设涉及租用农户土地，每年每亩补助租金370～400元；对农村森林工程建设用地，每年每亩按照退耕还林政策230元的标准予以补助。

创新造林机制。通过招商引资，引导企业参与短周期工业原料林、特色经果林、珍稀树种用材林等建设项目，在林业产业优化升级中促进森林城市建设。积极支持专业合作经济组织参与先进技术的良种壮苗生产、商品林培育和生态林营造等林业项目建设。

创新联动机制。坚持将建立示范基地与带动大面积发展结合起来，建成义务植树、林业产业和森林工程“三大示范基地”940公顷。

注重把森林城市建设与农村基础设施建设、现代农业产业基地建设、新农村建设结合起来，与新型工业化、新型城镇化和农业现代化“三化”互动结合起来，建设社会主义新农村，促进区域经济社会协调健康快速发展。

“合力”在创建森林城市中更是不可或缺。只有社会各界齐心协力，拧成一股绳，团结力量的聚集才能事半功倍。那么广安又是如何发挥社会力量的潜力？

广安首先用好业主造林的力量，立足龙头企业优势，加大招商引资力度，积极引导重点龙头企业参与林业建设项目，促进林业产业优化升级。其次用好专合组织造林的力量，积极支持农民林业专业合作经济组织参与林区基础设施建设、先进技术的良种种苗生产等林业项目建设，对国家农业综合开发、省级林业产业化资金项目优先安排给符合条件的农民林业专业合作经济组织承担。再次用好农户自主造林的力量，加强农户造林技术的培训工作，不断提高营造林技术和管理水平，增强农户造林投资信心，提高造林质量。最后用好国有林场造林的力量，借鉴成功经验，运用自身的技术、管理优势，采取承包、租赁、合作等多种形式与村社、农户合作造林，既可解决国有林场发展难问题，又可充分发挥林业发展传统优势力量，实现林场、地方、群众三方共赢。

展叶　增产增收兑现诺言

在森林城市建设过程中，广安并没有忘记最初的诺言：要为社会提供丰富的生态产品，为市民营建愉悦的生活环境，让农民得实惠。这里因绿色营造出的环境，使居民生活品质有了质的飞跃，而那些“摇钱树”更让农民的钱袋子鼓了起来。“幸福树”枝繁叶茂，老百姓坐享清凉。

物质生活丰富的今天，人们对森林能有效改善居住环境的认识已是深入人心，居民对营建良好生态环境的需求也是越来越迫切。而在广安的今天，可以看到居民森林广场早上的晨练、晚上绿色走廊的纳凉、周末森林公园的修身养性。广安通过森林城市建设，丰富森林植物种类，以形态、色彩、风韵变化创造出赏心悦目、千姿百态的艺术境界，在体现自然节律的同时，为城市带来生命的气息，也为人们提供走进自然、亲近自然、人与人轻松交流的场所。

林业的发展要把握好“农民得实惠”这个根本，既要达到保护生态和绿化国土的目的，又要让农民增产增收，使林业成为惠及千家万户的民心工程和德政工程。

在创森过程中，广安也是这么做的。广安把“兴林”与“富民”结合起来，让农民参与到经济果林、林下养殖、生态旅游等林特产业建设中去。青山变成了金山、资源变成了资本，农民享受到了这棵“幸福树”所带来的清凉。

全市鼓励农民积极发展林禽、林畜等林下养殖，通过放养提高禽畜产品品质、减少虫害、改良土壤，促使林业经济循环发展；发展林下种植业，在幼林地林木郁闭前套种莴笋、辣椒、茄子等经济作物，提高林地的复种指数和土地生产力，实现绿色增长；发展森林旅游业，以华蓥山国家森林公园、嘉陵江渠江湿地公园、邓小平故里、村镇绿化为载体，着力打造森林、湿地、乡村三大生态旅游品牌；支持农民发展林家乐，观林家风貌，享休闲生活，吃生态食品，培育特色生态旅游产业带。2012年，广安全年接待游客640万人次，实现旅游收入13.6亿元。

2012年，全市林业产值达42亿元，农民人均从林业上获得的收入810元，经济效益稳步增长；通过组织广大农户参与林业产业基地建设，有效地解决了基地附近农户务工就业问题，增加了农民收入；发展林业产业，调整林种结构，扩大资源总量，提高林分质量，美化了乡村景观，改善了人居环境。农民生活的改变也在证明广安所付出的努力。广安可以骄傲地说，在加强生态建设的同时，全市做到了兼顾以促进涉林就业增收为主的绿色产业发展，实现了森林生态、经济与社会效益的协调统一。

开花　生态文化交相辉映

1982年的植树节，伟人邓小平率先垂范，在北京玉泉山上种下了义务植树运动的第一棵树。2001年，为把人们对小平同志的崇敬之情化为支持小平家乡建设的实际行动，广安发起并开展了“我为小平故里植棵树”行动。“幸福树”上开了花，生态被赋予了文化，有了故事。也许这也正是“森林广安筑幸福家园、小平故里品生态文化”“创森”理念的出发点。

在生态文化建设中，广安从自身的经济社会发展水平、自然条件和历史文化传承出发，实现了自然与人文、历史文化与城市现代化建设的有机融合。广安正用绿色为文化装扮，吸引着更多的人在这里流连忘返。

如今到了广安，可以去岳池县的农家文化主题公园，追寻一下南宋大诗人陆游旅居岳池所描绘的《岳池农家》，享受一下“农家农家乐复乐，不比市朝争夺恶”的清幽农家生活。除了这里的文化，你更多的感受是窗外“庭院绿树成荫，翠竹掩映，院前梯田层层，夏日荷叶青青，稻花飘香”的优美农家环境，而这就是广安所打造的“农家生态文化旅游带”。

在广安，华蓥山名气响当当。不仅有华蓥山游击队用鲜血与生命铸就的伟大的“红岩精神”，还有如今华蓥山国家级森林公园，可以让游人在石林景区中看到春绿、夏荫、秋天红叶灿灿、冬天白雪皑皑的魅力风景。苍翠茂密的山林成为华蓥山的主基调，以秀丽的喀斯特石林、溶洞为这里的典型景观代表，茂林修竹于一体，自然风光与人文景观交相辉映，让华蓥山游击队的战斗场景在“奇峰、怪石、绿山、幽谷”中生动再现，让“双枪老太婆”的英雄事迹在四季变化中经久传颂。

“千里嘉陵浪涛吼，五月端午赛龙舟。大江雄风代代传，你追我赶争上游。”蜿蜒曲折的嘉陵江，给爱好龙舟竞赛的武胜人民以得天独厚的自然条件。依托气势恢宏、旖旎妩媚的秀观湖和龙女湖湿地及沿江层峦叠翠、隽秀而平缓的河岸，栽包“粽子”的竹，植造“龙舟”的树，种能“避邪”的草，建设林水相依的嘉陵江“百里生态文化长廊”，使人们返璞归真、回归自然。

放眼望广安，“绿”果累累。在“我为小平故里植棵树”活动中，广安营造主题园林100余个，建成55.3公顷的邓小平纪念园，园内栽植各种植物近150种、500多万株（丛）。而最重要的是生态文化在这里广为传播，激发了广大市民建设森林广安、构筑幸福家园的热情，增强了广大市民爱绿、植绿、护绿意识。广安市委书记侯晓春说，绿化伟人故里，建设美丽广安，是每个广安人应尽的职责，全市干部群众要用热情植下每一棵树，用爱心呵护每一片绿，争做生态文明的宣传员、绿色家园的践行者、爱绿护绿的急先锋，努力使广安天更蓝、地更绿、水更清。为小平同志诞辰110周年献礼，为推动广安在全省“次级突破”中跨越升位做出积极贡献。

结果　森林之城绿意盎然

“幸福树”在细心的呵护下开花结果。垂柳拂面、芳草如毯、花香扑鼻的城市森林水岸，碧波涟涟穿城而过。充满绿意、生机盎然的森林城市崭新呈现。广安的努力收获了眼前这座“森林城”。

退耕还林工程、天然林资源保护工程、城区绿化工程等一系列重点生态建设项目的实施，使广安初步形成了“一心、一环、二带、三区、四极、多廊、多点”，以城市为核心、城乡一体的近自然城市森林生态体系。全市森林面积（含“四旁”）达23.7万公顷，比2009年增加1.8万公顷；森林覆盖率达37.3%，比2009年提高2.7个百分点，年均提高0.9个百分点；活立木蓄积量742.8万立方米，比2009年净增170.9万立方米。城区绿地率达34.8%，绿化覆盖率达41.8%。

然而，广安创造的并不仅仅是一个个代表成果的绿色数字，还有独特的绿化景观，这也是广安的绿色亮点。华蓥山、铜锣山、明月山主要森林和嘉陵江等生态区域之间，建设贯通性的森林生态廊道，宽度能够满足本地区野猪、蛇类、鸟类等关键物种迁徙需要；以渠江、嘉陵江为主的江、河、湖、库等水体沿岸注重自然生态保护，采用近自然的水岸绿化模式，形成城市特有的水源保护林和风景带，水岸绿化率达86%；公路、铁路等道路绿化注重与周边自然、人文景观的结合与协调，采用乔灌结合、连片栽植等多种形式的绿化，绿色景观通道基本形成，通道绿化率达83%。如今，广安是山区茂林修竹、丘岗花果飘香、城郊森林环绕、城区绿岛镶嵌、城乡绿廊相连。

通过大力保护现有森林资源，提高森林生态系统质量和生态服务功能，改善生态环境和对森林资源进行可持续管理，广安生态系统得到了健康发展。目前，全市森林建设树种丰富多样，乡土树种数量占城市绿化树种使用数量的93%。郊区森林植物群落演替自然，自然度达到0.54；城市森林营造以苗圃培育的苗木为主，在全市城市森林建设使用的苗木中，市内苗圃培育的苗木使用率就达89%。在广安市严密的保护下，森林正在展示着它独有的魅力，与野生动物一起维系着大自然的生态环境。

城市森林化、道路林荫化、水系生态化、农田林网化、乡村林果化。广安，在全市人民的不懈努力下，经历了绿色的洗礼，让世人惊艳。然而，创建国家森林城市，只是广安林业发展的一次机遇。让森林走进城市，让城市拥抱森林，让文化融入生态，让生态提升文化，广安人民建设绿色美好家园的行动将一路前行。

西昌成为国家级森林城市鸟儿成活景观

《成都商报》 张 渔 王明平

2010 年 4 月 28 日

“两只黄鹂鸣翠柳，一行白鹭上青天。”杜甫笔下的这一美景，如今每年都会出现在西昌邛海。从3月份起，西昌邛海启动了观鸟岛湿地公园建设项目。占地面积8.25公顷，最迟于今年6月开放。

人与自然的和谐相处，西昌的生态环境得到极大改善。昨日，在第七届中国城市森林论坛上，西昌市被中国绿化委员会和国家林业局授予“国家森林城市”称号。

我省首个县级城市获此称号

昨日，第七届中国城市森林论坛在江城武汉隆重召开。西昌市、新余市、本溪市、呼和浩特市、武汉市、宁波市、漯河市和遵义市等8个城市，被中国绿化委员会和国家林业局授予“国家森林城市”称号。

“森林走进城市、城市拥抱森林。”近年来，西昌举全市之力创建国家级森林城市。西昌市拥有全国最大的15万亩飞播林区、1个自然保护区、2个森林公园、34种国家保护珍稀野生植物、30余种国家重点保护珍稀动物。全市森林覆盖率达54.9%，城区绿化覆盖率36.8%。

据了解，西昌是全国第二个、四川省首个获得“国家森林城市”称号的县级城市。

西昌城市人均绿地9.8平方米

据西昌市政府对外公布的数据显示，两年来西昌市建成8个开放式生态湿地公园、2个在建湿地公园，有18个城市生态休闲公园。城市森林覆盖率54.9%，城市建成区人均公共绿地9.8平方米。

生态效益逐步凸现的同时，旅游经济效益也大幅增长。来自凉山州旅游局的消息，2009年，凉山州共接待游客1501.34万人次，旅游总收入50.20亿元，旅游综合排名在四川21个市州中由2005年的第14位上升到第7位。从2000年到2009年的10年间，凉山旅游人数增长了30倍，旅游收入增长18倍多，旅游业成为凉山新的经济增长点。

来梦里水乡观鸟的天堂

邛海是四川第一大天然淡水湖泊，由于邛海位于西昌城郊，才使得西昌的气候冬暖夏凉，很多人评价西昌为“一座春天栖息的城市”。在这里，南飞的候鸟来了，就不愿飞走。

梦里水乡——美丽的鸟儿成为一道活景观

在西昌市西郊乡海滨村四组的一棵黄桷树上，这段时间每天都会栖息着300多只白鹭。当地人介绍，这些白鹭栖息在这棵树上起码有10多年了。

“这棵黄桷树是王品章家的。你看，黄桷树旁边的白色楼房就是他们家。”村民说，“这些白鹭会抓鱼吃，我看见过好多回哦！”

每天清晨，湿地周围雾气缭绕，袅袅炊烟从柳林掩映着的房舍中升起，飞鸟迎着初升的太阳歌唱，一派世外桃源景象。漫步其中，高楼大厦虽近在眼前却没有城市的喧嚣。每当夕阳快下山时，邛海边上候鸟们的栖息地上空就会出现白鹭成群结队从远处飞来的美丽景象。飞回栖息地的白鹭点缀在湿地间，像一朵朵雪白的莲花，有的翩翩起舞，展示着优美的舞姿；有的追逐嬉戏，如孩童般天真无邪；有的悠然自得地梳理着羽毛，把自己打扮得漂漂亮亮的；有的还在寻觅着鱼虾美味，像邛海岸边品尝烧烤的游人……一切都是那样安宁、祥和。

当地村民介绍，除了新村这边鸟儿特别多外，在高枧、海南、川兴都有很多鸟，“在西昌学院东校区附近的树林里，鸟儿也很多。”

“我特别喜欢来这里钓鱼，边钓鱼边观鸟，看着鸟儿在这里捕食、嬉戏，心情都会好起来。”钓鱼爱好者陈先生说。

邛海泸山风景名胜区管理局工作人员说：“目前，到邛海过冬的鸟类已有7目9科50余种，数量至少在6000只以上，其中以白鹭居多。”有的候鸟现在已“正式定居”在邛海了。同时，从黎家湾至邛海出水口处有上百亩的芦苇林，为候鸟们提供了一个赖以生存的栖息地和藏身地。在迁徙的候鸟中也有一些属于国家二级保护动物和三级保护动物。2010年邛海水域新增加了斑颈鸭、赤脖鸭两种野鸭，鸟类增加了蜡嘴鸭、丝光椋鸟等，偶尔还会有一级保护动物出现。

拆迁土地——市民主动为鸟类让出地盘

“为了配合西昌修建邛海湿地公园，我们把土地和鱼塘都拿出来了。”当地村民巫大爷非常朴实，也很开明，他说：“我们拆掉房子，就是主动为湿地为鸟类让出地盘，也是为了改善西昌的生态环境！”

随着邛海湿地公园建设的逐步实施，近年来，邛海沿线违章建筑越来越少，湿地面积也逐步扩大。

多年来，西昌市政府采取积极的行动，善待邛海的鸟类及其生存环境，使飞来邛海的候鸟数量不断增加，才有了今天西昌邛海人鸟和谐的美好时光。

扩建湿地——打造鸟类的幸福天堂

近期新建的观鸟岛湿地公园占地面积8.25公顷，3月12日开工，进行扩建湿地建设。负责该项目施工的西昌市市政管理处黄淼介绍说，“由于雨季的到来，完工期限可能要推迟，但是最迟6月份邛海湿地公园就可以与广大市民和游客见面了。”作为一个原生态自然风貌湿地公园，游客可以在湿地公园赏鸟、垂钓、游园、泛舟、踏青，赏茫茫水泽，浩浩烟波，看苍苍蒲苇，鱼戏莲叶，听声声蛙鸣，鸟鸣林枝。

下一步，西昌邛海将申报国家城市湿地公园，它也将成为鸟类最幸福的天堂。

建设森林城市
促进可持续发展

——首届中国城市森林论坛

贵阳市人民政府
2014 年 11 月

贵阳市位于云贵高原东部，是贵州省省会，全省政治、经济和文化中心，因城区位于境内贵山之南而得名。辖六区一市三县，人口350万人，面积8034平方公里。古代贵阳盛产竹子，因"竹"与"筑"谐音，故贵阳简称"筑"。贵阳地处长江与珠江两大流域分水岭地带，属于亚热带湿润温和型气候，夏无酷暑，冬无严寒，阳光充足，雨量充沛，年平均气温为15.3摄氏度，年平均降雨量为1174.7毫米；地面奇峰翠谷，山环水绕，地下溶洞群列，明山、秀水、幽林、奇洞浑然一体，形成了神奇秀丽、极具特色的自然景观。

贵阳处于喀斯特地貌发育最成熟的贵州高原的中心区，喀斯特地貌占全市土地面积的85%。贵州高原是世界三大连片喀斯特发育区之一东亚区中心，是世界最大、最集中连片的喀斯特地区，也是世界喀斯特发育最典型、最复杂、景观类型最多的一个片区。喀斯特环境的成土过程极其缓慢，次生植被发育极为不易，生态系统中的森林一旦破坏，其他灌木与草本群落迅速消失，而恢复却需要相当长的时间。喀斯特环境的脆弱性具体表现在植被、土壤、地形及其相互作用的整个系统的脆弱性。加上贵阳城区处于狭窄的山间盆地，历史上的刀耕火种和毁林开荒，城市人口的增加和城市化进程的推进，导致水土流失、植被稀疏、水文灾害和城市承载力超负荷，成为贵阳生态环境面临的首要环境问题，也是制约贵阳社会经济发展的首要环境因素。贵阳所处的特殊自然地理环境，决定了贵阳生态建设的紧迫性、重要性、艰巨性和持久性，决定了贵阳的生态环境建设不仅关系到贵阳的可持续发展，同时也关系到长江中下游地区的生态安全。

森林是陆地生态系统的主体，是人类赖以生存的根本保障。拥有最大量生物的城市森林区，是城市极为丰富的自然资源基地，也是城市生态系统的重要组成部分。它广泛参与生态系统中的物质和能量的高效利用，参与城市社会和自然的协调发展，具有“自然生态总调度室”等多方面的作用，在维持城市生态平衡等方面，有着特殊的不可替代的功能。

新中国成立以来，历届市委、市政府高度重视林业生态建设，坚持不懈抓好植树造林，深入开展全民义务植树运动，建成了全国省会城市中唯一的环城林带。近年来，市委、市政府把生态建设作为事关经济社会全局的大事来抓，投入4亿多元建设城市森林，已基本建成以林木为主体，分布合理、植物多样、景观优美的城市森林生态网络体系，在改善城市生态环境，加快城市生态化进程，促进人与自然环境和谐共存，推动城市可持续发展上取得了明显成效，成为世界上喀斯特地区植被最好的中心城市之一。

目前，贵阳市森林覆盖率为34.77%，城市绿地率为39.26%，城市绿化覆盖率为40.47%，建城区人均公共绿地面积9.25平方米，已初步形成以环城林带为依托、风景林地为基础，干道绿化为骨架，公园、广场、河流、社区、庭院各种绿地相互交融，乔、灌、藤、花、草搭配有致，点、线、面、环协调发展的城市森林生态系统。

近年来，贵阳市先后被全国绿化委员会、建设部、国家林业局、国家旅游局评为全国绿化模范城市、中国优秀旅游城市、全国园林绿化先进城市、全国造林绿化先进单位。并被国家环保总局确定为中日环保合作示范城市和循环经济生态城市首家试点城市。2001年7月，亚欧森林保护与可持续发展国际研讨会在贵阳市成功举行，与会26个国家的专家对贵阳市建设森林之城给予了高度评价和肯定。国内研究城市森林的学者对贵阳的总体定位为：青山入城，林海环市，生态休闲，绿色明珠。我们的主要作法和体会是：

科学决策，把森林引入城市

贵阳市山中有城、城中有山的城市特色，非常适宜建设森林城市。贵阳市的城市森林建设，最早可以追溯到20世纪50年代。1954年起，贵阳市就开始建设环城林带；1959年，进一步提出将市区8公里范围内的公园和森林连成一片，形成绿化带；1979年，市委、市政府正式做出十年内建成环城林带的决定，将环城林带建设纳入城市建设的重要内容之一，加强领导，制定规划，加大投入，加速环城10公里范围内的林带建设，把环城林带建成城市的环境保护林带和风景林带。到1990年，一条将林场、风景区、公园、城区山头绿地融为一体，长70公里、宽1～7公里、总面积13.6万亩的环城林带初步建成。环城林带树种多样、乔灌结合、林中有景、景中有林，是全国省会城市中独有的森林景观。作为贵阳市的标志性景观和绿色生态屏障，环城林带对改善贵阳市生态环境，增强人民身体健康，发展生态旅游，促进经济社会发展等方面发挥了巨大作用。

进入21世纪，“让森林走进城市、让城市融入森林”已成为提升城市形象和竞争力、推动区域经济持续健康发展的新理念。市委、市政府按照城市森林建设的基本思路，坚持以人为本，人与自然和谐相处的原则，突出生态建设、生态安全、生态文明的城市建设理念，确立了“环境立市”和“建设生态经济市”的发展战略，将贵阳定位为“林城”，做出了创建“全国绿化模范城市”“国家园林城市”，争创“全国人居环境奖”和“联合国人居环境奖”的奋斗目标。2001年，将市林业局、市园林管理局合并组建为市林业绿化局，为建设林城、实现城乡绿化一体化理顺了管理体制，提供了组织保证。

近年来，贵阳市为加快城市森林建设，改善城市生态环境，坚持科学规划，部门推动，政府实施，全民参与的原则，以建设布局合理、功能完备、效益显著的城市森林生态系统为重点，在抓好天然林保护、退耕还林等林业重点建设工程的同时，着重抓好环城林带的保护和第二环城林带建设，搞好老城区和金阳新区的绿化美化，实施“南明河三年变清”工程及沿河景观改造，大力开展机场路、花溪大道、贵遵路等高等级公路绿色通道建设，使城市环境得到显著改善，城市形象得到明显提升。

工程带动，建设绿色生态圈

贵阳市在建设森林城市过程中，以实施工程建设为载体，在城市的中心区、近郊和远郊协调配置成“绿色生态圈”。

一、实施第二环城林带建设工程

第二环城林带围绕《贵阳市城市总体规划（修编）》确定的城区范围，以通道绿化、流域治理、城镇周边环境建设为重点，按照三年打基础，五年见成效的总体目标，新造林30万亩，新建以竹子、桂花、香樟、樱花、玉兰、梅花等树种为特色的6个公园，形成一条长304公里、宽5～13公里、总面积132万亩的第二环城林带。通过建设第二环城林带，加大郊区和农村的绿化力度，引森林进城市，让园林下乡村，形成集城区和郊区绿化于一体，经济建设与环境建设同步，人与自然和谐的城乡绿色生态圈，把第二环城林带建成布局合理、功能齐全、景观多样的城市林业生态经济系统。目前，第二环城林带按照政府引导、市场运作、公开招标的造林新机制，已完成公益林造林23万亩，其中，招标造林11万亩，与退耕还林、天保工程捆绑造林11万亩，义务植树1万亩，工程建设取得阶段性成果。

二、实施生态林建设工程

2001年以来，贵阳市结合国家退耕还林工程、天然林资源保护工程建设，治理水土流失，改善生态环境，推动农村经济结构调整，促进地方经济发展和农民增收，已完成退耕还林49万亩，天保工程造林18万亩。同时，抓住国家林业局把贵州省作为省级联系点的机遇，引进韩国援助资金在修文县进行石质荒漠化造林示范项目，引进日本援助资金在花溪区实施中日合作造林项目，加快了贵阳市生态建设步伐，提高了贵阳市林业建设的管理水平。

三、实施全民义务植树工程

贵阳市实行了全民义务植树登记卡制度和检查验收制度，由市绿委统一印制《全民义务植树登记卡》发给各单位，义务植树完成后按权属关系办理移交手续，做到全民义务植树制度化。一是对郊区单位实行就近承包荒山进行义务植树，并负责包栽、包活、包管护。二是由绿委办按规定统一收取“以资代劳费”，安排专业队伍代其上山植树或进行街道绿化。三是建立全民义务植树基地，将磊花路、贵黄路和贵阳新机场外围荒山等列为市级全民义务植树基地，组织省市党政机关和部队上山义务植树，建立“青年林”“八一林”“政协林”“党员林”等义务植树基地9702亩。

四、实施南明河沿岸绿化建设工程

从2002年开始，为实现贵阳市的母亲河—南明河水变清、岸变绿、景变美的目标，在南明河流域上游区域实施水土保持综合治理近80平方公里，植树造林8.25万亩，使南明河上游水土流失和源头污染得到了有效遏制。城市中心区沿河两岸实施了大规模的景观绿化建设，完成五眼桥至新桥沿岸、滨河帆影广场、人民广场二期、甲秀广场、冠州宾馆绿化带等景观整治工程，绿化面积近45万平方米，使南明河沿岸形成了都市绿色景观长廊。

五、实施中心区绿地扩建工程

从1999年以来，市委、市政府加大老城区改造力度，释放城市空间，将城市绿化列为每年向全市人民承诺办理的十件实事之一，确保城市绿地每年递增30万平方米以上。在市区24条主（次）干道调整补植大规格行道树，引种香樟、银杏、栾树、杜英、马褂木等树种7117株。对喷水池、紫林庵、客车站等中心环岛进行绿化改造。将观风山等城区山头开辟为市民休憩绿地。新建甲秀广场，大十字广场、东山广场等10余个，绿化总面积18.2万平方米。同时，调动各区、街道办事处和社会各界的力量，广筹资金，加大社区绿化和单位绿化的力度。实行“绿色图章”制度，对城市建设工程均按照法规规定的绿化用地面积办理绿化配套手续，确保建设项目与环境配套绿化同步规划、同步设计、同步施工、同步验收。使中心区人均绿地面积由不足3平方米增加到了5.15平方米。

六、实施新区环境绿化工程

按照把金阳新区建成数字化、环保生态型的现代化园林城区的规划，新区建设从道路建设到房屋开发，都确立对原有树林最大限度保护的原则，并规定居民区要建成花园式园林小区。目前，金阳新区已建成的主、次干道，中间有宽达近10米的绿化带，道路两边建设各宽20余米的绿化带，整个新区新增绿化面积82.6万平方米，绿化率达到40%以上，一个现代化的生态园林式新城区已经展现。

七、实施公园建设工程

贵阳市在1960年就建立了国内最早、面积最大的城市森林公园图云关森林公园。近年来，贵阳市共投入资金1.6亿元，新建了长坡岭国家森林公园、鹿冲关森林公园，将河滨公园由封闭式改造为开放式公园，改建黔灵公园七星塘景区，在图云关森林公园、黔灵公园实施林相改造工程。同时，对各公园的基础设施和环境绿化进行了改建，使公园布局更加合理，设施得到进一步完善。目前，全市有城市公园7个，森林公园4个，药用植物园1个。其中，黔灵公园为四A级公园，河滨公园、图云关森林公园为AAA级公园。

创新机制，加快造林绿化步伐

在第二环城林带建设过程中，改变过去单纯依靠财政拨款和行政命令的方式，以提高造林质量，尽快形成景观为核心，创新机制，探索出一条政府引导、规划先行、市场运作、公开招标的营造林新模式。首先采取招商引资的办法引进省内外客商在贵阳建立二环城林带种苗基地500亩，为二环城林带的顺利实施贮备了充足的合格苗木。在建设过程中，采取面向社会公开招投标的方式，吸引全国各地有实力的造林施工企业参与第二环城林带的建设。按照合同规定，施工企业当年完成造林任务，并管护二年以后才进行竣工验收。为达到合同要求，施工企业在整地、造林、管护等各个环节严把质量关，并普遍使用生根粉、保水剂、土壤消毒杀菌等林业新技术，提高营造林的科技含量。二环城林带建设的机制创新，不仅缓解了当年财政资金拨付的压力，而且大大提高了造林的成活率和保存率，真正做到了造一片林，留一片绿。

依法治林，保护绿化成果

在森林城市的建设中，我们始终坚持建管并举的原则，综合运用行政手段、经济手段和法律手段，真正做到严格管理，依法治林。

1. 健全城市绿化法规。市人大常委会相继立法颁布了《贵阳市绿化条例》《贵阳市城市绿化管理办法》《贵阳市环城林带保护办法》等法规，使贵阳市林城建设逐步走上了有法可依，有章可循的轨道。

2. 广泛宣传发动，形成人人关心、人人参与绿化建设和管理的局面，市民的绿化意识、文明意识和遵纪守法观念进一步增强。

3. 把好征占用林地、绿地和砍伐林木的审批关，严格实行征占用林地、绿地和砍伐树林的分级审批制度和“绿色图章”制度，并落实补偿措施。

4．对各类违法破坏森林资源和绿地的行为依法进行查处。

贵阳市作为典型的喀斯特岩溶地区，经过全市人民一代又一代坚持不懈造林绿化，昔日的荒山，如今已是满目葱茏，生态环境得到优化，经济社会协调发展，成为喀斯特地区生态建设的典范。在中共中央、国务院做出《关于加快林业发展的决定》和贵阳市荣获全国绿化模范城市称号后，贵阳市做出了《关于加快林业发展的意见》，制定了《贵阳市城市绿地系统规划》，进一步加大森林城市的建设力度。

在今年8月召开的市委七届十二次全会上，市委、市政府又做出了建设生态经济市的决定，提出坚持统筹人与自然和谐发展，把生态建设作为环境建设的重要内容，加快绿化速度，提高绿化率，实现全面绿化。

第一，实施城镇绿化工程，恢复城市周围、公路沿线被破坏的山体绿化，建绿化通道，造绿化景观，提高森林资源总量和质量，打造“林城”品牌。

第二，牢固树立城乡大绿化的观念，统筹抓好城乡绿化，推进城乡绿化一体化。

第三，加强环城林带的保护和管理，加大二环林带建设力度，推进“四环三线一景区”（环城环镇、环湖环库、河流、公路、铁路沿线、旅游景区）林带建设，构建林带纵横交错的生态林网。

第四，加强城市绿化管理，实施立体绿化，提高绿化品位。

第五，抓好生态示范乡镇的试点建设和国家环境优美乡镇的创建，大力推进生态文明村建设。

第六，加强生态教育，培养生态道德，增强生态意识。力争到2010年，新增营造林61万亩，市中心区绿化率达到43.5%，全市森林覆盖率达到40%以上。2005年，建成省级园林城市，力争2010年建成国家园林城市，2020年获得联合国从人居环境奖，把贵阳建成最适宜生活居住的城市。

建设生态经济市，是贵阳市遵循可持续发展观念提出的新的发展观，即从单纯追求经济增长到追求城市整体的与生态相结合的现代化发展，从单纯追求物的发展到追求以人为本的全面发展，体现了时代要求，符合贵阳实际，符合人民愿望。未来的贵阳，将是城市发展与生态建设有机结合，人与自然和谐相处的现代化的森林城市。

优化生态环境
建设绿色遵义

《贵州日报》 曾永涛

2011 年 8 月 15 日

遵义高度重视生态环境建设和林业产业、绿化工作，坚持以人为本、生态优先、城乡一体、统筹兼顾、彰显特色的理念，将义务植树与工程造林相结合，营造生态林与经济林发展并重，城市绿化与乡村绿化一体推进，有力地促进了经济建设、社会建设、生态建设的同步发展。从2008年起，正式启动了创建“国家森林城市”工作。

在创建过程中，紧紧围绕“城市要生态，社会要效益，农民要致富”的主题，创新机制，完善措施，大力实施林业生态工程，弘扬森林生态文化，城市森林及生态文明建设取得明显成效。目前全市森林覆盖率达到48.56%，建成区绿地率与绿化覆盖率分别达到34.6%和36.5%，人均公共绿地面积9.5平方米，中心城区绿地率和绿化覆盖率达到了38.47%和43.44%，人均公用绿地面积达到11.5平方米。

以生态工程建设为抓手完善森林生态系统

近年来，遵义市组织实施了天然林资源保护、退耕还林、城乡绿化一体化试点、百万亩造竹、绿色通道建设、长防、世行贷款造林、水土保持、长治工程等多项国家、省、市重点工程，累计投资近29亿元，有效地带动了城市森林建设全面健康发展。天保工程落实天然林管护1734万亩，完成公益林建设任务272.23万亩；退耕还林造林423.7万亩；完成赤水河沿岸300里竹廊建设，造竹26万亩；百万亩造竹工程造竹190万亩；完成城市防护绿地，城市周边隔离带建设21.3万亩。

同时，贯通了以赤水河和乌江为骨架的水系生态廊道，完成了长度35.25公里的中心城区河流治理绿化工程，水岸绿化率达到86%；贯通了以铁路、公路为轴线的绿色廊道，完成以乡土树种为主，大苗栽植，宽绿化带道路绿化1万5千多公里。从控制采伐，保护生物多样性，森林灾害防控入手，加大我市森林资源保护力度。十年间，我市森林覆盖率由37.8%增加到48.56%，以每年1%以上的速度递增。

以生态建设活动为载体改善城乡绿化环境

按照“以创促建，以创促管”的工作思路，以生态环境建设为核心，坚持不懈地开展一系列的建设活动，取得显著成效。先后荣获“全国绿化模范城市”“全国造林绿化十佳城市”“中国人居环境范例奖城市”“国家园林城市”“中国优秀旅游城市”等生态绿化城市名片，人居环境有了显著改善，呈现出“城区园林化、郊区森林化、通道林荫化、乡村林果化”的城乡绿色一体化格局。近三年来，市政府共投资2.6亿元用于中心城区绿化建设。完成了总面积为422.4公顷的5个山体公园建设；按照一街一景、乔灌草结合、四季常青的思路，完成了中华路等36条主要道路的绿化改造；立足四面环山，湘江、洛江穿城而过的城区地形特征，凸显“山”“水”“绿”，用全城的山来映衬绿，以穿城而过的水来提升绿。我市以新农村建设为契机，探索推广了“四在农家”创建活动，现有“四在农家”创建点5500个，覆盖232个乡镇、1300多个村，受益农民达到310万人，占全市农民总数的59.8%。

以农民增收致富为核心加强林业产业化建设

在国家森林城市的创建中，市委、政府始终坚持把国土增绿与农民增收有机结合，坚持以“致富”为核心，打牢发展基础。探索了退耕还竹、还茶、还药、还草、还果、还桑等六种退耕模式，强力推进“六个一百”工程，打造了“东茶西竹南药北菜”的绿色产业格局，构建了产业链长、附加值高的林业产业体系。茶海富了农家，美了山乡；三百里竹廊构筑了生态画廊、绿色银行；药材基地造福了百姓，支撑了产业；规模养殖丰富了餐桌，打造了生态畜牧大市；乡村旅游热火朝天，成为农村新的经济增长点。竹产业形成了工业原料竹产业和食用方竹产业两条产业主线，竹建材、竹工艺品、竹生活品、竹笋加工、竹造纸5大系列250多个品种，全市规模竹加工企业205家，年产值28亿元。茶产业发展坚持整体推进品种良化、种植规范化、生产标准化的生态茶园建设，架构科技型、精细型和集约型的茶产业结构链，着力打造了“四个产业带”实现了从量到质的突破。2009年全市茶叶产值逾10亿元，综合收入30多亿元，惠及茶农80多万人。

城市森林建设是一项只有起点、没有终点的千秋伟业。遵义市将继续把城市森林建设作为推动城市可持续发展的战略性工程，常抓不懈，为把历史文化名城遵义建设成为生态良好、环境优美、特色彰显、人与自然和谐相处的宜居城市而努力奋斗。

全民撑起绿色脊梁

——昆明市创建国家森林城市系列报道之一

《昆明日报》 吴兆喆 杨 璐

2013年8月4日

引言：当很多城市纷纷迎来“史上最热夏天”，陷入大范围晴热高温的担忧时，昆明的阳光却像不太烫嘴的温开水溢满整条街，人们在充满绿意的街头，呼吸上一口清新的空气，享受凉凉清风拂过的愉悦。

这，就是一座想要成为森林的城市为人们提供的绿色生活。

这是一种高度。在加快建设我国向西南开放重要“桥头堡”的关键时期，昆明作为云南的龙头城市，正在全省打响绿色发展的新战役。

这是一种广度。在加快建设美好幸福新昆明的重要节点，昆明作为我国面向东南亚、南亚开放的门户枢纽，正以绿色崛起作为发展新动力。

尤其当生态文明建设被纳入五位一体的中国特色社会主义总体布局后，昆明充分发挥“春城”特质，在新一轮竞争中高扬“创森”风帆，以先锋之态继续谱写气势恢弘的绿色乐章。

绿色的基因，早已流淌进昆明人的血液。

号角 全民动员拉大幕

未来城市间的竞争，不仅仅是经济总量、财政收入的竞争，更是生态、文化、幸福指数等软实力的综合竞争。

昆明是享誉世界的“春城”“花城”，百花竞艳、万木争荣，全市森林覆盖率45.05%，林木绿化率52.73%，人均公共绿地面积超过12平方米。先后荣获“中国优秀旅游城市”“国家园林城市”“全国绿化模范城市”“联合国宜居生态城市”“中国最佳休闲宜居绿色生态城市”“国家卫生城市”“国家节水型城市”等称号。

显然，昆明并不缺林少绿，且多数指标高于国家森林城市评价标准。那么，昆明“创森”之“创”作何解释？其深意何在？

“昆明的绿略显清雅俊逸，但要达到市委、市政府提出的绿化和生态是第一形象、第一环境、第一基础设施、第一景观要素的目标，尚需绿的大气磅礴、沉雄凝重，特别是作为我国向西南开放的门户城市，要让友邻通过昆明来了解中国，并在应对全球气候变化等国际事务中对我们刮目相看。”昆明市创建国家森林城市指挥部负责人说。

为此，昆明将“创森”放在了绿色新政的首要位置，要举全市之力建成一个林在城中、绿色环抱、林城相融、自然和谐的新昆明。

2008年，中共昆明市委九届四次全会提出，要把昆明建设成为“森林式、园林化、环保型、可持续发展的高原湖滨生态城市”；

2009年，市委、市政府提出按照“城市园林化、城郊森林化、道路林荫化、水域林湿化、农田林网化、村镇林果化、市域全绿化、国土生态化”的目标推进“森林昆明”建设；

2010年，市委、市政府下决心要通过两年冲刺和攻坚，到2013年实现创建国家森林城市的目标，让这座历史文化名城更加魅力彰显……

“植树造林是人类社会最大的道德，功在当代、利在千秋。”云南省委书记秦光荣说。

规划　对症下药布棋局

城市、森林、园林“三者融合”，城区、近郊、远郊“三位一体”，水网、路网、林网“三网合一”，乔木、灌木、地被植物“三头并举”，生态林、产业林、城市景观林“三林共建”……

《昆明市国家森林城市建设总体规划》于2010年12月顺利通过专家组评

审，并获得国家林业局批复后，昆明市“创森”办主任、市林业局局长曾令衡感慨，“只有对症下药，才能让城市‘肌理’更加柔和”。

2008年，昆明市曾邀请专家就昆明现状对比国家森林城市评价标准作了差距分析，在38项指标中，有7项还需提高达标，其中最明显的是全市林木绿化率差0.25个百分点，建成区绿化覆盖率差1.83个百分点，城市中心区人均公共绿地面积差0.8平方米。

为此，规划中专门制定了市域城市森林体系布局，将昆明市城市森林网络体系构建为“一中心、二脉、二域、三系、五轴及面片区块点相结合，城市森林全覆盖”的三维立体结构，形成市域城市森林“市域、城市规划区、建成区”3个层次，城市中心区、县城（区、市）、镇（乡）、村4个等级；城市中心、城市次中心、县级中心多中心，各乡镇及村居住地多点的“一核十城百镇千村”城市森林景观格局。

专门制订了城市规划区城市森林布局，按照“基质—斑块—廊道”的生态体系，将城市规划区布局为“一圈、一主、四星（辅）、四环、十七带、三十六廊”的城市森林景观格局。

专门制订了城市中心区绿地规划，在城市中心区形成“三带七廊、六楔三环十二道、十五片百园”的绿地系统结构。

在此基础上，昆明市委、市政府特别要求按照乡土树种、乔木树种、常绿树种分别占相应类别80%的要求，大力推行乔、灌、草、花等多层次、多色彩的城市森林生态系统建设，实行城乡规划一体化、投资一体化、管理一体化，以展示“绿色昆明春满园”的独特魅力，彰显“缤纷昆明花满城”的多彩景观，实现“森林昆明、美丽春城”的宏伟目标。

“规划是发展的灵魂与纲领。”曾令衡说，城市森林是有生命的基础设施，代表着当今世界生态化城市的发展潮流和方向，只有通过绿化理念的大突破，森林城市的大规划，才能在区域竞争中脱颖而出，在国际合作中赢得机会。

创新　制度产生战斗力

在规划、机构、人员都到位的情况下，如何才能高效建成国家森林城市？快速形成“一核十城百镇千村”的城市森林景观格局？

昆明给出的答案是：机制创新。

昆明市委书记上阵动员，市长挂帅指挥。昆明迅速成立“创森”指挥部，将各项任务通过工程加以分解和推进，在质量、管理、进度、效率等多方面严格要求，使全市拧成一股绳，高标准、高质量、高效率地打了一场攻坚战。全市14个县（市、区），5个国家级、省级开发（度假）园区均在第一时间成立了政府主要领导担纲的“创森”指挥分部；政府财政大手笔投入，社会资金大幅度涌入，两年间各级财政投入27.3亿元，单位、企业、社会和工程建设融资投入131.4亿元，为森林昆明建设助力增色。

在工程承包上，“创森”办规定重点工程必须由有资质的单位承担，在工程项目进程中，严格实行100%公开投标、100%不转包、100%工程监理到位、100%不留重大质量隐患、100%不出重大安全事故、100%行政监察到位、100%工程预决算审计到位、100%不出腐败案件。

在工程付款上，“创森”办大力推行“3331”管理机制。既缓解了资金压力，又保证了创森工程的质量，确保创森重点工程项目稳步推进。

在工程考核上，昆明市所有涉及“创森”的部门均与市政府签订了“创森”目标责任书，考核内容分48项，比国家森林城市评价指标还多8项。全市不仅采取“目标倒逼进度、时间倒逼程序、社会倒逼部门、下级倒逼上级、督查倒逼落实”，还采取了工作问责制、媒体通报制、进度排名制和年终考核制，并将考核结果列入各级党委、政府领导任期目标年度考核。

昆明“创森”工作强调几个方面的创新，一是树立森林城市建设也是城市综合竞争力的重要体现的理念。把它纳入经济社会发展的总体规划，把它作为城市建设的重要基础设施加以推进；二是树立森林城市建设是城市生态文明建设的重要基础理念。切实把它作为精神文明建设的重要内容，把它纳入文明城市创建的考评加以推进；三是树立森林城市建设是提升宜居城市，改善市民生活品质的重要条件的理念，把它作为一项民生工程加以推进，努力为市民提供一个人与自然和谐，更加宜居、更加温馨、更具幸福感的城市。

而今，集湖光山色，滇池景观，春城新姿，融人文景色和自然风光于一体的森林式、园林化、环保型、可持续发展的高原湖滨生态城市正在强势崛起。

宝鸡让森林城市绿更浓 让环境和谐生态美

宝鸡文明网　刁江岭　王怀宇

2014 年 12 月 24 日

如果说春天的宝鸡是一幅水彩画，那么初冬的宝鸡就是一幅色彩斑斓的油画：金黄的银杏，翠绿的女贞，深红的红叶李，蓝紫色的羽衣甘蓝……绚丽的色彩让西秦大地如诗如画，彰显出人与自然和谐共融的“大花园”魅力。

2009年，宝鸡市一举摘得“国家森林城市”桂冠。五年来，生态旋律不走调，绿色脚步不停歇，市民们像爱护眼睛一样守护绿色家园，宝鸡市的森林面积又增加了两百多万亩，与之俱增的是老百姓的幸福指数。

森林城市绿更浓

连日来，记者一路看到，在西宝客专沿线、岐山县周公庙义务植树基地、眉县红河谷旅游专线、连霍高速扶风县绛帐以东段、宝汉高速千陇沿线，干部群众和驻宝官兵挥汗如雨挖着一个个树坑，栽下一棵棵树苗。虽然天气寒冷，但是西秦大地绿意浓浓，城乡绿化的脉动在加速延伸……

最近五年来，全市累计造林223万多亩、植树1.4亿株，全市造林绿化水平有了新的提升。五年前，经过全市人民不懈努力，已经实现了让森林拥抱城市、让城市走进森林的梦想。“全国绿化模范城市”“国家森林城市”两块沉甸甸的国字号金牌，既让我们欣喜骄傲，又让我们压力倍增。今后的绿化工作怎么搞？如何在巩固成果中优化结构，提升品位，让我们的城市更绿、更美、更生态？

宝鸡市委、市政府又提出新目标：创建国家生态园林城市，建设绿色宝鸡、水润宝鸡、亮丽宝鸡，在西部工业城市中生态最美、环境吸引力走在西部前列。

在全省率先推进关中大地园林化，打造绿色宝鸡升级版，关键还是造绿造景，让城乡多姿多彩。

宝鸡市委书记上官吉庆强调，各级各部门要以实干家的作风栽树，以艺术家的素养选树，以摄影家的审美造景，以主人翁的精神护绿。各级领导干部尤其是“一把手”，要始终牢记“造林绿化永远不会走弯路，造林绿化永远不会过头，造林绿化怎么重视都不过分”，切实把抓造林绿化的责任扛在肩上，亲自过问、亲自研究、亲自部署、亲自督促，真正做到“为官一任、造绿一方”。

市长钱引安指出，要科学规划造林绿化工作，做到高标准、高定位、眼光远，把每一项绿化生态工程都作为景观来打造和推进。要因地制宜选择绿化林木品种，注重苗木质量，不断提升造林绿化工作的效率和效益。

在宝鸡市编制的《宝鸡市创建国家森林城市暨现代林业发展总体规划》《宝鸡市关中大地园林化建设规划》中，人们看到了“一屏”“五带”“八化”的蓝图：关中西部生态屏障、秦岭关山森林生态风景带、千山生态经济防护带、渭河沿岸生态景观带、千里绿色长廊景观带、渭河北坡森林屏障景观带，实现城市森林化、乡镇园林化、村庄林荫化、路渠林带化、农田林网化、河流生态景观化、出入境口美化绿化、荒山荒坡全面绿化。

环境和谐生态美

国宝朱鹮对生存环境要求非常高，它喜欢栖息在森林茂密、植被多样、水草丰美的“养生地”。今年9月，金台区硖石镇六川店村飞来一只成年朱鹮，定居在一户农家乐门前的老榆树上。村民们欣喜地说，是六川河优美的生态环境吸引了这只吉祥鸟。

沈阳人刘显华夫妇10年前定居宝鸡后，就深爱上了这座城市，夫妇俩整天流连于公园、广场、绿地、景点，他们不仅自己陶醉于西秦的美景，还用摄像机拍摄了三四十部反映宝鸡山水风情、人文历史的短片，发给亲朋好友，推介宣传宝鸡的优美环境。

树木不仅能够保持水土、防风固沙、调节气候、保护环境，还是天然的吸尘器，一亩树林一年还可吸收60吨灰尘。今年前11个月，宝鸡市收获218个蓝天，空气质量优良达标率位居全省前列。最近五年新增的223万多亩林地，就是除尘降霾的神器。刘汉卿说，从眼前的现实和切身的感受来看，植树造林的意义远不止绿化城乡、美化家园河山那么简单，更关系到人们的身心健康与未来福祉。

五年来，宝鸡市坚持规划建绿、工程增绿、见缝插绿，新建石鼓山、金台观、凤凰山、蟠龙新区等公园绿地40个，市区4000平方米以上的公园绿地达到117个；建成沿街沿路景观林带298条、林荫停车场48个；在渭河、茵香河等河流沿岸新增绿地150万平方米、生态水面85万平方米；在等级公路和铁路两侧营造景观林带1420公里，绿化沿线直观坡面12.3万亩；在渭河北坡新建义务植树基地1.7万亩，营造彩色景观片林6800多亩，绿化陡崖、沟壑3万平方米，西起金台区林家村，东至扶风县双庙村的百公里长、平均宽幅1.5公里的森林屏障基本建成。目前，全市人均公园绿地面积12.25平方米，森林成为宝鸡的天然名片，生态成为宝鸡的特色优势。

不仅外地人对宝鸡“城在林中、水在城中、依山傍水”的森林城市景观赞不绝口，老宝鸡也对居住环境心满意足。一位家住市区经二路的市民说：“原以为这几年经二路最漂亮，推窗就能见景，出门就有小花园。没想到，前几天去高新区转了一圈，那真是处处是游园，出门逛花园，车行林中，人走树下，森林公园就在城里，想要呼吸新鲜空气，不用爬山，直接出门遛个弯就够了。”

家住市区渭工路的许女士在公园路上班，她每天都穿过渭河公园步行上下班，她说：“过去上下班挤公交车，一天到晚精神紧张、身心疲惫，没时间锻炼，经常失眠。现在每天早晚走在树林里，既锻炼了身体，又呼吸了负氧离子，看到公园里的花花草草心情特别舒畅，晚上睡眠也特别好。”和许女士一样，宝鸡市有不少上班族每天穿行于绿色的河堤、街道，步行去上班，这是城市的绿色规划改变了人们的生活习惯。

在眉县金渠镇红星村，村里村外绿树环绕，家家户户门前种着玫瑰、月季、大丽菊等花卉，随便走进一户村民的小院子，都能看到几棵树，有的种的是梨树、杏树，有的栽着银杏、玉兰，整个村庄都被郁郁葱葱的绿色所包裹。这只是宝鸡市三区九县村镇绿化的一个缩影。

五年来，宝鸡市在9个县城和105个建制镇全面开展庭院绿化、街道绿化和郊区绿化，每个镇都建有公共绿地和生产绿地，陇县、千阳、凤县、太白、麟游5个县城还形成生态水面110万平方米，建成了千湖国家湿地公园，启动了千渭之会、嘉陵江、石头河等6个国家湿地公园建设。全市共建成国家级绿化模范县4个、国家级园林县城7个、国家级生态示范县区10个，省级园林县城实现了全覆盖，宝鸡城乡绿化走在了全省前列。

青山成了聚宝盆

在太白县鹦鸽镇四林庄村，村民吴金珍用纱网把一片林区围了起来，网内有鸡舍大棚，成群的鸡正在悠闲觅食。吴金珍家有100亩林地，2012年起，他搞起了土鸡养殖，年收入达20多万元。近年来，太白县大力发展林药、林菌、林禽等多种林下经济，把林下经济作为促进农民增收、农林增效的重要抓手，统筹考虑植树造林与助农增收效应。目前，太白县有林地390万亩，森林覆盖率达到89.5%。

初冬时节，在眉县、岐山等地的猕猴桃园里，到处是一片热火朝天的繁忙景象。果农们围绕猕猴桃树的清杂、深翻、施肥、修剪、浇灌等冬季管理环节，个个忙得不亦乐乎。如今，眉县8个镇123个行政村全部栽植猕猴桃，猕猴桃总面积达到29.4万亩，农民户均4.4亩，2013年猕猴桃总产量达41万吨，产值23亿元，农民人均猕猴桃收入突破9000元。

近年来，宝鸡市以农民增收为目标，大力发展高效林业绿色经济，建成渭北塬区百万亩优质苹果带、秦岭北麓60万亩优质猕猴桃带、南山西山百万亩花椒带、关山乔山百万亩核桃带。全市干杂果总面积达到235.2万亩、水果总面积达到175.4万亩，宝鸡市成为全国最大的矮砧苹果生产基地和优质猕猴桃生产基地，陇县、麟游被命名为中国核桃之乡，凤县被命名为中国花椒之乡。

同时，按照生态产业化、产业生态化的要求，宝鸡市还大力发展园林旅游、花卉种植、盆景设计等一系列围绕林业经济的新兴产业，推动宝鸡市林业经济步入了快速发展的轨道，让增绿增收“双赢”发展之路越走越宽广。

一条可持续发展的绿色之路

——石嘴山市创建国家森林城市之收获篇

《石嘴山日报》　江　红

2014 年 8 月 19 日

初秋的石嘴山，阳光明媚，云淡风轻。绿色环抱、风光秀美的青山公园里特别热闹，这里成了市民们轻歌曼舞的乐园，歌声、笑声、掌声，在伴奏乐下响成一片。一个接一个的民间自发组织乐团，在树阴下，大家围成一圈吹拉弹唱，好不深情。在这里，市民找到了自己心灵休憩的后花园。公园、广场、游园为我们的城市吸收灰尘、更新空气、减少噪声，它们像一颗颗闪亮的星星点亮了城市的绿色。

如今，无论是在公园中游览，还是在路边徜徉，都会让人感受到"城在山中、城在水边、城在林中、人在山水园林中拥抱自然"的意境。一个"让森林走进城市、让城市拥抱森林"和人民安居乐业的生态家园的蓝图，在创建国家森林城市中逐步变成了石嘴山人民可触可摸的美丽现实。

为了让这座城市绿起来、美起来、靓起来，让青山、碧水、蓝天、绿地萦绕在百姓身边，让人与自然和谐发展，几年来，石嘴山市以创促建，着力构建最佳人居环境。

2009年，为适应城市发展对优化生态环境和城乡一体化发展的迫切需求，在《石嘴山市城市总体规划》《石嘴山市"十一五"林业发展规划》和《石嘴山市城市绿地系统》的基础上，石嘴山市组织编制了《石嘴山市森林城市建设总体规划》，结合石嘴山市实际，按照“山川沙水城”的地域布局，确立了“山水园林城市，生态石嘴山”的森林城市建设理念。按照“林水相依、林水相连、山水环城”的要求，构建结构合理、功能完善的森林湿地生态系统，实现“让森林走进城市、让城市拥抱森林”和人民安居乐业的生态家园。

进行绿色生态建设，创建国家森林城市，是给全体市民一个希望，给这座城市的未来一个希望。

石嘴山的决策者对此有着高度的认识。

看，市委、市政府把森林城市建设作为城市基础设施建设和新农村建设的重要内容，将建设资金纳入市、区两级政府公共财政预算，逐年加大了资金投入，与城市基础设施建设工程、新农村建设等同步规划、同步实施，一些重点工程甚至是超前实施。在生态建设上，坚持政府投入为主，鼓励社会参与。进入“十一五”，市财政每年投入到林业生态建设的资金高达3亿元～5亿元，占整个财政收入的20%以上。

看，在各项林业生态建设工作中，石嘴山市把城市区的绿化美化、农村平原绿化、防沙治沙工程建设、湿地保护与建设等，都写进了市政府“五年”发展规划，纳入社会经济“五年”发展计划之中，由市委、市政府统一部署，统一安排，统一考核。

从2008年年底第一次放飞创建国家森林城市的希望，到提出自己的森林城市建设总体规划，再到每年3亿元～5亿元的资金投入，石嘴山显然不单单是为了“创森”而“创森”。在过去这几年以及未来的时间里，石嘴山将以造林绿化为主体的生态文明建设提到前所未有的高度。

与其他城市基础建设不同，绿色生态建设是一项可持续的、可发展的、有序的并唯一具有生命力的基础设施建设。

在这项有生命力的基础设施建设即国家森林城市的创建中，森林伴随城市成长，城市也因森林而健康。

石嘴山，在国家森林城市创建的道路上，不仅收获了蓝天碧水，拥有了良好的生态环境，更夯实了城市未来发展的基础。

曾经，有一个客商要来石嘴山投资，看到满目荒芜的景象，匆忙离去。如今，梧桐栽下引凤无数。今年截至6月底，全市共引进实施各类招商项目

228个，年度计划投资329.83亿元，实际到位资金134.02亿元，比上年同期增长11.64%，其中，区外招商项目205个，年度计划总投资320.12亿元，实际到位资金124.76亿元，比上年同期增长28.88%。

在绿色家园的建设中，石嘴山市也收获了绿色经济效益。石嘴山市大力发展庭院经济林，在沿贺兰山东麓打造了一批庭院经济型和生态旅游型的生态家园，带动了当地群众增收致富；大力发展林业产业，石嘴山市的经济林在国家实施“兴果富民工程”“三北工程”以及“宁夏六个百万亩林业项目”的带动下，总面积达到13.14万亩，已形成了以特色枸杞、酿酒、鲜食葡萄、枣以及小杂果为主的发展格局。依托沟口生态园、采煤沉陷区种植山地西瓜，积极探索林下经济发展模式，农民涉林收入逐年增加。

“创森”5年来，石嘴山的树木在一棵棵增加，绿色在一点点累积，石嘴山人对森林城市的认识也在不断加深。森林城市创建正在改变石嘴山的城市面貌，也改变着石嘴山人民的生活方式。

在石嘴山，绿色已不仅仅是一种色彩，更成为人们生活所需的精神理念。市园林管理局工作人员告诉记者，石嘴山人把树木看得可重了。就拿大武口区朝阳街来说，原来大武口区计划拓宽这条大道，市民知情后舍不得街道上的树木被损坏，坚决反对改造朝阳街，拓宽计划只好搁浅。在石嘴山市境内，哪棵树有病虫害，哪棵树折了枝条，马上会有市民打电话到市园林局，或通过石嘴山市人民议政网向上反映。

绿色增多了，石嘴山人的心情也越来越舒畅，幸福感和自豪感与日俱增。以前，石嘴山给人的印象是一个不适宜人类居住的地方，但是这几年通过不断地造林绿化，改善人居环境，石嘴山也成为理想的居住地。从市物资局退休的一位老干部，今年已是82岁高龄，安徽人，当兵出身，走南闯北待过很多城市，如今就觉得石嘴山最舒服。“这里出门就是绿地，走不远就到了公园。看着这些花草绿树，心里就亮堂。”早几个月前，老人的女婿在湖南长沙买了房子，要他去那儿定居。可他在长沙住着总想着石嘴山的好，还没住几天又回到了这里。

秀美的山水园林，宜居的绿色环境正成为石嘴山人放飞心灵的精神平台，提高幸福指数的真切感受。

今天，他们是创森成果的受益者；昨天，他们是创森的参与者、支持者。

全市植绿、爱绿、护绿行为蔚然成风，全民义务植树尽责率达80%以上。从每年春秋两季的全民义务植树，到“无冬闲活动”等生态建设战役，变化的是季节，不变的是人们积极参与绿化建设的热情。植树种绿、美化家园，已成为石嘴山市民的自觉行动。

多少单位、市民舍小家顾大家，让出黄金宝地建作公园绿地，牺牲经济利益拆除门面建绿、透绿。

全民绿化以及大规模的城市环境整治和森林城市、文明城市创建活动，使市民的道德水准、文化理念和行为方式都得到了提升，成为这座城市的文明使者和流动品牌。节假日，来自机关企事业单位、学校的千名志愿者走上街头，自告奋勇开展护绿行动。

种下的是花草树木，改善的是城市生态环境，提升的是居民生活质量，收获的是经济社会和谐发展，这就是我们创建国家森林城市的收获。

“创森”，石嘴山在路上！

在未来，石嘴山还将收获更多！

生态绿洲　水韵之城

——新疆阿克苏市创建国家森林城市综述

《中国绿色时报》　梅　青　陈　煊

2007年9月26日

绿染阿克苏

10年前，西方某国的卫星遥感在拍摄地球地貌图片时发现了一个奇特的景象：世界第二大沙漠——塔克拉玛干沙漠北缘，竟然出现了一抹绿色，经分析发现，原来是新疆阿克苏市人民历时20个春秋艰苦奋斗，在一片土壤贫瘠、盐碱肆虐、植物稀疏的亘古荒原上建造起的绿色奇迹——柯柯牙绿化工程。令人叹为观止的是，这也是目前在西北地区唯一能在卫星图片看到的人造景观。

不久前，记者来到阿克苏市采访，发现将荒原戈壁变绿洲的“柯柯牙精神”正以燎原之势，张扬在城市的街道、楼群、广场、小区、公园、绿地及城市周边地区，绿色正在成为阿克苏人民生活的主基调。阿克苏市正在全力建设融绿色、森林、名城、碧水于一体，环境优美、具有边疆特色的国家森林城市。

实施“森林之城、水韵之城”发展战略

阿克苏市位于天山南麓、塔里木河盆地西北边缘，它因古代“丝绸

之路”而闻名遐迩。还因水得名，“阿克苏”维吾尔语意为“清澈奔流的水”，阿克苏河、多浪河、塔里木河一路欢歌在此相聚。

阿克苏市是一个多民族聚居区，由维、汉、回、哈等30个民族组成。市辖区总面积1.43万平方公里，总人口40万人。该市先后荣获了“全国园林绿化先进城市”“国家卫生城市”“中国优秀旅游城市”“中国人居环境范例奖城市”“自治区级文明城市”等多项荣誉称号。

作为沙漠边缘的绿洲，取得上述成绩已令人叹服。但阿克苏人并不满足。为倡导“让森林走进城市、让城市拥抱森林”，打造人居最佳环境、推动经济持续健康发展，2005年年底，阿克苏市全面启动了创建“国家森林城市”的工作。阿克苏市委书记牛学兴说，创建“国家森林城市”是坚持科学发展观，体现以人为本、生态优先的城市森林建设理念，实现人与自然和谐，推进阿克苏市走可持续发展道路的重要途径。我们结合实际，提出了要把阿克苏市建设成“水韵之城、国家森林城市”的奋斗目标，明确了城市森林建设必须坚持城乡统筹、生态优先、崇尚自然和林水相依、乡土植物为主的原则，努力做到城市、森林、园林“三者融合”，城区、近郊、远郊“三位一体”，水网、路网、林网“三网合一”，乔木、灌木、地被植物“三头并举”，生态林、产业林和城市景观林“三林共建”，努力建设“城在林中、林在城中、林水相依”的最佳人居环境。

两年来，全市“创森”工作有序推进，城市森林建设取得了较大的成绩。目前，城市森林覆盖率已达40.3%，建成区绿地率达37.6%，绿化覆盖率达39.3%，人均公共绿地面积达9.2平方米。

“创森”工作扎实推进

阿克苏市启动创建“国家森林城市”工作后，重视强化措施，明确责任。成立了以市长为组长的“创森”工作领导小组，抽调精兵强将组建“创森”工作办公室，统一协调、管理全市的创建工作。与上海同济大学密切合作，高标准地编制了《阿克苏市城市森林建设总体规划》，提出了发展“水韵之城、森林城市”的城市森林建设理念，确立了“以人为本、生态优先、城乡统筹、人与自然和谐相处”的原则和“统一领导、分工负责、突出重点、条块联动、群众参与、整体推进”的工作思路。根据新的《国家森林城市评价指标》体系，制定了《阿克苏市“创森”工作实施方案》和《阿克苏市“创森”工作专项目标任务分解表》，将“创森”工作的各项指标和具体建设工程目标任务细化落实到相应的责任单位和责任人，与28个成员单位和44个相关部门签订了“创森”目标责任书。并将“创森”工作纳入年度目标考核，制订了“创森”目标责任制、联席会议制度、督查督办制度和绩效考评等多项制度。形成了市委统一领导，人大、政协监督，政府牵头组织实施，各单位分工落实，广大市民积极参与的良性运行机制。同时，广泛宣传、营造氛围。在市民中广泛宣传城市绿色文明和城市森林建设理念，市民的植绿、爱绿、护绿意识日益提高。

构建边疆特色的森林城市

“水韵之城、森林之城”是阿克苏市创建国家森林城市的特色所在。独特的地理位置和气候条件，决定了阿克苏市建设森林城市必须找寻自己的发展道路并付出更多的努力。

阿克苏市周边沙漠戈壁遍布，生态环境极其恶劣，在这里建设森林城市，防风固沙、改善生态环境成为第一要务。城市绿洲时刻面临着稳定和安全的问题。因此，阿克苏城市森林建设的布局走出了与其他地区不同的发展路径，采取的是由内向外的发展方向。结合水系的延伸，道路的布局向外拓展，不断扩大绿洲面积，努力将阿克苏市建设成为南疆极具吸引力的宜居城市。

阿克苏市的降雨量只有74.5毫米，蒸发量却高达1869.5毫米，这决定阿克苏市的绿洲建设不能“靠天吃饭”。

阿克苏市突出重要河流多浪河、阿克苏河对城市建设的推动作用。一方面以水建绿、以水养绿。另一方面也强化水体营造对城市景观的点睛作用。阿克苏市提出构建“六纵四横十一湖”的城市水网建设格局。

阿克苏市的森林城市通过规划建设，生态林、产业林和城市景观林“三林共建”以及生物多样性保护并举，发挥着景观游憩功能、生态防护功能、经济生产功能以及人与自然和谐的保障功能。

城内逐步建成了230.8公顷30多处供市民休闲的公共绿地和城市公园，

为城市居民提供户外活动场所，改善人们的生活质量，发挥着城市景观的游憩功能；城市外围先后实施了柯柯牙荒漠绿化工程、库克瓦什治沙绿化工程、绿洲生态林保护工程和农田防护林体系建设工程，发挥了生态防护功能，确保了绿洲生态生产安全和城市生态环境的改善；充分利用丰富的光热资源，在城郊大力发展特色林果业，让60多万亩果林环抱城市，发挥了经济生产功能；通过景观建设多样化、生态系统多样化、物种多样化以及古树名木保护等，发挥了人与自然和谐相处的保障功能。

“十五”以来，阿克苏市加大了对城市绿化和森林建设的投入力度，共投入建设资金逾15亿元，形成了绿洲林网覆盖、产业兴旺，城郊林海莽莽、瓜果飘香，市区绿地均匀、林水相依的自然和谐的森林生态景观。

森林环抱新型绿洲

阿克苏市作为绿洲型城市，生态系统存在较高的风险，有限的空间和高强度的人类活动，使绿洲和荒漠之间处于互相的转化过程中。为保卫这个城市，阿克苏市先后实施了柯柯牙荒漠绿化工程、库克瓦什治沙绿化工程、农田防护林体系建设工程、沙漠节水灌溉工程等多项工程，使森林环抱新型绿洲，构筑生态安全、绿洲稳定的生态格局。

举世瞩目的柯柯牙荒漠绿化防护林工程，是在万古荒垣上神话般编织出的南北长约25公里，东西宽约2公里，集生态林、经济林于一体的“绿色长城”，从东、北、南三面将阿克苏市环绕起来，成为蔚为壮观的城郊森林和令世人惊叹的“大漠绿屏”。这是阿克苏各族军民从1986年至2007年的22年间共计70.7万人次参与的三期造林工程大会战取得的战果。建设20多年来，累计造林7.2万亩，栽植各类树木537.16万株，被联合国环境资源保护委员会列为“全球500佳境”之一。1992年，阿克苏市又实施了库克瓦什治沙绿化工程，与阿克苏市东郊的柯柯牙荒漠绿化工程相连接，形成了环绕城市北、东、南郊完整的防护林体系。库克瓦什治沙绿化工程规划总面积6万亩，现已完成了两期造林工程1.5万亩。2006年，柯柯牙防护林工程第四期和库克瓦什防护林工程第三期开始建设。如今，这两大人工防护林绿色工程，已逐渐成为有效阻挡黄沙的一道绿色森林生态长廊，显著地改善了城市生态环境和气候，也带动城区绿化美化的步伐。

阿克苏市是三北防护林体系建设的重点县（市）之一，自1978年“三北”防护林体系建设工程实施以来，带动了全市农田防护林体系建设。全市受防护林保护的绿洲农田面积从1978年的14.5万亩扩大到现在的80万亩，农区森林覆盖率达到40%以上。森林植被的增加，生态环境的改善，极大地提高了绿洲的社会经济承载力，风沙严重的各乡镇场粮食增产12%左右，棉花增产24%左右。

阿克苏市是沙漠边缘的城市，沙漠节水灌溉工程在城市森林的建设中发挥了重要的作用。该市先后实施了农业节水高效工程技术模式、纯井灌区生态农业节水灌溉工程技术模式、引河渠井结合灌区节水灌溉工程技术模式等。城区主要采用地下水，通过管道以喷灌、滴灌等方式进行灌溉，城郊的防护林、经济林等多采用取地下水通过管道以滴灌方式进行灌溉，有效地提高生产效率，节约了水资源。

从可持续发展和绿洲稳定出发，森林环抱城市，建设人与森林和谐共存、协调发展格局，是阿克苏建设森林城市的一个重要选择。

以人为本　营造城市森林特色文化

创建“国家森林城市”，对于生活在阿克苏这样一座西部地区典型的干旱荒漠绿洲生态型城市的人们来说，是多年来的一个绿色梦想。阿克苏人不仅在绿洲建设中走出了自己的发展道路。同时在营造城市森林文化以及建设人与自然和谐共存、协调发展的现代化城市中也做出了不懈的努力。

全民动员　营造“创森”氛围

阿克苏市在市民中广泛宣传城市绿色文明和城市森林建设理念，深入开展了环境优美乡镇、生态示范村、绿色单位、绿色社区、绿色学校创建活动和“创森”知识学习测试活动；印发了2万多册《“创森”百题知识手册》，在城市主要街道和广场设立“创森”宣传公益广告牌100余块，悬挂横幅100余条，发放“创森”宣传单5万余份，在市广播电视台开设“创森”

专题栏目，在多家媒体上广泛宣传报道阿克苏市的城市森林建设工作。他们还以每年的“3·12”植树节、“6·5”世界环境日等为契机，广泛宣传生态环保理念，让广大市民清楚地认识到，建设森林城市是一项旨在改善人居环境、提高生活水平、促进和谐发展的惠民工程，从而自觉地参与到植树造林和创建国家森林城市的各项活动中去，市民的植绿、爱绿、护绿意识日益提高。

丰富森林城市文化内涵

为加快森林城市的建设，阿克苏市多举措丰富森林城市文化内涵。

深入开展“绿化合格单位”和“花园式单位”创建活动。城区单位积极响应，大力开展见缝插绿、庭院增绿、小区添绿、拆墙透绿、发展立体绿化等工作，市与相关单位签订《绿化达标合同责任书》，以最大限度地提高单位面积载绿量，扩大绿色空间，做到大处添景，小处添绿。3年来，城区单位庭院、居住小区共新增绿地42.22公顷。截至2006年年底，城区共有“花园式单位”96个，“绿化合格单位”201个，分别占城区单位总数的29.8%和62.4%。

加大了古树名木保护力度。根据《新疆维吾尔自治区古树名木保护管理办法》，制定了《阿克苏市古树名木保护管理规定》和《阿克苏市规划区古树名木保护管理制度》。对全市28株古树名木进行了全面系统的调查登记，主要针对胡杨、药桑、白榆、银白杨、水杉、银杏、旱柳、核桃等8个树种，建立了古树名木档案，实行一树一账，同时采取了挂牌公示和加护围栏等保护措施，还与附近居民、单位签订了《古树名木保护责任书》，为古树名木的生长提供了良好环境。

加强湿地和生物多样性保护。阿克苏市湿地面积较大，全市湿地面积共计192.06平方公里，占阿克苏市国土总面积的1.34%。这些湿地已作为重要湿地列入保护范围。近年来，阿克苏市对湿地地区植被进行了复壮、封育，以期恢复其生态原貌。对湿地内的野生动物进行有效保护，对乱捕猎杀野生动物违法行为进行严厉打击。阿克苏市湿地范围内伴生有柽柳、罗布麻、甘草、梭梭等国家二级保护植物10多种，栖息着金雕、黑鹤、新疆大头鱼3

种国家一级保护动物和鹅喉羚、塔里木兔、白鹭、苍鹭、苍鹰、红隼等20多种国家二级保护动物，另外有自治区地方重点保护动物70余种，通过有效保护，这些半荒漠化生态系统得以恢复发展。

大力发展森林生态旅游和农家乐。随着城市森林建设规模的不断扩大和生态环境不断改善，各种森林生态旅游、城郊乡村旅游、民俗风情旅游和农家乐不断涌现，已建成了多浪人家、齐曼扎休闲园、姑墨农家乐、佳乐农家乐等一大批各具特色果园休闲园，极大地丰富市民的休闲生活内容，提高了旅游文化质量。

阿克苏市以打造人居最佳环境为目标，注重优化城市森林绿色组合效应，将城市的生态需求、园林的景观功能和森林的自然功能有机结合，营造出了集自然、生态、艺术、休闲、观光多种功能的城市森林生态文化。

果香四溢的“森林城市”

将城市森林建设与经济林建设有机结合，是阿克苏市的一大创造。

记者驱车沿城市外围巡游，闯入视野的是扑面而来的大片大片的果园，阿克苏已成为林果绿洲。当地人幽默地说，“我们就是生活在果园中”。

春天，枣树、苹果树、梨树竞相绽放，香飘四溢，赏花已成为城市居民的一大乐事。秋天，硕果累累，人们再次涌向果园，品尝着丰收的果实。

60多万亩果林环绕着城市，成为阿克苏市的一大奇特景观。

记者来到柯柯牙的一户人家，了解到他们承包了10亩土地经营果园，收入丰厚，年收入5万多元。然而这并不是他们的最大的一笔收入。他们还瞅准机会，利用果园办起了农家乐，成为城市居民和游客休闲旅游观光的好去处。

阿克苏市具有独特的光热资源和名特优品种资源，近年来，结合农业产业结构调整和退耕还林工程，他们把特色林果业作为优化林果产业结构的切入点和增加农民收入的主要突破口。截至目前，全市林果面积已达60万亩以上，通过科学规划和合理布局，已形成了以核桃、红枣等干果为主，红富士苹果、香梨等鲜果为辅的特色林果业生产基地。目前，在实验林场、核桃林场、库木巴什乡、拜什吐格曼、喀拉塔勒镇、托普鲁克乡一带已形成了核桃生产基地，面积达16.5万亩；在实验林场、红旗坡农场、柯柯牙、拜什吐格曼、喀拉塔勒镇、托普鲁克乡、阿依库勒镇一带形成了红枣生产基地，面积达20余万亩；在实验林场、红旗坡农场、柯柯牙、拜什吐格曼、喀拉塔勒镇一带形成了香梨生产基地，面积达10余万亩；在实验林场、红旗坡农场、柯柯牙、依杆其乡、良种场一带形成了红富士苹果和应时鲜果生产基地，面积达10万余亩。全市已建立红枣、核桃采穗圃3500余亩，建立林果业标准化生产示范园112个，示范园面积1.5万多亩，2006年果品总产量达到25万余吨。林果业初步形成了区域化布局、规模化发展的格局。

飘香的林果，构成了城市一道靓丽的风景，也成为护卫城市绿洲的特殊防线。同时，林果业的发展，也是调整农业产业结构、发展农村济济、增加农民收入的有效途径。2006年，该市农民人均纯收入达到4115元，其中林果业的收入达650元。同时，林果业的发展，还带动了果品储藏、深加工及旅游业等相关产业的发展，实现了林业生态效益和经济效益“双赢”，促进了经济与环境的协调发展，为创建“国家森林城市”奠定了坚实的基础。

一街一景　西北地区罕见的园林景观

如果没有人告诉你身处何处，走在阿克苏市的街头观绿，你一定以为是在南方某个城市的街道里，法桐、国槐、白蜡、合欢、水杉、馒头柳、刺柏等树种一一闯进视野中，这个城市的街道绿化布局按一街一树以及乔、灌、地被植物、花卉，落叶乔木和常绿树的合理搭配，形成了高低错落、各具特色的不同景致，引人入胜。

阿克苏市绿委办主任告诉记者，近年来，阿克苏市的街道绿化发生了翻天覆地的变化。20个世纪80年代这里只有单一的杨树，到了90年初期遍及街道的也只是增加了法桐。近年来，阿克苏市积极开展优良树木品种、花卉品种的引种驯化工作，并将成功驯化的30多种植物应用于城市园林绿化建设中，在拓宽的314国道南线、迎宾路、晶水路、文化西路、塔北路等宽幅绿化带中，在改造的解放中路、塔北路、东西南北大街等绿化带中，以及新建的中原路、解放南路、阿温路等道路中大展手脚，呈现出三季有花、四季常绿的城市森林生态景观。全市街道绿化发展迅猛，道路绿化普及率已达100%，市区干道绿化带面积已占到道路用地面积的25%以上。

把阿克苏市打造成为特色鲜明、景色秀丽的森林城市，阿克苏市不仅着墨于街道绿化，更重视通过规划建绿，不断提升城市园林绿化水平。该市聘请了上海同济大学完成了对《阿克苏市城市总体规划》的修编和《阿克苏市城市森林建设总体规划》《阿克苏市城市景观水系规划设计》的编制工作，把城市森林建设纳入城市基础设施建设的重要内容，同步规划，同步建设实施。通过统一规划的手段，拆除违章建筑，拆迁老居民点，逐步建成了一批独具特色的公共绿地。截至目前，已建成多浪公园、西广场、世纪广场、胡杨公园、儿童公园、民主路游园、新伟游园、解放路游园、齐曼扎休闲园、博兹坦风情园、西湖游乐园、度假村等公园绿地230.8公顷，人均公共绿地面积达到9.2平方米。

阿克苏市的公园建设以突出植物景观为重点，本着因地制宜的原则，树种配置上，除了选用本地区长势良好且景观效果好的乡土树种外，还选择了引种驯化成功的部分优良树种，配植上采用乔冠结合，常绿树与落叶树搭配，形成“三季有花，四季常青”的植物景观效果。同时统筹兼顾地方特色，突出地方特点，如东城区的胡杨公园，就充分利用了胡杨这一新疆特有的植物景观为重点，以它特有的景观效果来突出公园特色，同时配植有新疆杨、沙枣、垂柳、沙棘等抗旱抗风沙的植物来体现新疆的地方特色。近几年来，阿克苏市还充分利用周边果园基础，大力开发休闲园，这些休闲园着力突出地方民族特色，在果园的基础上配植风景树、草花、草坪，建设了亭、廊、蒙古包、休闲桌椅等设施。优美的公园环境，为市民提供了良好的休闲场所。

目前，阿克苏市的公共绿地布局已基本形成东西南北各个城区都有供居民游玩休憩的公共绿地格局，整个公园绿地正在形成点、线、面、带、片相结合，布局合理，分布均匀，功能完善，能充分反映地方特色的城市公园公共绿地系统。

石河子市

——荒漠中崛起的“森林城市”

《中国绿色时报》　高　宇

2011年6月16日

这是一座令人称奇和令人感佩的城市。作为共和国军垦第一城，它以屯垦戍边的精神，在荒原戈壁上建起了一座城市；而今，它传承这种精神，再次向沙漠挑战，建设城市森林，成就了一座绿意盎然、充满生机的城市——新疆维吾尔自治区石河子市。

绿，石河子的魂

绿是石河子的特色，也是石河子的魂。

第一次走进石河子，你会为它满眼的绿色所折服。街道、广场、公园、社区，处处绿色浓郁，送来阵阵清凉。盛夏时节，盛开着各种鲜花，让人充满了幸福感。

令人难以相信的是，这座美丽的城市，在半个多世纪前，还是遍布沙砾的亘古荒原。是一代又一代的军垦人，用心血和汗水，用艰苦奋斗的精神和昂扬的斗志，在戈壁荒滩上建起了沙漠绿洲，创造了一个动人的神话。

一位哲学家说过：人类的文明从砍倒第一棵树开始。然而，石河子的文明却是从种下第一棵树开始。

在第一代拓荒者以南泥湾精神拉开“屯垦戍边”的序幕时，他们就创造性地提出了“先栽树，后修路，以树定路，以树控制规划”的超前思路。并规划用大型防护林隔离工业区、商贸服务区、文化教育区、居住休闲区四大功能区域，将整个城市掩映在绿树丛中。这为城市后期的可持续发展奠定了坚实的基础。

“军垦前辈给我们留下了宝贵的财富，我们一定要珍惜和保护好绿色家园，这是我们的使命。”石河子市的一位领导说。

2007年，石河子市提出了建设城市森林的目标，自此，石河子市就把绿色、建设城市森林和履行使命结合起来，大力实施森林基础建设、生态保护工程，形成了人与自然和谐相处、森林与城市相融发展的良好局面，城市森林建设工作取得显著成效。

目前，石河子城市绿地率达36.7%，城市森林覆盖率35%，人均公共绿地12.1平方米。城市森林已形成了以游憩广场、音乐广场为中心，东有大型森林景观的世纪广场、世纪公园、带状公园和滨河公园，南有铁路度假村、站前广场，西有西公园、森林公园，北有子午路北环游园、泉水地公园、纪念公园和民族风情园等城市绿化主题及花园镇桃园、花果山桃园等林果业产业园区的格局。

石河子市先后荣获“联合国迪拜国际人居环境改善良好范例奖”“中国人居奖城市”“国家园林城市”“全国优秀旅游城市”“西部最佳投资环境城市”“全国绿化模范城市”等殊荣。被誉为“戈壁明珠”的石河子市，已跨入全国绿化先进行列。石河子绿化建设为我国西部地区城市森林建设和生态建设树立了典范。

探秘“石河子模式”

石河子市在城市森林建设中，探索形成了具有干旱区绿洲特色的城市森林建设的“石河子模式”。

石河子水资源十分紧缺，在建设城市森林的过程中，全市始终坚持节约水资源和土地资源的原则，大力开展节水型绿地建设，提出了城市绿化以植树造林、种植乔木和建片林为主，多培育和种植耐旱性节水植物；合理使用喷、滴灌节水技术，加大地表水的绿化面积；提高土地利用率，走集约化经营的绿化道路，植物实施复层种植结构，少种草坪，多种乔木及灌木，使绿地发挥最大的生态功能。

高度重视森林生态网络植物结构的科学性。石河子科学选择具有不同功能和特色的植物品种特别是树木品种，如环保树种、疗养保健树种、观赏树种、经济林树种、用材林树种、珍稀树种等等，科学配置种群结构和群落结构，使各类植物优势互补有机联系，建成结构稳定、联系紧密、多层次、多功能的森林生态网络系统。

为了保证石河子城市森林生态网络空间配置结构的合理性，石河子市利用三维空间，合理安排层次结构，形成了立体绿化模式。在整体布局方面做到点（公园、小游园、广场绿地、居民区绿地、专用绿地等）、线（街道、公路、铁路等）、网（防护林网）、片（片林）及郊区森林的有机结合，合理布局。在点的布局上，充分向空间拓展，做到乔、灌、花、草、藤合理搭配，优化组合，建立植物复层种植结构，以提高单位面积的绿量；在线的布局上，尽可能增加带状林或片状林，以形成群落，增强其生态功能。

在提高石河子城市森林生态网络景观结构的艺术性方面，为实现生物多样、季相分明、景观丰富，使森林的自然美、色彩美、姿态美、意境美、健康美、静态美和动态美有机结合，提高石河子城市森林的魅力，他们特别重视各类绿地的植物造景效果，不仅对公园、街道、居民区、专用绿地等都进行了植物造景，还对绿地不同的植物群落进行了不同的造景，形成不同特色、赏心悦目、千姿百态的艺术境界。

石河子市在森林生态网络建设中，还重视凸显其个性多面的特征。石河子市是国家优秀旅游城市，因而突出了森林生态网络的旅游开发价值，如景观、保健、疗养价值等。石河子市还是一座军垦文化、干旱区绿洲名城，其森林生态网络应彰显坚强不屈、坚韧不拔等森林文化特质和涵养水源、改善恶劣环境等生态作用特点。石河子北湖风景区、玛河沿岸绿化尊重自然，保护自然水体景观、已有的人文景观和自然生态环境，丰富、完善植物群落，展现自然野趣，使人工开发与自然环境相协调，绿化率均达80%以上，已形成石河子市特有的旅游风光带。将军山荒山绿化已累计绿化荒山3000亩，开创石河子在地形复杂、坡度大、土质差的山地植树成活生长良好的先例，为石河子大面积、大力度开展荒山绿化、建设山地森林公园积累了宝贵经验。

目前，将军山已成为石河子居民观光风景点之一。

充分开发利用本地乡土绿化植物，是石河子建设城市森林的一大特色。为了提升石河子城市森林生态网络应用新疆乡土植物的水平，石河子市引种驯化、筛选扩繁出70余种适应性强、具备较高开发利用价值的野生植物，建立起野生植物种质资源迁地保护圃地，对于发挥石河子城市森林生态网络的综合功能，达到三大效益相统一和最优化具有十分重要的意义。

有专家总结说，“石河子模式”的关键点是尊重科学、因地制宜、开拓创新，值得同类地区学习和效仿。

品位城市款步走来

绿色孕育着生命，绿色代表着生机，绿色充满着希望，绿色张扬着活力。今天的石河子，因绿的娇媚，渐成高品位的城市，款款走向未来。

据了解，石河子市建设城市森林得到了市民的拥护和支持。目前，全市的绿化合格单位达到了96%，“花园式单位”达60%以上。同时，市绿委办充分利用春秋植树季节，对城区公共绿化、居住小区、庭院实施见缝插绿植树工程建设，向街道、社区、单位提供补植苗木10万余棵。如今城乡基本实现了“城区园林化、郊区森林化、通道林荫化、乡村林果化”的发展目标。

大力发展城市绿色生态，使城市人与自然和谐相处是新世纪世界生态城市发展的必然趋势。建设城市森林，有效推动了石河子的生态建设，促进了招商引资和旅游业的发展，从而为经济腾飞插上翅膀。

绿色给石河子带来了人气和商机。如今，石河子开发区的注册企业已由建区之初的10家增加到目前的800余家，北京燕京啤酒、中国台湾顶新康师傅方便食品、杭州娃哈哈果蔬饮料、旺旺乳制品和休闲食品、南京雨润肉制品、雄峰纺织、贵航采棉机、沙特阿拉伯阿吉兰纺织等一大批知名企业纷纷入驻石河子，为当地的经济发展发挥了重要的拉动作用。

风物长宜放眼量。以人为本，建设城市森林，实现城区园林化、郊区森林化、通道林荫化、乡村林果化，是石河子打造和谐生态环境、人文环境和社会环境的目标。如今，一个宜居、宜业、宜游的城市已呈现在我们面前。

后记

在党中央、国务院高度重视生态文明建设的新形势下，国家森林城市建设更具有光明的前程和重大的意义，作为全面建成小康社会的重要组成部分，必将在“十三五”期间掀起一个高潮。

创建国家森林城市已历经十余年，在全国各地涌现出了一批先进典型，将他们的经验和做法进行传播推广，为其他创建国家森林城市的地方提供有益的借鉴，也为绿色城市和智慧城市、海绵城市建设提供有益的启示，大力推进绿色城市、智慧城市、森林城市以及海绵城市建设相辅相成，是我们编辑出版本书的出发点。

本书的出版发行得到了国家林业局党组成员、中央纪委驻国家林业局纪检组陈述贤组长和国家林业局彭有冬副局长的大力支持，国家林业局宣传办公室程红主任、国家林业局宣传办公室管理处马大轶处长给予了指导，特此致谢！中国林业出版社社长金旻研究员亲自担任主编，中国林业出版社副社长、副总编刘东黎编审具体策划并审定全稿，中国林业出版社编辑张衍辉、何蕊、易婷婷、许凯、杨姗为本书成书付出了辛勤的劳动。

本书是汇编作品，在出版前我们与大部分作者取得了联系，得到了大家的鼓励和支持，在此表示衷心的感谢！还有部分作者、执笔人尚在联系中，我们将严格按照国家著作权法规定办理相关事宜，也希望这些同志及时联系我们，在此一并致谢！

国家森林城市建设大繁荣大发展的高潮即将到来，中国林业出版社将加紧推出以森林城市建设为主题的系列出版物，包括大型专题纪录片以及其他音像、数字出版物，并集中专业技术力量从事该领域传播推广工作，与社会各界携手，为森林城市建设做出特殊贡献。

编者

2015年10月